狼书

Node.js Web 应用开发

卷2

狼叔◎著

電子工業出版社
Publishing House of Electronics Industry
北京•BEIJING

内 容 简 介

Node.js 开发简单，性能极好，一经发布便成了明星级项目。随着大前端领域的蓬勃发展，跨平台开发、API 构建、Web 应用开发等场景愈加常见，Node.js 也成为大前端开发的必备“神器”。

本书主要讲解 Node.js Web 应用开发涉及的 HTTP 基础知识、常用开发框架、源码原理、数据库和项目实战，旨在向读者展示如何通过 Node.js 和 Koa 编写出更具前端特色的 Web 应用。本书还讲解了 Koa 中的核心中间件原理，展望了未来 Web 应用开发的发展方向。基于 Node.js 开发 Web 应用具有上手简单、开发快速、执行高效等特点，非常适合快速迭代，因此各位大前端领域及后端领域的测试、运维、软件开发从业者都可以阅读本书。

图书在版编目（CIP）数据

狼书. 卷 2，Node.js Web 应用开发 / 狼叔著. —北京：电子工业出版社，2020.1
ISBN 978-7-121-35906-4

Ⅰ. ①狼… Ⅱ. ①狼… Ⅲ. ①JAVA 语言－程序设计Ⅳ. ①TP312.8

中国版本图书馆 CIP 数据核字（2019）第 011591 号

责任编辑：张春雨
文字编辑：孙奇俏
印　　刷：北京天宇星印刷厂
装　　订：北京天宇星印刷厂
出版发行：电子工业出版社
　　　　　北京市海淀区万寿路 173 信箱　　邮编：100036
开　　本：787×980　1/16　印张：27.5　字数：616 千字
版　　次：2020 年 1 月第 1 版
印　　次：2022 年 12 月第 2 次印刷
定　　价：99.00 元

凡所购买电子工业出版社图书有缺损问题，请向购买书店调换。若书店售缺，请与本社发行部联系，联系及邮购电话：（010）88254888，88258888。

质量投诉请发邮件至 zlts@phei.com.cn，盗版侵权举报请发邮件至 dbqq@phei.com.cn。

本书咨询联系方式：010-51260888-819，faq@phei.com.cn。

推荐序 1

提起国内的 Node.js 布道师，我脑海中出现的第一个名字就是狼叔（i5ting）。

狼叔从 2015 年开始活跃于 CNode 社区，至今累计发表文章 200 余篇，主题丰富多样——Node.js 底层原理、npm 目录结构改进、前后端分离实践、全栈工程师之路等。这几年间，狼叔同时运营着自己的微信公众号“Node 全栈”，每日笔耕不辍，源源不断地将最新鲜、最“硬核”的资讯分享给国内的开发者们。不得不说，他的这种乐于分享的精神，实属难得。

我与狼叔也是在 2015 年相识的。2015 年是 Node.js 的普及度呈爆发式增长的一年，但那一年的 Node.js 还远远谈不上被广泛使用。当时我在阿里巴巴数据平台任职，那时我们所做的部分项目的 JavaScript 压缩工具和测试覆盖率工具还是用 Java 实现的，这在现在看来可以说是非常匪夷所思的，JavaScript 工作流中的工具竟然还有用 Java 而不是用 Node.js 实现的！

时过境迁，转眼多年过去，JavaScript 在大前端领域遍地开花，Node.js 也已经被广泛应用于 Web 开发的方方面面，成了 Web 开发流程中不可或缺的部分。大家不再怀疑 Node.js 能不能用，而是要开始思考该如何用 Node.js 实现我们想要的功能。

技术的好与坏，不仅仅在于技术本身具有什么优势。布道如果做得不好，酒香也怕巷子深。技术的进步与受众群体的反馈是相互促进的。Node.js 在国内逐渐生根发芽的这几年，狼叔无疑是推广该技术的中坚力量。

经过多年的积累和沉淀，狼叔带着他的新书与大家见面了。这本书内容循序渐进、概念清晰明了、技术描述有点有面，是一本理论架构完整且实战案例典型的好书！相信各位读者一定能够从中获益！

最后，衷心祝愿 Node.js 发展得越来越好，也祝愿狼叔的布道事业蒸蒸日上！

CNode 社区管理员，alsotang

推荐序 2

在狼叔邀请我为他的新书写推荐的时候，我的内心是忐忑的，因为我对 Node.js 并不熟悉，不是这方面的专家。但对于狼叔我是了解的，同为技术社区推动者和文字爱好者，我深知在国内要写一本严肃的技术图书是一件多么吃力不讨好的事情。正因如此，狼叔的这本书就更值得推荐给准备学习和正在学习 Node.js 的工程师们。

十年前，Node.js 刚刚诞生，那时我就接触到了它。后来，Node.js 的迭代和进步之快完全超出了我的预期，它变得越来越好用，逐渐成为全栈工程师的首选。这样的结果离不开强大、活跃的 Node.js 社区和无私的 Node.js 贡献者们的付出，而狼叔就是国内 Node.js 贡献者的代表。

有了 Node.js，前端工程师也可以编写后端程序，并成为手机应用的跨平台开发主力。客户端、前端和服务器端已呈现出大统一趋势。在我自己熟悉的 Web 服务器开发领域，可以说 Nginx 内置的 njs 就是冲着替代 OpenResty 这一目标迅速发展的。

在这种技术趋势下，学习 JavaScript 和 Node.js 无疑是一个性价比很高的选择。这样一来，我们便可以打通从移动应用、Web 应用到服务器端接口的整条链路。而学习一门技术最好的方式，就是选择一本好书。

写一本好书对作者的要求很高——技术功底扎实只是基础，更要有丰富的项目经验、深厚的文字功底和洞察读者心理的能力。平日里像“诗人”一样的狼叔绝对是为数不多的具备上述能力的“牛人”，所以我相信他写的书也一定是一本好书。希望大家能通过这本好书提升自己的技术水平。

学习从来不是一件容易的事，但却是一件快乐的事，共勉。

温铭

OpenResty 软件基金会主席、OpenResty Inc.合伙人

推荐序 3

1995 年，Brendan Eich 花了 10 天时间开发出了一门脚本语言，该语言可用于弥补 Java Applets 的不足，随后 Marc Andreessen 将这门语言命名为 Mocha。Mocha 的最初定位是，服务于测试脚本编写人员、业余编程爱好者、设计师。

1995 年 5 月，Mocha 被集成到了 Netscape 浏览器中，不久后其被更名为 LiveScript。同年年底，Netscape 公司和 Sun 公司达成协议并获得了 Java 商标的使用权，于是 LiveScript 正式被更名为 JavaScript。

有人觉得，正是因为更名为 JavaScript 才使这门语言成了浏览器执行的唯一语言。但时至今日，JavaScript 已经不仅仅局限于实现网页特效了，而真正发展成了一门全功能的编程语言。

2009 年，Joyent 公司的一名软件工程师 Ryan Dahl 开发了 Node.js，这是一个基于 Chrome V8 引擎的 JavaScript 运行时环境。Node.js 使得 JavaScript 拥有了操作文件系统、I/O、网络，甚至数据库的能力。虽然 Node.js 不是第一个将 JavaScript 带离浏览器的工具，但它无疑是最成功的一个。

如今 Node.js 社区已经成了最活跃的编程社区之一，其 npm 的包数量也已经超越了 Java 的 Maven、Ruby 的 Gem、PHP 的 Composer。

狼叔是国内最早一批的 Node.js 使用者，也是 Node.js 社区最活跃的布道者之一。几年前狼叔来天津创业，我有缘与他结识。在那之前我就已经拜读过狼叔的文章，而当时狼叔就曾与我谈起要写一本关于 Node.js 的书。说来也巧，Node.js 于 2009 年发布，而《金刚狼》系列电影也于 2009 年开始上映。《金刚狼》系列电影一共 3 部，而狼叔的《狼书》系列图书也有 3 卷，希望《狼书》系列图书能如《金刚狼》系列电影一样受到欢迎。

目前 Node.js 发展十分迅速，但很大一部分使用者是前端开发人员。和 Java、Python、Ruby 等后端语言对比，尤其在图书出版方面，Node.js 还需要持续深入，而《狼书》的面世正好弥补了这一方面的不足——第 1 卷系统全面地介绍 Node.js 基础，第 2 卷着重介绍 Node.js Web 应用开发技能，第 3 卷则侧重于 Node.js 的高级应用。如果你想深入学习 Node.js 的核心原理并掌握使用 Node.js 开发大型系统的要诀，那么这套书绝对值得你精读。

迷渡（justjavac）

Flarum 中文社区创始人

推荐序 4

俗话说，十年磨一剑，慢工出细活。狼叔撰写的《狼书》系列图书很好地诠释了这两句话。

众所周知，狼叔是 Node.js 布道者、“Node 全栈”微信公众号的作者，他活跃于 CNode 社区，组织了不少线下 Node.js 沙龙，同时常作为讲师在各种技术交流会上进行分享，为 Node.js 在国内的推广做出了很大的贡献。我觉得这是一种情怀，也是一种责任。当你爱上一件事，你就会全情投入。

Node.js 的出现在很大程度上满足了前端工程师想要探索更广阔的编程世界的愿望，为前端工程师提供了更好的了解后端工作的机会，对于前后端协同而言具有巨大价值。十年时间，Node.js 几经波折，但这并不妨碍它快速发展，如今它已经成为最流行的技术之一。

近些年，不少大型互联网公司都开始基于 Node.js 构建应用。我和狼叔在去哪儿网相识，平时和他对话或闲聊，最后总能聊到 Node.js 上，我能深切地感受到他对 Node.js 的热爱。那时候的狼叔正在努力为去哪儿网建设更完善的 Node.js 基础设施，他的努力为去哪儿网注入了新鲜活力，加快了 Node.js 在机票购买业务中的落地。

《狼书》系列图书正是狼叔 Node.js 情怀的最终寄托。这本第 2 卷由浅及深、由粗至细、几经雕琢，很好地承载了狼叔对 Node.js 的热爱，将 Node.js Web 开发框架 Koa、中间件机制、HTTP 核心知识、数据库操作、视图模板等热门话题娓娓道来，就像一杯陈酒，越品越有味道。我相信每一位拿到此书的读者都会有不同的收获，无论你是初入前端领域的“小白”，还是深耕多年的“老手”。

杜瑶

美团研究员

去哪儿网前高级技术总监

推荐序 5

自 2009 年 Node.js 诞生以来，它一直在快速发展，不断扩大自身的能力范围。

基于 Chrome V8 执行引擎的 Node.js 在保证其性能和稳定性的同时，也收获了许多由强大的技术社区提供的优秀 npm 包，因此基于单线程和异步流程控制的 Node.js 开发在效率上得到了保障与提升。

得益于这些优势，Node.js 可以广泛应用于诸多场景——从数据库到 API，从 Web 应用框架到 SSR 服务，从命令行到前端工程化，甚至在操作系统开发和桌面应用设计中它都能占有一席之地。这些足以说明 Node.js 的“了不起”与空前繁荣。

近几年来，Node.js 在国内发展迅猛，无论是大型企业的中台服务，还是中小型企业的全栈式研发模式，几乎都将 Node.js 作为首选技术。事实证明，它并没有让大家失望。

如今 Node.js 的稳定版本为 v10.x，新特性和新功能还不断加入，版本也在快速迭代。我们可以看到，有非常多的 Node.js 开发工程师专门从事这项技术的研究，也有很多企业在招聘时将 Node.js 作为应聘者的必会技能进行考查。这些都足以证明，Node.js 正在被进一步发扬光大。

本书的作者狼叔，一直活跃在 CNode 技术社区。作为一名 Node.js 布道者，他一直深耕在 Node.js 领域，不断在各个平台与大家分享他的技术见解。这本书是狼叔多年技术心血的结晶，它很好地向读者介绍了与 Node.js Web 应用开发相关的核心知识。无论你是想入门 Node.js 还是想进行 Node.js 企业级深度实践，都可以参考这本书。只要你热衷于 Node.js，这本书便值得你阅读！

河伯

腾讯技术总监

腾讯 IVWEB 团队负责人

推荐语

Node.js 是为数不多的中国程序员不是跟从者而是开创者的技术领域。中国程序员在 Node.js 的布道方面贡献了很多，从推广 Node.js 社区到组织各种会议，当然也包括出版图书。对所有优秀的程序员来说，写书都是一件辛苦的事，所以愿意在这方面投入精力的程序员基本上都是有情怀的。狼叔花了多年时间写成了这本书，其中既包含 Node.js 基础知识，也包含宝贵的工程实践，为所有从业者提供了参考，期待狼叔能够一直写下去。

极客时间《重学前端》专栏作者，程邵非（winter）

两年前曾和狼叔聊起过一个颇为枯燥的技术问题，当时他把那个问题解释得非常精彩，让我印象颇深。所以得知狼叔在写书时，我充满了期待。一方面，我相信狼叔一定能把严肃的技术问题讲得通俗易懂；另一方面，要想将 Node.js 生态讲得透彻，狼叔是优秀人选。

ioredis 作者、《Redis 入门指南》作者、石墨文档技术总监，李子骅（luin）

这不是一本简单的 Node.js 入门书，而是一本纵观 Node.js 发展历史、带你领略 Node.js 底层风采，并且能对你的 Node.js 知识体系进行查漏补缺的书。在如今各式各样的 Node.js 图书中，这样的好书真的非常难得。

《Node.js：来一打 C++扩展》作者，死月狼叔是国内比较知名的 Node.js 技术布道者，为 Node.js 在中国的发展做出了巨大的贡献。本书中既有对 Node.js Web 开发知识点的详细介绍，也有对狼叔多年宝贵经验的深度总结，非常值得大家阅读、学习，建议各位持卷品读。

ThinkJS 框架作者，李成银

本书从多个使用场景深度探究了 Node.js Web 开发的核心内容。在 Node.js 发展迅猛、各种新生框架如雨后春笋般涌现之时，我们十分需要这样一本书。书中凝聚了狼叔在 Node.js 领域深耕多年的经验。通读全书后，相信读者一定能体会到 Node.js Web 开发的精髓。

TypeScript 布道者、Midway 框架作者，陈仲寅（张挺）

继《狼书》系列第 1 卷之后，《狼书（卷 2）：Node.js Web 应用开发》终于和大家见面了。这本书凝聚了狼叔多年以来的技术心血，也填补了目前市面上没有一套大而全的“Node.js 红宝书”的缺憾，值得每一位 Node.js 开发者阅读。

《Node.js 调试指南》作者，赵坤（nswbmw）

这本书涵盖了 Node.js Web 开发方方面面的内容，读者可以通过这本书了解 Web 框架 Koa、HTTP 相关知识、数据库核心操作等内容，并将 Node.js 的精髓融会贯通。无论是初学者还是全栈工程师，都可以从这本书中获益。在这本书中，狼叔将带你进入更宽广的 Node.js 世界，照亮你的 Node.js 学习道路！

GMTC（全球大前端技术大会）主编，孟夕

这本书是狼叔花了多年时间打造的，书中融入了他丰富的开发经验和实践技巧，可以指导你深入研究 Node.js，探索其中的奥秘，助你成为 JavaScript 全栈工程师。无论你是刚开启前端之旅的“小白”，还是有经验的高级工程师，都能从本书中获得经验和启发。

《前端架构：从入门到微前端》作者，黄峰达（Phodal）

《狼书（卷 2）：Node.js Web 应用开发》来了，让我们通过这本书跟狼叔一起“进化”吧！不管是新人，还是资深程序员，都能从本书中获得完善的 Node.js Web 应用开发技能，让自己真正“刚”起来！

Trek.js 作者，fundon

狼叔亲历了 Node.js 在国内的兴起、发展和成熟，他将眼中的 Node.js 核心知识完整融入本书。本书深入浅出地介绍了 Web 框架 Koa、中间件机制，以及数据库进阶知识，非常适合各个阶段的前后端工程师阅读、学习，从而构建出更了不起的 Node.js 应用。

新浪移动前端技术专家、Daruk 框架作者，付强（小爝）

作为同时在两地推动 NodeParty 线下聚会的同仁和网友，我时常被狼叔对社区投入的热情所感染。狼叔的技术能力和技术视野是毋庸置疑的。现在看到狼叔在教育领域又有进步，我不禁感慨，希望大家不负狼叔多年的付出，从书中吸取精华内容，快速成长，成为社区建设的中坚力量，一起推动 Node.js 的未来发展！

NodeParty 开源基金会发起人、大搜车无线团队负责人，芋头

2015 年 10 月，我便知道狼叔在筹备一本关于 Node.js 的书，不禁满心期待。虽然等待了多年，但看到这本书面世，我依然惊喜。本书汇集了许多 Node.js 发展历程中的精彩故事，还涵盖了很多 Node.js 的核心技术观点，相信对于读者而言定是一场知识盛宴！

宋小菜前端负责人，Scott

Node.js 是我最喜欢的技术之一，因为它给 JavaScript 带来了无限可能。本书着重讲解了 Node.js Web 应用开发的核心知识点，能够带领你了解更全面、更了不起的 Node.js。如果你想提升自己的 JavaScript 编程能力，就从这本书开始吧！

iView 作者，梁灏

狼叔是国内知名的 Node.js 技术布道者和推广先驱，他将 Node.js 技术的精华提取出来并完全融入本书。这本书深入浅出，不仅解释了 Node.js 的技术细节，更教会你学习的方法，同时结合作者多年的实践心得和宝贵经验，可以让读者少走弯路，是一本真正的开发者之书。

思否开发者社区 CTO，祁宁

我曾与狼叔探讨过关于“业界对 Node.js 存在争议”的问题，当时狼叔展现出的那种破除前后端开发分工隔阂的大局观，以及以业务需求为导向去解决实际问题的思维方式，让我十分佩服。这本书是狼叔的心血结晶，相信大家都能从中获得技术提升，扩展自己的视野。

天津谷歌开发者社区核心组织者，朱峰

序

本书从 2015 年 10 月开始写作。

在那之前，我还在天津创业，顶着 CTO 的头衔干着各种最基础的编码工作。由于公司在天津的位置很偏僻，所以公司招人成了一个大问题。更要命的是，创始人没有工资可拿，现在想想只能说是情怀在支撑我吧。

公司招人不便，那就只能想办法把人才从北上广拉到天津，于是我就动了扩大技术影响力的心思——我开始在 CNode 社区上发帖，后面慢慢尝试做"Node 全栈"微信公众号，效果还不错。我还记得 CNode 社区管理员、知名 Node.js 开发者 alsotang 曾评论过我的一篇文章，说我是 Node.js 布道者。当时我臭美了很久，之后便自然而然地走上了 Node.js 布道之路。

2015 年，我结婚了，财权上交，发觉生活窘迫，又不好意思向老婆要钱，于是便开始在网上教授 VSCode，之后我又和极客邦旗下的 StuQ 合作讲课，获得收入的同时又可以进一步扩大技术影响力。而技术影响力扩大的体现就是，我被出版社的编辑发现了。由于早有布道的心思，自然希望能够出一本书，于是我便开始了写书之旅。

可是写书从来都不是一件容易的事。阅历浅，写不来；无恒心，写不来。从 2015 年 10 月至今，历时多年，很多朋友催书，以至于我经常在演讲中"自黑"："我的书从 Node.js 4.0 版本写到 Node.js 8.0 版本，然而还没有写完。"出版社约稿时，Node.js 才刚刚发布 4.0 版本，而 2019 年年初，Node.js 已经发布了 11.10 版本。本书几经修改，最终确定以 Node.js 的 8.0 版本为核心版本。虽然后面 Node.js 的更新版本里又增加了新功能，但整体来看 Node.js 的 API 设计得非常好，几乎都是向后兼容的，所以即使是 11.10 版本，和 8.0 版本的差别也不大，而且在本书的编辑过程中我对内容进行了一定的更新，因此不会因版本问题影响读者阅读和学习。

在这几年的时间里，Node.js 稳定、高效地发布了多个版本，国内外的 Node.js 使用率也渐渐达到了一个前所未有的高度。感谢前端领域的爆发式增长，这极大地扩展了 Node.js 的应用场景，而且新语法、新特性的使用也开始成为大前端开发团队中的标配。

人生之美好就是在苦难之后能够获得成果。写书的过程是痛苦的，但也让我对于“成就别人才能成就自己”这句话有了更深刻的认识。最开始写书是为了布道，希望更多人能从中受益，没想到最先受益的是自己。通过长时间的积累，我完善了自己的知识体系，受益匪浅。通过与 CNode 社区、出版社的编辑以及 Node.js 爱好者们交流，我有了更好的学习机会。通过写书、演讲、组织社区活动，我有了更丰富的人生经历。

以前见到图书的前言中总有致谢话语，还以为只是出版“套路”。然而今时今日，历经多年的写作，我确确实实要感谢很多人。

感谢我的家人，写书会牺牲很多陪伴家人的时间，感谢他们的理解和支持。最难过的是周一到周五，只能看老婆通过微信发来的宝宝的视频，一遍一遍地看，一遍一遍地想哭。

感谢所有推荐本书以及为本书进行技术审校的专家们，若没有他们的帮助，这本书恐怕无法以最佳状态与各位读者见面。他们的宝贵建议使得本书的内容不至于空洞，也让我受益良多。

感谢博文视点的张春雨编辑和孙奇俏编辑，他们一次次地叮嘱我、鼓励我，面对面指导我如何规范写作，这种耐心和包容是极其难得的。这本书在审校初期，有 6 位出版社的编辑都参与其中。那时我是崩溃的——感觉自己数学不好，常常上面说 3 项下面列 4 项；语文也不好，连基本的语句都表达不清，很符合那句玩笑话“你的语文是体育老师教的吧”。我能够想象编辑们在修改书稿之时是多么“痛苦”，因此再次感谢各位编辑，感谢他们的辛苦付出，因为有他们，本书才能够顺利出版。

回想这几年的写作过程，其实几次都想放弃，想将 Node.js 系统地讲明白，真的不是一件容易的事。可是话都说出去了，不想让一直以来支持我的读者失望，更不能自己“打脸”，所以，这本书最终还是跟大家见面了。感谢各位粉丝在各个技术群里“花式”催书，感谢他们对我的鞭策。

再次感谢所有的小伙伴们。

致所有未见面的读者，但愿狼叔的“碎碎念”，能够带你们打开 Node.js 世界的大门，领略大前端领域璀璨的星光。

狼叔

前言

Koa 是下一代 Node.js Web 框架。所谓的“下一代”是相对于 Express 而言的。Koa 立身于最“潮”的异步流程控制特性，主要用于改进 Node.js 开发中的回调地狱痛点，可以说 Koa 是异步流程控制不断演进的必然产物。在所有的 Node.js Web 框架中，Koa 无疑是最耀眼的一个。

Koa 的生态是非常健全的，基于 Koa 编写 Web 应用可以应对多种场景。如果用得极致，甚至可以基于 Koa 在前端领域开发各种工具。

本书内容

本书以 Node.js 下一代 Web 框架 Koa 为核心，主要讲解 Koa 的基础知识、中间件原理和应用场景，旨在向读者展示如何基于 Koa 编写出更简单、更具工程化优势的 Web 应用。

本书共分 8 章，每章的内容简介如下。

第 1 章　下一代 Web 框架 Koa

本章将介绍 Koa 框架的入门知识、优势、应用场景，Koa 脚手架的编写方式，以及 Node.js Web 框架的演进过程。基于最新的 AVA 测试框架编写测试用例也是本章非常有特色的一节。

第 2 章　Koa 核心扩展机制：中间件

本章将介绍 Koa 的核心中间件原理，以及 Koa 中常用的中间件：路由、视图、静态服务模块等。中间件机制是 Koa 的核心内容，因此本章内容非常重要。

第 3 章　HTTP 必知必会

本章将介绍请求响应模型，也将对 HTTP 和 HTTPS 进行讲解，同时以 mini-proxy 和 hiproxy 为核心对前端最常用的代理进行讲解。

第 4 章 Koa 练习

本章将结合第 3 章的 HTTP 相关知识进行 Koa 框架内置方法的练习，比如地址解析、参数获取、body 解析、API 开发，还将介绍各种测试模块和工具软件的用法。

第 5 章 数据库基础

本章将介绍 Node.js 数据库选型和 MVC 模型层的用法，以及使用 Mongoose 模块操作 MongoDB 的方法，其中涉及 Mongoose 中的一些进阶技巧：模型扩展、虚拟属性、回调钩子和插件机制。

第 6 章 数据库进阶

本章将在第 5 章的基础上介绍数据库中的进阶技巧：分页、关联查询、事务、性能调优等。通过本章大家能够对 Node.js 数据库选型掌握得更好。

第 7 章 前端视图模板

本章将从 public 目录讲起，介绍前端相关知识，主要涉及模板编译原理、Webpack 进阶知识。本章还将介绍前后端分离和服务器端渲染的演进，并提出对未来 Serverless 环境下前端渲染层的见解。

第 8 章 项目实战

本章将以 CNode 项目为核心，介绍基于 Egg.js 框架的项目代码，还会介绍基于 Docker 快速开发 Node.js Web 应用的方法。

本书中的各章内容基本是相互独立的，因此各位读者可以挑选自己感兴趣的章节阅读。这本书是《狼书》系列图书的第 2 卷，第 1 卷主要介绍 Node.js 基础知识，第 3 卷主要介绍 Node.js 高级应用。3 卷搭配阅读，效果更好。

目标读者

本书的目标读者有以下 3 类。

- 正在学习 JavaScript 开发，对 JavaScript 语言有基本的了解和熟悉度，且希望能够了解 JavaScript 发展情况的人。

- 正从事 JavaScript 开发相关工作，熟悉 JavaScript 的基本开发要领，在日常工作中经常接触 Node.js，想要深入了解 Web 应用、BFF、API 代理等内容，以进一步提升自我的 Web 工程师（此处不区分前端与后端）。
- 具有极客精神，想要深入研究 JavaScript 语言及 Node.js 的全栈工程师。

同时，本书也适合正使用其他编程语言（如 Go、PHP、Python、Ruby、Java 等）进行 Web 开发的工程师阅读、学习。

阅读准备

要想运行本书中的示例，需要安装以下系统及软件。

- 操作系统：推荐 Linux，以及 macOS 10.9 或以上版本，使用 Windows 操作系统可能会在运行示例时报错。
- 浏览器：Google Chrome、Safari、Firefox、Internet Explorer 11、Windows Edge。
- 运行环境：以 Node.js 8.6 版本为主。

联系作者

由衷地感谢你购买此书，希望你会喜欢它，也希望它能够为你带来你希望获得的知识。虽然我已经非常细心地检查了书中的所有内容，但仍有可能存在疏漏。若你在阅读过程中发现错误，在此我先表示歉意。同时欢迎你对本书的内容和相关源码发表意见和评论。你可以通过我的私人邮箱 i5ting@126.com 与我取得联系，我会一一解答你的疑惑。

我的更多联系方式如下，大家可通过任意方式与我联系。

- 个人主页：http://i5ting.com
- GitHub：https://github.com/i5ting
- Twitter：https://twitter.com/i5ting

最后送给各位读者一句话，也是狼叔常说的——少抱怨，多思考，未来更美好！

读者服务

微信扫码回复：**35906**

- 获取博文视点学院 20 元优惠券
- 获取免费增值资源
- 加入读者交流群，与更多读者互动
- 获取精选书单推荐

目录

第1章 下一代 Web 框架 Koa

Koa 是 Node.js 社区公认的下一代 Web 框架，那么它究竟是一个怎样的 Web 框架，有哪些优点？与老牌的 Express 相比，优势有哪些呢？本章是 Koa 框架的入门部分，希望能够带你走进丰富多彩的 Koa 世界。

本章的主要内容如下。

- 了解 Koa 框架。
- 学会 koa-generator 的用法。
- 掌握 Node.js Web 框架的演进过程。

市面上的教程和图书以讲解 Express 框架的为多，如果你有 Express 开发经验将会很好，因为本书会对比 Express 用法进行讲解；如果你没有 Express 开发经验也没关系，Koa 足够简单，相信你很快就可以掌握。

1.1 Koa 简介

Koa 是 Node.js 的下一代 Web 框架。所谓的“下一代”是相对于 Express 而言的。Koa 立身于最“潮”的异步流程控制特性，主要用于改进 Node.js 开发中的回调地狱痛点，可以说 Koa 是异步流程控制不断演进的必然产物。在所有的 Node.js Web 框架中，Koa 无疑是最耀眼的一个。

Koa 是由 Express 原班人马打造的，他们的初衷是使 Koa 成为一个更小、更健壮、更富有表现力的 Web“微”框架，进而实现使用 Koa 编写 Web 应用，通过组合各种更高级的异步流程控制中间件，来免除重复烦琐的回调函数嵌套，并极大提升常见错误的处理效率。

Koa 的代码量非常少，大约 600 行，是一个极轻量的优雅框架，这使得编写 Web 应用（尤其是开发基于 Koa 的 Web 应用）变得更得心应手。我们可以把它理解成一个基于 http 模块进行封装的、提供中间件写法的微内核模块。Koa 约定了中间件写法，能够完成 Web 应用里的所有需求。由于 Koa 本身没有内置任何中间件，所以称之为 Web 框架并不完全准确，用“微”框架或者“内核”模块来描述它更合适。

目前 Koa 主要有两个版本：v1.x（统称为 v1）和 v2.x（统称为 v2）。两个版本的核心 API 基本无差异，其他方面的差别如下。

- Koa v1 是基于 ES6 Generator 的。
- Koa v2 正式版本发布前，可通过 koa-convert 支持 3 种中间件写法，更现代、更时尚。
- Koa v2 正式版本发布后，主打 async 函数，要求使用 Node.js v7.6 以上版本。
- Koa v1 使用隐式的 this 作为上下文，而 Koa v2 则使用显式的 ctx 作为上下文，语义更清晰。

在 2017 年 3 月，Koa v2.0 正式发布，可以说 Koa v2.0 和 async 函数的结合开启了 Node.js Web 开发的新时代。

1.1.1　应用场景

Koa 是 Web 开发微框架，其应用场景如表 1-1 所示。

表 1-1

场　景	描　述	使用人员
传统 Web 应用开发	Koa 可以开发带有视图渲染和数据库操作的 Web 应用，主要以网站为主，前后端混在一起，开发简单，是入门和快速开发的利器	均可
作为服务器端接口	使用 Koa 可以为 PC 端、移动端、HTML5 端等提供 HTTP API 支持	后端开发人员居多
作为独立的 API 层	后端程序可能由多种语言实现，业务划分会导致跨域等各种情况出现，此时可以使用 Koa 作为 API 代理，来请求后端 API，处理后再将结果返回给前端	前端开发人员居多
RPC 服务组装	由于历史问题，很多应用采用 RPC 进行服务化，然后组装 RPC 服务将其包装成最终的 HTTP API 提供调用。这是非常好的方式，这种场景是 Koa 非常擅长的。组装 RPC 服务非常简单，不涉及数据库操作，可以按照前端要求的格式处理	均可
静态 API 模拟	Koa 可以提供静态 API 接口，无须实现具体逻辑，能够加速开发	均可
API 网关	使用 Node.js 实现 HTTP 代理是非常简单的，使用 Koa 能够更好地请求转发	均可

续表

场　景	描　述	使用人员
与前端框架集成	Koa 为 Vue、React 等前端框架的集成提供开发及部署环境的 HTTP 服务、静态 API 服务等，结合使用可以实现服务器端渲染或同构开发	前端开发人员居多
开发 Web 框架	Koa 自身没有绑定任何中间件，使用 Koa 时往往要同时使用多个中间件，所以很多框架更愿意将 Koa 作为内核模块，在其之上进行定制开发。比如，知名框架 ThinkJS 在其 v3.0 中采用 Koa 作为内核模块，抛弃了之前维护的 HTTP 基础库	均可

基本上，我们见到的所有 Web 应用场景都可以使用 Koa 框架来实现。这里要强调一下，只通过 Node.js 也是可以完成所有开发的，从数据库操作到 RPC 服务，再到 HTTP 和 API 服务，尽管这些都是 Node.js 擅长做的事情，但在基础设施完备度、功能成熟度等方面不见得有绝对优势，所以合理地使用各种技术并发挥其优势是极其重要的。笔者一直相信 Node.js 在后端领域必有一席之地，原因很简单，其成熟度在提高，普及度也越来越高，而且通过前端和 API 代理层的渗透，在微服务架构下所有语言的机会都是一样的，尤其是快速高效的开发体验和 Koa 这样优秀的 Web 框架，一定会让 Node.js 脱颖而出！

1.1.2　开发要点

Koa 本身比较简单，但要想使用好 Koa，我们需要掌握以下开发要点，如图 1-1 所示。

- Koa 中间件。
- ES6 语法：Koa 是基于 Node.js v4 以上版本进行开发的，所以对 ES6 语法支持得非常好。
- HTTP 基础。
- 异步流程控制：推荐顺序是，async 函数→Promise→Generator。
- 数据库操作：几乎所有的 Web 应用都涉及操作数据库，所以掌握数据库知识非常重要。数据库一般分为关系型数据库和非关系型数据库。
- API 接口开发。

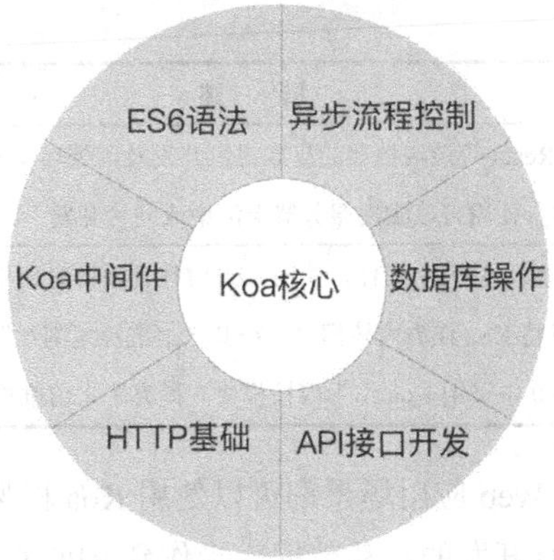

基于Koa框架的Web开发要点

图 1-1

1.1.3 Koa 入门

Koa v2 的核心是使用面向更新特性的 async 函数的中间件，其正式版本发布前后性能略有不同。

- 正式版本发布前：支持 3 种中间件写法（Promise、Generator、async 函数）。
- 正式版本发布后：推荐使用 ES2017 的 async 函数作为中间件。

从发布前支持 3 种中间件写法，我们可以看到 Koa v2 对通用性的思考是非常深刻的。在正式版本发布之后，Koa 小组直接将 GitHub 上的说明改为“Expressive middleware for Node.js using ES2017 async functions”，这是一个非常明确的态度，表明 Koa 的定位为下一代 Web 开发框架，将一如既往地支持新特性。我们在《狼叔（卷 1）：更了不起的 Node.js》中介绍过异步流程控制的演进过程，可以说 async 函数确实是目前最好的异步流程控制解决方案，所以 Koa 和 async 函数的结合近乎完美。

你好，Koa

让我们来看看最“潮”的 Koa v2（基于 async 函数的中间件）的基本写法，代码如下。

```
// 初始化 Node.js 模块，创建 package.json 配置文件
$ npm init -y
// 安装 Koa 作为依赖模块
```

```
$ npm i -S koa@2
// 创建 app.js 作为应用入口
$ touch app.js
```

接着，在 app.js 里键入如下代码。

```
const Koa = require('koa')
const app = new Koa()

// 日志中间件
app.use(async (ctx, next) => {
  const start = new Date()

  console.log('[logger middleware] before await...')
  await next()
  console.log('[logger middleware] after await...')

  const ms = new Date() - start
  console.log('${ctx.method} ${ctx.url} - ${ms}ms')
})

// 响应
app.use(async ctx => {
  console.log('[response middleware] response ...')

  ctx.body = 'Hello Koa 2'
})

app.listen(3000)
```

执行前一定要确保你的 Node.js 是 v7.6 以上的，否则无法直接执行带有 async 函数的代码。

```
$ nvm use --lts
Now using node v10.15.3 (npm v6.4.1)
$ node app.js
```

下面对 Koa 代码中的要点进行说明。

- 从表面上看，中间件有变化，之前支持 ES6 Generator，现在支持 async 函数+箭头函数，即 async (ctx, next) => {}，这样能使语义更清晰。
- 参数有变化，之前只有 next 参数，现在又多了一个上下文 ctx 参数。在之前的 ES6 Generator 中间件里只能使用隐式的 this 作为上下文，而在 async 函数中可以使用显式的 ctx 作为上下文，更加友好。

访问 http://127.0.0.1:3000/，控制台中日志输出如下。

```
[logger middleware] before await...
[response middleware] response ...
[logger middleware] after await...
GET / - 7ms
```

从日志中我们可以看出代码执行规律，具体如下。

- 先经过 logger 中间件：[logger middleware] before await...。
- 然后跳转到[response middleware] response...。
- 最后执行[logger middleware] after await...。

这 3 处日志输出很明显是在 logger 中间件的 await next()代码前后进行处理的，通过 await next()将执行权转交给下一个中间件，即 response 中间件，于是代码就借助 async 函数变成顺序执行了，这就是 Koa v2 带给我们的最直观的变化。

为什么 Koa v2 中要新增一个 ctx 参数

Koa v2 中新增一个 ctx 参数的最主要原因是，在编写 Koa App 时使用了 async 箭头函数，示例如下。

```
app.use(async (ctx, next) => {
  await next()
})
```

在这种情况下，使用 this 是万万不能的。因为箭头函数是定义时绑定的，this 指向箭头函数外部，而不是运行时的对象。

Koa v1 和 Koa v2 的用法差异

在 Koa v1 里，初始化 app 对象的方式和 Express 是一样的，具体如下。

```
var koa = require('koa');
var app = koa();
```

在 Koa v2 里，我们使用面向对象的写法，需要对 Koa 类进行实例化后才能获得 app 对象，具体如下。

```
const Koa = require('koa');
const app = new Koa();
```

下面我们从源码层面进行对比，找出 Koa v1 和 Koa v2 在用法上的差异。

1．Koa v1 示例代码

```
var app = Application.prototype;

module.exports = Application;

function Application() {
  if (!(this instanceof Application)) return new Application;
  this.env = process.env.NODE_ENV || 'development';
  this.subdomainOffset = 2;
  this.middleware = [];
  this.proxy = false;
  this.context = Object.create(context);
  this.request = Object.create(request);
  this.response = Object.create(response);
}
```

2．Koa v2 示例代码

```
module.exports = class Application extends Emitter {
  constructor() {
    super();

    this.proxy = false;
    this.middleware = [];
    this.subdomainOffset = 2;
    this.env = process.env.NODE_ENV || 'development';
    this.context = Object.create(context);
    this.request = Object.create(request);
    this.response = Object.create(response);
  }
}
```

通过上面的源码对比，很明显可以看出，Koa v1 对外导出的是函数，而 Koa v2 对外导出的是类，需要通过 new 这个关键字来进行实例化。另外，值得注意的是，在 Koa v2 源码里，只有 Application 进行了类化，其他的仍保持之前的风格，这大概是因为还没有必须修改的必要。

1.1.4　为什么选择 Koa

我们为什么在众多框架中选择 Koa 呢？理由大概如下。

- 用 async 函数做异步流程控制时，代码更容易理解。

- 错误处理干干净净。无论是 async 函数还是 Promise 规范都能非常好地处理异常，另外 Koa 是继承自 Event 的，结合 ctx 里的一些 API 能够更简单地处理错误。
- 具有优雅的回形针中间件机制。通过更少的代码可以完成更多的工作，尤其是能对响应部分进行拦截，这是 Express 等框架无法做到的。
- 性能非常好，比 Express 要好。
- Koa 核心代码量比较少，易于定制，易于在其上开发各种 Web 框架。比如，ThinkJS 和 Egg.js 都是以 Koa v2 作为内核模块开发的著名 Web 框架。
- 社区生态逐渐完善。在 2015 年其中间件数量还不多，但现在已经非常多了。
- 国内外很多公司都已经大量应用 Koa 了，目前 Node.js 的首选 Web 框架是 Koa。
- 拥有 Egg.js（基于 Koa 的成熟的企业级 Web 开发框架），拥有庞大的插件生态。
- 拥有 MidwayJS。它基于 Egg.js 生态，使用 TypeScript 编写，提供 IoC 容器，是面向未来的框架。

1.2 Koa 脚手架

koa-generator 是用于生成 Koa 项目骨架的生成器，虽然这个生成器比较精简，但它结构十分清晰，足以满足一般的开发需求。

很多读者非常熟悉 Express 框架（以前很多图书、开源项目都是基于 Express 的，Express 曾是 Node.js 里使用最多的 Web 框架），它和 Koa 用法一致，因此习惯 Express 的人一般都能接受 Koa。当然，新手也不用怕，Koa 非常简单。express-generator 和 koa-generator 功能一样，适合初学者，有基本的目录结构和中间件，可以满足一般性的开发需求。

express-generator 提供的功能如下。

- 生成项目骨架，集成必要的中间件。
- 约定目录结构。
- 支持 CSS 预处理器。

koa-generator 提供的功能如下。

- 生成项目骨架，集成必要的中间件。
- 约定目录结构（和 express-generator 约定的结构一模一样）。

两个生成器共同支持的项目骨架结构描述如下。

- app.js 为入口。
- bin/www 为启动入口。
- 支持静态服务器，即 public 目录。
- 支持 routes 路由目录。
- 支持 views 视图目录。
- 默认将 Pug（之前名字是 Jade）作为模板引擎。

koa-generator 支持 Koa v1 和 Koa v2，安装后，可以分别使用 koa 和 koa2 两个命令提供脚手架功能，具体实现如下。

```
$ npm install --global koa-generator
/Users/i5ting/.nvm/versions/node/v8.7.0/bin/koa -> /Users/i5ting/.nvm/versions/node/v
8.7.0/lib/node_modules/koa-generator/bin/koa
/Users/i5ting/.nvm/versions/node/v8.7.0/bin/koa2 -> /Users/i5ting/.nvm/versions/node/
v8.7.0/lib/node_modules/koa-generator/bin/koa2
+ koa-generator@1.1.16
updated 1 package in 1.19s
```

1.2.1 安装 Koa 生成器

koa-generator 支持 Koa v1 和 Koa v2，安装后，可以分别使用 koa 和 koa2 命令创建 Koa 项目模板，以 koa2 为例，代码如下。

```
$ koa2 -h
Usage: koa2 [options] [dir]

  Options:

    -h, --help          output usage information
    -V, --version       output the version number
    -e, --ejs           add ejs engine support (defaults to pug/jade)
        --hbs           add handlebars engine support
    -n, --nunjucks      add nunjucks engine support
    -H, --hogan         add hogan.js engine support
```

```
  -c, --css <engine>  add stylesheet <engine> support (less|stylus|compass|sass) (def
aults to plain css)
      --git           add .gitignore
  -f, --force         force on non-empty directory
```

1.2.2　创建 Hello world

在 Koa v2 中，如果想创建 Koa v1 项目，只需要把 koa2 命令换成 koa 命令即可，示例代码如下。

```
$ koa2 helloworld
koa2 helloworld

   create : helloworld
   create : helloworld/package.json
   create : helloworld/app.js
   create : helloworld/public
   create : helloworld/routes
   create : helloworld/routes/index.js
   create : helloworld/routes/users.js
   create : helloworld/public/stylesheets
   create : helloworld/public/stylesheets/style.css
   create : helloworld/views
   create : helloworld/views/index.jade
   create : helloworld/views/layout.jade
   create : helloworld/views/error.jade
   create : helloworld/bin
   create : helloworld/bin/www

   install dependencies:
     $ cd helloworld && npm install

   run the app:
     $ DEBUG=helloworld:* npm start

   create : helloworld/public/javascripts
   create : helloworld/public/images
```

上面的命令行所产生的代码结构和 express-generator 生成的代码结构是一模一样的，这对于熟悉 express-generator 的读者而言会更加容易接受。本身这种结构也非常经典，对于理解和学习 koa-generator 是非常好的方式。

接下来切换到 helloworld 目录下并安装依赖模块，命令如下。

```
$ npm install
```

启动命令如下。

```
$ npm start
```

此时，我们即可访问浏览器。

1.2.3　目录解析

使用 koa-generator 生成的目录结构如下。

```
$ tree . -L 2
.
├── app.js
├── bin
│   └── www
├── package.json
├── public
│   ├── images
│   ├── javascripts
│   └── stylesheets
├── routes
│   ├── index.js
│   └── users.js
└── views
    ├── error.jade
    ├── index.jade
    └── layout.jade

7 directories, 8 files
```

对上面的目录结构说明如下。

- app.js 为入口。
- bin/www 为启动入口。
- 支持静态服务器，即 public 目录。
- 支持 routes 路由目录。
- 支持 views 视图目录，Pug 为模板引擎。

package.json

package.json 是 Node.js 模块定义的核心配置文件。接触新项目的第一件事情就是打开该文件，了解模块的各个属性，比如名称、版本、依赖模块、开发方式等，文件内容如下。

```
{
  "name": "helloworld",
  "version": "0.1.0",
  "private": true,
  "scripts": {
    "start": "node bin/www",
    "dev": "./node_modules/.bin/nodemon bin/www",
    "prd": "pm2 start bin/www ",
    "test": "echo \"Error: no test specified\" && exit 1"
  },
  "dependencies": {
    "debug": "^2.6.3",
    "jade": "~1.11.0",
    "koa": "^2.2.0",
    "koa-bodyparser": "^3.2.0",
    "koa-convert": "^1.2.0",
    "koa-json": "^2.0.2",
    "koa-logger": "^2.0.1",
    "koa-onerror": "^1.2.1",
    "koa-router": "^7.0.1",
    "koa-static": "^3.0.0",
    "koa-views": "^5.2.1"
  },
  "devDependencies": {
    "nodemon": "^1.8.1"
  }
}
```

package.json 文件里包含了 4 个 npm scripts 脚本，分别介绍如下。

- npm start 是开发阶段使用的脚本，使用时代码会发生变动，需要重启 Node.js 进程。
- npm run dev 也是开发阶段使用的脚本，使用时代码会发生变动，nodemon 会自动重启 Node.js 进程。
- npm run prd 是产品环境使用的脚本，通过 pm2 来启动工程，默认按照 CUP 核数来启动对应的进程数，是目前最流行的方式。
- test 只会打印出未实现日志，和 Express 里的用法是一样的。

关于依赖模块的说明，如表 1-2 所示。

表 1-2

模　块	版　本	功　能
debug	2.6.3	根据 Debug 环境变量输出调试日志
pug	2.0.0-rc.1	用于视图渲染，是非常流行的极简模式的模板引擎
koa	2.2.0	Koa v2 的核心模块，用于提供中间件机制
koa-bodyparser	3.2.0	用于解析和处理 body，主要针对 Post 类的请求
koa-convert	1.2.0	将 Koa v1 中间件转换为 Koa v2 可兼容的中间件
koa-json	2.0.2	提供对 JSON 的更好支持
koa-logger	2.0.1	开发阶段使用的日志模块
koa-onerror	1.2.1	异常捕获模块
koa-router	7.0.1	路由模块
koa-static	3.0.0	HTTP 静态服务模块
koa-views	5.2.1	视图配置模块。只有通过 koa-views 配置了具体模板引擎，Koa 才能使用并解析相关模板。koa-views 基于 consolidate.js 模块，可支持近 40 种模板引擎

入口文件 bin/www

我们先来看一下入口文件的核心代码，具体如下。

```
const server = http.createServer(app.callback());
server.listen(port);
server.on('error', onError);
server.on('listening', onListening);
```

bin/www 文件中的内容和 Express 的 bin/www 文件中的内容是一样的，唯一不同的是 Express 里的 app 实例返回的是 function(req, res){}，而 Koa 里的 app.callback()返回的是 function (req,res){}，所以想在 http.createServer 里启动 Koa，就必须将 app 修改为 app.callback()。

除在 http.createServer 启动时需要进行以上修改外，对于 Express 里测试 API 的 supertest 测试库，也要求进行一样的修改，一定要注意 Express 和 Koa 之间的差异。

核心文件 app.js

app.js 是 Koa 的核心文件，主要包含 4 个部分，分别如下。

- 中间件

- 路由
- 静态服务器
- 视图

app.js 文件的代码如下。

```
const Koa = require('koa')
const app = new Koa()
const views = require('koa-views')
const json = require('koa-json')
const onerror = require('koa-onerror')
const bodyparser = require('koa-bodyparser')()
const logger = require('koa-logger')

const index = require('./routes/index')
const users = require('./routes/users')

// 错误处理
onerror(app)

// 中间件
app.use(bodyparser)
app.use(json())
app.use(logger())
app.use(require('koa-static')(__dirname + '/public'))

app.use(views(__dirname + '/views', {
  extension: 'pug'
}))

// 日志
app.use(async (ctx, next) => {
  const start = new Date()
  await next()
  const ms = new Date() - start
  console.log('${ctx.method} ${ctx.url} - ${ms}ms')
})

// 路由
app.use(index.routes(), index.allowedMethods())
app.use(users.routes(), users.allowedMethods())

module.exports = app
```

在以上代码中，中间件的名称、用途和加载顺序如表 1-3 所示。

表 1-3

中间件名称	用　途	加载顺序
bodyparser	解析 Post 类 HTTP 动词的 body 内容，加上 bodyparser 后就可以处理所有请求了	1
json	更好地支持 JSON	2
logger	开发阶段日志	3
koa-static	提供 HTTP 静态托管服务	4
koa-views	视图渲染，支持模板引擎	5
自定义 logger 中间件，无名称	记录日志	6

路由位于 routes 目录下

路由本身也是中间件，应位于独立目录 routes 下面，这样可以使路由的职责更清晰。这里以 routes/index.js 为例，给出路由样板结构，具体如下。

```
const router = require('koa-router')()

// 字符串（包括 html）
router.get('/string', async (ctx, next) => {
  ctx.body = 'koa2 string'
})

// 你的路由
...

module.exports = router
```

以上路由提供了 3 个示例，分别是视图渲染、JSON API 和字符串。

1．视图渲染

```
router.get('/', async (ctx, next) => {
  await ctx.render('index', {
    title: 'Hello Koa 2!'
  })
})
```

2．JSON API

```
router.get('/json', async (ctx, next) => {
  ctx.body = {a: 1}
})
```

3. 字符串

```
router.get('/string', async (ctx, next) => {
  ctx.body = 'koa2 string'
})
```

你一定已经发现，赋予 ctx.body 不同类型的值时会返回不同的结果，比如，为 ctx.body 赋值 JSON 对象时，服务器会返回 JSON 接口，为 ctx.body 赋值字符串时，服务器会返回 HTML 文本。另一个要点就是，ctx.render 是因为添加了 koa-views 中间件而绑定到 ctx 上的，原本的 ctx 上是没有 render 函数的，也就是说，我们可以通过中间件在 ctx 上绑定我们要使用的功能。

静态服务器位于 public 目录下

静态服务器主要用于存放静态资源，比如 HTML、CSS、JavaScript、图片等，功能和 Nginx、Apache 等软件是一样的。这里的 koa-static 是一个用于文件托管的中间件，是基于 koa-send 模块的高级封装。public 目录结构如下所示。

```
$ tree public
public
├── images
├── javascripts
└── stylesheets
    └── style.css

3 directories, 1 file
```

我们来看一下 stylesheets/style.css 文件对应的静态资源请求在 Chrome 中的状态，如图 1-2 所示。

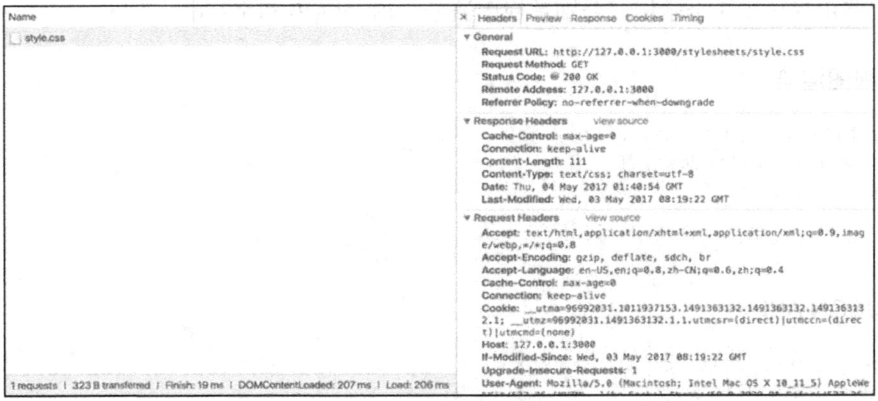

图 1-2

图 1-2 中涉及的要点如下。

- 该请求是一个 GET 请求（所有的静态资源都是 GET 请求）。
- 该请求的 Content-Type 是 text/css，这是根据文件的后缀名自动识别的，其他类型的文件以此类推。
- 具体的响应内容在 response 标签里。
- 其他的内容都是服务器自带的头部信息，比如，etag、cache-control 等。

总结而言，以上内容是一个 GET 请求，请求路径是/stylesheets/style.css。服务器收到这个请求后，将根据请求路径查找是否存在/stylesheets/style.css 文件，如果存在，则根据.css 识别并设置 Content-Type 为 text/css，状态码为 200，同时获取文件内容作为 response 的 body 写入浏览器。如果不存在，则设置状态码为 404，显示 Not Found。

public 目录是为了方便开发而存在的，一般真正的项目有如下 3 类。

- 纯 API 项目，不需要 public 目录。
- 纯前后端分离项目，后端不需要 public 目录，前端需要。
- 需要 public 目录的项目，但会将 public 目录里的内容分发到 CDN 上。

注意，不要把 static 中间件放到 Koa 的全局中间件上（如果对于每个请求都要判断一次是不是静态资源，会影响 QPS），最好结合 koa-router 来处理，按需挂载，代码如下。

```
router.get('/public/*', async (ctx, next) => {
    ctx.url = path.basename(ctx.url)
    await next()
}, staticServer(resolve('./public'), {gzip: true}))
```

视图位于 views 目录下

将 HTML 页面写到 public 目录下就可以正常使用，这种情况通常只适用于静态网站，无法满足实际需求。比如，需要跟数据库打交道的时候，数据是变化的，页面也要根据数据来变化。在这种情况下，我们就不能写 HTML 页面了，而是需要使用模板引擎。这里的 views 目录就是用于存放模板的。

模板引擎采取了一种复用思想，通过定义模板，在使用时和数据一起编译，生成 HTML 页面，以便浏览器渲染。从这个描述里我们可以找出以下关键点。

编译（模板 + 数据） = HTML

模板引擎有好多种，下面介绍 3 种典型的模板引擎。

- EJS：嵌入 JavaScript 语法的模板引擎（E = Embed），类似于 JSP、ASP、ERB。在 HTML 页面里嵌入模板特性，这对于熟悉 HTML 的人来说非常简单，只要区分哪些地方是可变的，哪些地方是不变的即可。
- Pug（以前叫 Jade）：缩进式极简写法的模板引擎，最早出现于 Ruby 中。这种写法虽好，但需要在大脑中进行思路转换，这其实是比较麻烦的，如果对 HTML 不是特别熟悉，这种思路转换将非常困难。
- Nunjucks：它和 EJS 比较像，跟 Pug 一样强大，据说其语法出自 Python 的某款模板引擎。

前面介绍路由的时候，举过下面这样的例子。

```
router.get('/', async (ctx, next) => {
  await ctx.render('index', {
    title: 'Hello Koa 2!'
  })
})
```

这里的 ctx.render 就是用于渲染模板的方法，它有两个参数。

- index：模板，采用相对路径，对应的是 views 目录下的 index.pug。
- JSON 对象：所谓的数据。

按照模板引擎的原理，我们可以推理出 ctx.render 执行的操作，如下。

- 通过文件读取 index.pug 模板。
- 使用 Pug 模板引擎编译器将数据和模板内容编译为 HTML 字符串。
- 将 Content-Type 设置为 text/html。
- 将 statusCode 状态码设置为 200。
- 通过 http 模块底层的 res.write 和 res.end 方法将 HTML 字符串写入浏览器。

下面再来看看模板，如 layout.pug 定义的布局模板，布局模板是根据很多页面的共性特点抽象出来的模板，主要用于留空，示例如下。

```
doctype html
html
  head
    title= title
    link(rel='stylesheet', href='/stylesheets/style.css')
  body
    block content
```

可以看到，上面 body 内部的 block content 就留了一个空，由继承的模板自行填充内容。

index.pug 继承自 layout 的模板，通过 extends layout 继承，通过 block 来填充具体的内容，示例如下。

```
extends layout

block content
  h1= title
  p Welcome to #{title}
```

上面的#{title}插写了一个数据里的变量，即 ctx.render 的第二个参数里的数据。

```
{
    title: 'Hello Koa 2!'
}
```

所以最终显示的就是“Welcome to Hello Koa 2!”这样的 HTML，是不是非常简单？

模板引擎的功能非常强大，下面以 Pug 为例进行说明，带大家进一步了解模板引擎的特性，如表 1-4 所示。

表 1-4

特　性	描　述	实用指数
extends 和 block	都与布局相关，几乎所有的模板引擎都支持	5 星
case、each、while、if、unless	用于逻辑判断，模板引擎中应尽量减少这种逻辑判断，否则会非常复杂	5 星
include	用于引用子模板，复用性极好，Pug 的 include 还可以传递数据 this 作为参数	5 星
mixin	用于复用模板代码的块级，十分方便，但滥用会导致代码维护极难	4 星
filter	支持 stylus、less、markdown、coffee，但容易降低代码的可识别度，虽功能强大但不够实用	2 星

模板是不可变的，可变的是数据，然而数据是从哪里来的呢？可以从数据库读取，可以访问接口获得，甚至可以模拟，具体取决于业务场景。

模板编译是耗时的，所以缓存显得尤为重要，koa-views 依赖 consolidate.js 模块，而 consolidate.js 可以提供缓存，所以速度相对较快。

1.2.4 Koa v2 中间件的写法

Koa v2 中间件支持 3 种写法，官方推荐的是 async 函数写法。使用 async 函数在处理异步流程方面确实是一枝独秀，但对 Node.js 版本要求较高，必须使用 Node.js v7.6 之后的版本，且高于 Node.js 8.x 效率才足够好。所以在未来很长一段时间内，3 种中间件会共存。目前 Node.js 的常见支持版本是 v10，因此推荐直接使用 async 函数写法。

3 种中间件只是写法不同，功能是一样的，大家可以凭喜好选用。之前在讲解异步流程控制时介绍过 async 函数和 await 关键字的用法，推荐优先级如下。

- async 函数优先级最高，最简单易懂。
- Promise 其次。await 结合 Promise 是非常常见的，而且利用 Promise 的特性是刚需，比如，通过 Promise.race 和 Promise.all 等实现并发可以在某种程度上弥补 async 函数的不足。另外，社区里的大量模块都是使用错误优先的回调风格或基于 Promise 的异步流程控制来实现的。
- Generator 主要在 Koa v1 中使用。ES6 Generator 风格的中间件非常常见。使用时可以通过 co 库来调用 ES6 Generator，由于 co 的返回值是 Promise，所以相当于重复了 await + Promise 的用法。

通用函数

所谓的通用函数，就是采用 Promise 方式来处理异步流程的中间件，示例代码如下。

```
// 通常中间件需要两个参数：ctx 和 next，ctx 指的是请求的上下文，next 是指执行下一个中间件的方法

// 当代码执行完以后，会返回 Promise
app.use((ctx, next) => {
  const start = new Date();
  return next().then(() => {
    const ms = new Date() - start;
    console.log('${ctx.method} ${ctx.url} - ${ms}ms');
```

```
  });
});
```

async 函数

async 函数是 Koa 官方推荐的中间件写法，在 Node.js v7.6 之前的版本中，只能通过 Babel 这样的 ES 转译器实现，不过由于 Chrome V8 引擎的支持，Node.js 爱好者更早地体验了该写法，示例如下。

```
app.use(async (ctx, next) => {
  const start = new Date();
  await next();
  const ms = new Date() - start;
  console.log('${ctx.method} ${ctx.url} - ${ms}ms');
});
```

Generator 函数

在 Koa v2 中，我们已经不能直接使用 Koa v1 中的 Generator 中间件写法了，而是需要通过 co.wrap 函数进行包裹。其实这两个版本最重要的不同是中间件函数参数发生了变化，Koa v2 的中间件统一使用 ctx 和 next 作为参数，所以需要对 Generator 进行简单的封装，示例如下。

```
app.use(co.wrap(function *(ctx, next) {
  const start = new Date();
  yield next();
  const ms = new Date() - start;
  console.log('${ctx.method} ${ctx.url} - ${ms}ms');
}));
```

根据 warning 日志打印的结果可以看出，Koa v1 中的 Generator 中间件会在 Koa v3 里被彻底取消。这可能是一个悲伤的故事……

1.2.5　路由

Koa 本身只提供中间件机制，所以在一个 Web 应用里，我们只能在 app.js 内不断地叠加中间件，然后在中间件内通过 ctx.path 来判断请求路径，处理各种业务逻辑，这样就会出现 app.js 过于臃肿、可读性极差的情况。为了解决这个问题，各种 Web 框架对会请求处理进行抽象，将请求路径（request.path）和具体的实现抽取到独立文件中形成独立的路由。

简单地讲，路由就是根据特定请求路径进行特定处理的中间件，是比较简单、初级的解耦方式。

由于 Koa 没有绑定任何中间件，所以我们需要使用 koa-router 中间件来完成对路由的支持。该中间件兼容 Express 路由风格，功能强大，是目前非常好的路由选型。按照 express-generator 的约定，我们一般将路由文件放到 routes 目录下，下面是 router/index.js 的内容示例。

```
var router = require('koa-router')();

router.get('/', async function (ctx, next) {
  await ctx.render('index', {
    title: 'Hello World Koa!'
  });
});

module.exports = router;
```

在 app.js 里进行挂载，代码如下。

```
const router = require('koa-router')();
const index = require('./routes/index');

router.use('/', index.routes(), index.allowedMethods());
```

router.use 的第一个参数（/）表示基准路径，它会根据具体路由文件里子路由的路径合成最终的路由。router.use 的第二个参数 index.routes()是 router 对象上挂载的所有中间件，每个中间件其实都是一个子路由。假设我们要在同一个 router 上挂载两个子路由，示例如下，这里子路由的路径分别是'/'和'/1'。

```
router.get('/', async function (ctx, next) {
  await ctx.render('index', {
    title: 'Hello World Koa!'
  });
});

router.get('/1', async function (ctx, next) {
  await ctx.render('index', {
    title: 'Hello World Koa!'
  });
});
```

对于子路由代码，其中的要点如下。

- get 方法支持所有的 HTTP 动词，比如我们常用的 GET、POST、PUT、DELETE 等。

- 第一个参数是'/1'，是相对于基准路径的相对路径，比如，这里的相对路径是'/1'，它的基准路径是/index，那么它最终的路径就是/index/1。
- 第二个参数是 Koa 中间件，后面会详细讲解。

区分路径问题

只要是通过 koa-router 写的路由都可以加载，加载方式和 Express 里一样，示例如下。

```
var router = require('koa-router')();

router.get('/', function *(next) {
  this.body = 'this /1!';
});

router.get('2', function *(next) {
  this.body = 'this /2!';
});

module.exports = router;
```

一定要区分路径的差异。Koa 路由里的路径默认是带有“/”前缀的。

```
url = /2
router.get('2', function *(next) {
  this.body = 'this /2!';
});
```

如果你的路由里也加入了“/”前缀，那么访问时具体的路径中就有两个“/”前缀。这是 koa-router 与 Express 里的路由稍有不同的地方，需要注意。

```
url = //2
router.get('/2', function *(next) {
  this.body = 'this /2!';
});
```

路由前缀写法

一个路由文件里会定义多个路由，我们可以为多个路由定义同样的路由前缀。比如 routes/users.js 的代码如下。

```
const router = require('koa-router')();

router.prefix('/users');
```

```
router.get('/', function (ctx, next) {
  ctx.body = 'this is a users response!';
});

module.exports = router;
```

在 app.js 里，app.use()方法没有指定请求路径，这和 Express 内置的路由是不一样的。也就是说，我们必须在路由内部自己指定请求路径，否则请求不会被处理。如果查看 Koa 源码里的 lib/application.js 文件里 use 方法的实现，就会明白 use 的参数只允许两种类型：函数中间件和 Generator 中间件。use 方法的实现如下。

```
use(fn) {
    if (typeof fn !== 'function') throw new TypeError('middleware must be a function!');
    if (isGeneratorFunction(fn)) {
      deprecate('Support for generators will be removed in v3. ' +
              'See the documentation for examples of how to convert old middleware ' + '
https://github.com/koajs/koa/blob/master/docs/migration.md');
      fn = convert(fn);
    }
    debug('use %s', fn._name || fn.name || '-');
    this.middleware.push(fn);
    return this;
  }
```

既然无法避免，那么就只能使用 router.prefix('/users');来指定前缀了，但是这种琐碎的写法很烦人，有没有更好的写法呢？可以自己观察路由文件、定义、前缀写法，找出共性特征，具体内容将在后面的章节中介绍。

路由实现原理

由于 Koa 是一个微内核框架，它自身是不带任何中间件的，包括路由（路由最终也会转成中间件），所以 Koa 的路由有很多种实现方式，其中最常见的是通过 Alex Mingoia 编写的 koa-router 模块实现。该模块最好的一点是，会尽可能地保持与 Express 的路由用法一致，让已有的 Express 经验得以复用。

下面看一下 koa-router 的模块配置文件 package.json 依赖的模块。

```
"dependencies": {
   "debug": "^2.2.0",
   "http-errors": "^1.3.1",
   "methods": "^1.0.1",
```

```
    "path-to-regexp": "^1.1.1"
  },
```

这里的 path-to-regexp 模块就是路由实现的核心，它的简介是 Express-style path to regexp（Express 风格的路由实现），其实就是从 Express 里分离出来的核心路由规则匹配模块。

下面来看一下在 rest 里经常会用到的具名参数的写法。

```
var re = pathToRegexp('/:foo/:bar', keys)
// keys = [{ name: 'foo', prefix: '/', ... }, { name: 'bar', prefix: '/', ... }]

re.exec('/test/route')
//=> ['/test/route', 'test', 'route']
```

正则路由的写法如下。

```
var re = pathToRegexp('/(apple-)?icon-:res(\\d+).png', keys)
// keys = [{ name: 0, prefix: '/', ... }, { name: 'res', prefix: '', ... }]

re.exec('/icon-76.png')
//=> ['/icon-76.png', undefined, '76']
```

可以说 path-to-regexp 模块的功能非常强大，正则路由非常复杂，匹配效率非常高。我们可能会思考一个问题：还有没有更高效的写法呢？比如，Go 语言里常用 Radix Tree（基数树）实现，Fastify 中的 find-my-way 也基于基数树实现。不得不说，目前在 Node.js 里这种实现还比较少。

如果想了解性能测试相关内容，可以去看看 trek-router 的基准测试，该基准测试对比了 5 种路由：route-recognizer、path-to-regexp、route-trie、routington、trek-router，它们的性能差异不大，这里就不进行比较了。

path-to-regexp 模块的源码里包含了.d.ts 文件，提供了对 TypeScript 的支持，这种方式在 Node.js 模块里可谓越来越流行。

1.2.6　切换视图模板引擎

MVC 是默认的设计模式，大部分 Web 应用或者框架都会遵守，其中 V（view）指的就是视图。对于 Web 应用来讲，视图就是浏览器渲染使用的 HTML 技术。不过 HTML 写起来非常麻烦，尤其是带有和数据库交互的动态页面，于是就出现了 Server Page 概念，即所谓的服务器端页面，比较典型的有 ASP、JSP、PHP 等。如果深究其原理，所有的服务器端页面其实都是模板引擎。

JavaScript 的世界里有无数的模板引擎，甚至几十行代码就能实现一个模板引擎，所有的这些模板引擎都能在 Node.js 里使用，当然也就能在 Koa 框架里使用。出名的模板引擎有几十种，consolidate.js 模块支持的模板引擎都是非常常用的。按照 express-generator 里的选型，视图默认使用的模板引擎仍然是 Pug。如果想使用其他的视图，可以在命令行参数里进行指定。

```
$ koa2 -e helloworld-ejs
```

目前 koa-generator 支持如下 3 种模板引擎。

- Pug：无参数指定模板引擎的时候默认使用。
- EJS：通过-e, --ejs 来支持。
- Nunjucks：通过-n, --nunjucks 来支持。

koa-generator 使用的是 koa-views 这个第三方 Koa 中间件模块，它支持所有 consolidate.js 支持的模板引擎。如果使用除以上 3 种模板引擎外的其他模板引擎，则需要修改 3 个地方，下面以 React 为例进行说明。

- 安装对应的模板引擎模块：$ npm install --save react。
- 修改 app.js 里与 koa-views 相关的配置，将 extension 设置为 react，代码如下。

```
app.use(views(__dirname + '/views', {
  extension: 'react'
}));
```

- 参考 react 组件的写法来修改 views 目录里的文件。

1.2.7 Koa 代码调试

切换到 helloworld 目录，通过 VSCode 编辑安装 code 命令，然后通过 code 命令在 VSCode 里打开当前目录，由于本节的例子采用 async 函数编写，因此需要在终端处切换到 Node v7.6 以上的版本。

```
$ nvm use 7.6
$ code .
```

在“调试”面板中单击“调试”右侧的下拉按钮，在弹出的下拉列表中选择“添加配置”选项，如图 1-3 所示。

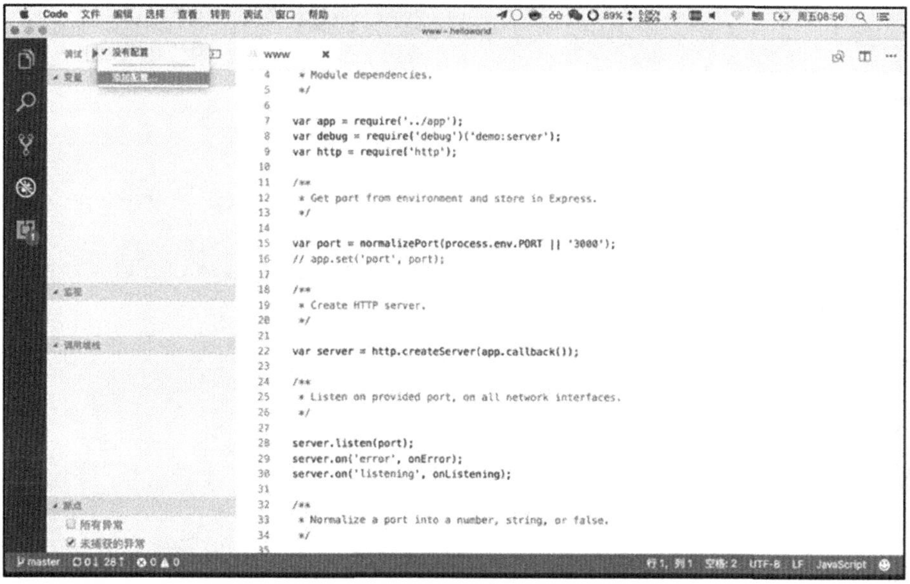

图 1-3

执行此操作会打开 launch.json 文件，内容如下。

```
{
    // 使用 IntelliSense 学习相关的 Node.js 调试属性
    // 悬停以查看现有属性的描述
      "version": "0.2.0",
    "configurations": [
        {
            "type": "node",
            "request": "launch",
            "name": "启动程序",
            "program": "${workspaceRoot}/bin/www"
        }
    ]
}
```

我们要确保 program 的值是"${workspaceRoot}/bin/www"。此时单击“调试”按钮或按下 F5 快捷键，即可启动调试，如图 1-4 所示。由于 HTTP 服务器启动后是被动请求的，所以我们有足够的时间来添加断点。

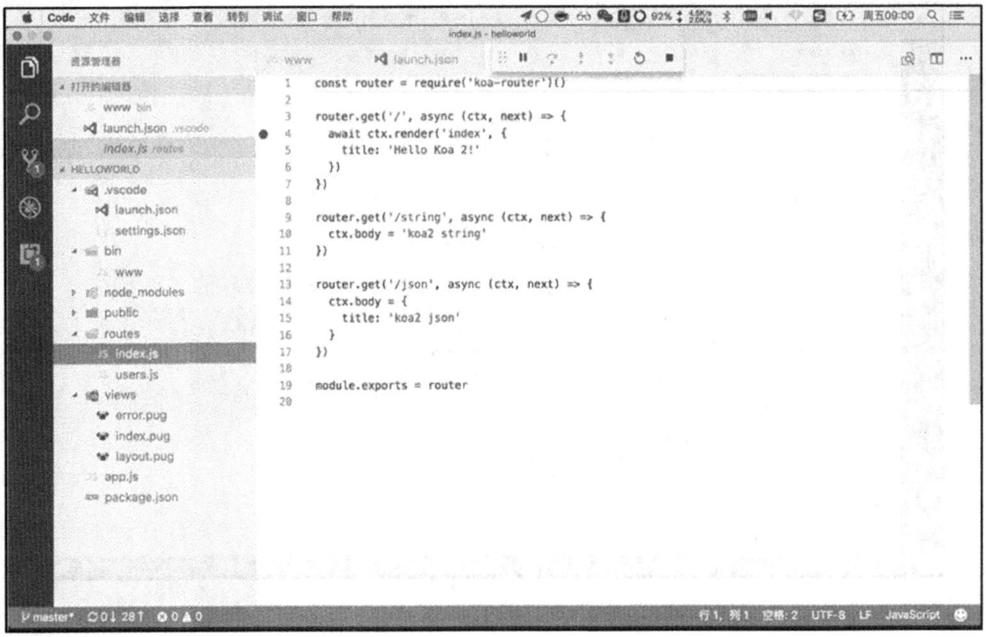

图 1-4

此时，我们在浏览器里请求 http://127.0.0.1:3000/就会触发断点，如图 1-5 所示。

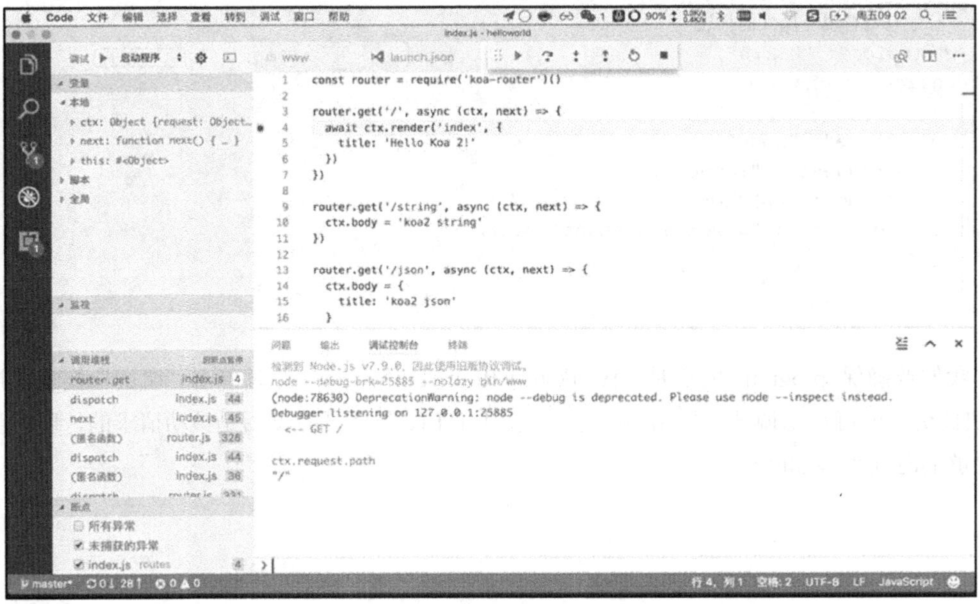

图 1-5

剩下的就是基础的调试了，如果不熟悉，可以参考 Chrome、Eclipse 或 Web Storm 的调试，方法大同小异，这里就不再过多介绍了。

1.3 Node.js Web 框架演进

通过前面的介绍，相信你已经掌握了 Koa 的基础知识，下面有必要讲解一下 Node.js Web 框架的演进过程，这是对已有 Koa 知识非常好的补充。

1.3.1 Node.js http 模块

使用 Node.js http 模块来创建 Web 服务是最原始的方式。尽管这种方式比较原始，但对于理解原理来说却是必不可少的。对于常规业务服务器来说，其功能可能非常多，但如果根据不同的 URL 进行处理，那么代码将非常初级，示例如下。

```
const http = require('http')

http.createServer(function(req, res){
    console.log(req);

    if(req.url =='/'){
      res.end('Hello world!')
    }else if(req.url =='/2'){
      res.end('Hello world!2')
    }else{
      res.end('Hello world! other')
    }
}).listen(8888)
```

1.3.2 最早的 Connect

在 1.3.1 节的例子中，如果 URL 有成百上千个，甚至更多，该怎么办呢？用 if/else 写起来是不是太低效了？这种情况下肯定要进行封装，让代码更简单。任何重复的工作都应该被抽象，Connect 就是这样抽象出来的框架。下面让我们来看一下关于 Connect 的介绍。

> Connect 是一个用 Node.js 编写的可扩展的 HTTP 服务器端框架，因以中间件作为“插件”而广为人知。

Connect 的入门示例都很简单，如下。

```
var connect = require('connect')
var http = require('http')

var app = connect()

// 响应所有请求
app.use(function(req, res){
  res.end('Hello from Connect!\n');
})

// 创建Node.js HTTP 服务器和监听端口
http.createServer(app).listen(3011)
```

回想一下 1.3.1 节中的 http 模块的例子，将

```
http.createServer(function(req,res){
  ...
}).listen(8888);
```

与

```
var app = connect()

// 响应所有请求
app.use(function(req, res, next){
  ...
})

// 创建Node.js HTTP 服务器和监听端口
 http.createServer(app).listen(3011)
```

进行对比，可以看出如下几点。

- 它们都是基于 http.createServer 的。
- 它们的差异是，createServer 的参数是独立的，并且在 Connect 里通过 app.use 函数可以挂载多个插件式的中间件。
- Connect 中提供了一个独立的 app 层。
- Connect 支持中间件写法，可以通过 app.use 函数挂载中间件。

编程时会区分可变状态和不可变状态，可变的抽取出去，不可变的固化下来。Connect 提供了可变部分的插件化，对于 Node.js Web 应用开发来说，这是演进中必要的一步。

多 URL 处理

我们来看一下 Connnet 如何处理多个 URL，示例代码如下。

```
var connect = require('connect')
var http = require('http')

var app = connect()

app.use('/2', function fooMiddleware(req, res, next) {
  res.end('Hello from Connect2!\n');
});

app.use(function(req, res){
  res.end('Hello from Connect!\n');
})

http.createServer(app).listen(3011)
```

访问 http://127.0.0.1:3011/2 查看能否返回“Hello from Connect2!”字符串，如果可以，说明请求经过了第一个中间件。

前面介绍过，Connect 实际上是将开发中的可变部分抽象出来，通过 app.use 函数挂载到 app 对象上的。这样处理起来非常简单、清晰。

中间件执行顺序

下面我们来看一下中间件执行顺序，connect2.js 的内容如下。

```
var connect = require('connect')
var http = require('http')

var app = connect()

app.use(function(req, res){
  res.end('Hello from Connect!\n');
})

app.use('/2', function fooMiddleware(req, res, next) {
  res.end('Hello from Connect2!\n');
});

http.createServer(app).listen(3011)
```

访问 http://127.0.0.1:3011/2 查看能否连接，答案是不能，原因是第一个 use 方法里没有指定路径，而这时候它响应了所有的请求，这样第二个 use 方法的中间件就不会收到任何请求，所以正确的写法应该如下。

```
app.use('/', function fooMiddleware(req, res, next) {
  res.end('Hello from Connect2!\n');
});

app.use('/2', function fooMiddleware(req, res, next) {
  res.end('Hello from Connect2!\n');
});

app.use(function(req, res){
  res.end('Hello from Connect!\n');
})
```

这其实和 1.3.1 节原始 http 模块里编写的 if 判断一样。

```
if(req.url =='/'){
  res.end('Hello world!');
}else if(req.url =='/2'){
  res.end('Hello world!2');
}else{
  res.end('Hello world! other');
}
```

这样的写法是不是很讨厌？必须考虑中间件执行顺序让很多人埋怨 Node.js 中的“坑”太多。但这是真的有问题，还是自己没有弄明白，很值得反思。

通过前面的代码对比，我们能得出如下的结论。

- app.use 的中间件有顺序。
- 中间件可分类：全局的和局部的（路由里生效的）。
- 中间件的定义方法是 function(req, res){}。

启动服务

Connect 模块本质上只是对 http 模块的封装，提供了更统一的中间件形式，这对解耦抽象是非常重要的。但无论如何，Connect 的最终返回结果是 http.createServer 参数中的回调函数，故而启动过程和普通的 HTTP 服务器的启动过程是一样的。

```
var connect = require('connect');
var http = require('http');

var app = connect();

// 对响应进行 gzip 压缩
var compression = require('compression');
app.use(compression());

// 在浏览器缓存里存取会话状态
var cookieSession = require('cookie-session');
app.use(cookieSession({
    keys: ['secret1', 'secret2']
}));

// 解析 urlencoded 的请求体，并赋值给 req.body
var bodyParser = require('body-parser');
app.use(bodyParser.urlencoded({extended: false}));

// 响应所有请求
app.use(function(req, res){
  res.end('Hello from Connect!\n');
});

// 启动服务器
http.createServer(app).listen(3000);
```

1.3.3 曾经扛鼎的 Express 框架

Express 可以说是 Node.js 世界里最著名的 Web 框架，Node.js 诞生于 2009 年，而 Express 诞生于 2010 年，是 Node.js 中使用最多的框架之一。

Express 和 Connect 的关联有点复杂，它们的中间件写法是一样的，并且可以互相复用。一般我们将这些中间件统称为 Connect 中间件，原因是 Express v4.0 之前的源码是内置在 Conenct 中的，在 v4.0 之后 Express 自己实现了与 Connect 类似的机制，但依然向后兼容 Connect 写法，除了代码上的不同，几乎没什么区别。

Express 的目标是成为一个开箱即用的 Web 框架，所以它内置了中间件、路由、视图等必备组件，看起来更像是一个框架。Express 性能好，简单易学，搭配 express-generator 可以开箱即用，曾是无数开发者热捧的神器。

Express 的示例和 Connect 的示例几乎是一模一样的，只有模块引用不一样，具体如下。

```
var express  = require('express');
var app      = express();

app.get('/', function (req, res) {
  res.send('Hello World')
})

// 启动服务器
app.listen(4001)
```

多 URL 处理

下面的代码和 Connect 的示例也是一样的，都是用于多 URL 处理的，我们几乎看不出它们的差别。

```
var express  = require('express');
var app      = express();

app.get('/', function (req, res) {
  res.send('Hello World')
})

app.get('/2', function (req, res) {
  res.send('Hello World2')
})
app.listen(4001)
```

更好的启动方式

Express 的启动方式有如下两种。

- 通过内置的 app.listen：简单易用，但定制功能上略差。
- 使用 http 模块 http.createServer(app)：可以完成更多定制功能。

下面是通过第二种方式启动 Express 的示例代码。

```
var express = require('express');
var http = require('http');

var app = express();

var server = http.createServer(app);
```

```
//app.configure、app.use 等业务逻辑代码

server.listen(1234);
```

1.3.4　新兴 Web 开发框架 Koa

前面介绍了从 http 模块到 Connect 再到 Express 的演进过程，目的就是让大家能够对 Node.js Web 框架的发展有一个好的大局观。相比较而言，Koa 是一个更年轻、更有前途的 Web 框架。

你好，Koa

和 Express 非常类似，Koa 其实也对原始的 http 模块进行了抽象，只是中间件形式不一样，示例如下。

```
const http = require('http')
const Koa = require('koa')
const app = new Koa()

// 响应所有请求
app.use(async ctx => {
  ctx.body = 'Hello Koa 2'
})

const server = http.createServer(app.callback())

server.listen(3000)
```

很明显，Koa 把 http.createServer 里的内容封装到 app.callback()里了。那么 app.callback()里到底有什么呢？

- app 是 Koa 对象。
- app.use 里使用的是 Koa 中间件写法。
- app.callback()把 app.use 里的内容转成了 function(req, res){...}。

相信大家一定已经看出了差别，Koa 和 Express 中间件写法的不一样之处在于，http.createServer()函数的参数不同，其他的部分几乎一模一样。

中间件对比

中间件是 Web 框架的核心，无论是在 Express 还是 Koa 的学习过程中，都应该重视它。写法和特性是相辅相成的，尤其是应用中常见的各种模块，绝大多数都是对中间件的封装。从 http 模块到中间件，这是一个非常好的演进路线。同样，从 Express 中间件进化到 Koa 中间件，也是非常重要的变革。

下面是 Express 中间件的经典写法。

```
function (req, res, next) {
  res.send('Hello World')
}
```

相比之下，Koa 中间件的写法显得更高级，具体如下。

```
async function (ctx, next) {
  const start = new Date();
  await next();
  const ms = new Date() - start;
  ctx.set('X-Response-Time', '${ms}ms');
}
```

对比以上两段代码，要点解读如下。

- Koa 中将 req 和 res 都绑定 ctx 上下文，这样语义上更清晰，扩展起来更容易。
- Express 中间件只能捕获单向的请求流，而 Koa 中间件可以双向拦截，在一个中间件里同时对 req 和 res 进行拦截能够让代码更加精简、高效。
- 从语义上说，Koa 中间件更明确一点，不过这不是绝对优势，毕竟 Express 也是可以使用 async 函数语法的。

多 URL 处理

使用 Koa 中间件来处理多 URL 也比较麻烦，和原始的 http 模块类似，示例如下。

```
const Koa = require('koa');
const app = new Koa();

app.use(async function (ctx, next) {
  if(ctx.path =='/'){
    ctx.body = 'Hello world!'
  }else if(ctx.path =='/2'){
```

```
    ctx.body = 'Hello world!2'
  }else{
   ctx.body = 'Hello world! else'
  }
});

app.listen(3000);
```

那么为什么基于 Express 的多 URL 处理写法可以那么简单呢？其实是因为，Express 内置了路由，而且它将路由方法和中间件结合在一起，最终绑定到了 app 对象上。

很不幸的是，Koa 并没有内置这样的中间件，但社区里有非常多路由中间件的实现，比如前面在 koa-generator 里用过的 koa-router。这里再介绍一个不一样的 koa-trie-router，它是基于 Trie 树数据结构编写的。Trie 树又被称为字典树、单词查找树或前缀树，是一种用于快速检索的多叉树结构，代码如下。

```
const Koa = require('koa')
const Router = require('koa-trie-router')

let app = new Koa()
let router = new Router()

router
  .use(function(ctx, next) {
    console.log('* requests')
    return next()
  })
  .get(function(ctx, next) {
    console.log('GET requests')
    return next()
  })
  .put('/foo', function (ctx) {
    ctx.body = 'PUT /foo requests'
  })
  .post('/bar', function (ctx) {
    ctx.body = 'POST /bar requests'
  })

app.use(router.middleware())
app.listen(3000)
```

这里的 use、get 等方法实现，是不是跟 Express 里的用法很像？对于大部分程序开发者来说，用到数据结构的机会不多，但对于时常进行编写框架或阅读源码等深度定制的开发者来说，数据结构是基础，必须重视。

1.3.5 Express 和 Koa 大比拼

Express 的哲学是为 HTTP 服务器提供小的、健壮的工具，使之成为开箱即用的 Web 框架。而 Koa 只提供中间件内核，不绑定任何中间件，所以 Express 和 Koa 并不在一个重量级别上。其实，Koa 和 Connect 非常像，都是只有中间件机制的内核模块。Koa、Express、Connect 特性对比如图 1-6 所示。

Feature	Koa	Express	Connect
Middleware Kernel	✓	✓	✓
Routing	✓ koa-router	✓	
Templating	✓ koa-views	✓	
Sending Files	✓ koa-send	✓	
JSONP	✓ koa-safe-jsonp	✓	

图 1-6

Koa 和 Connect 都提供中间件内核，不内置中间件。而 Express 既有中间件内核，又绑定了必要的基础插件，使用时极为方便。本章曾提到 Koa 严格来说不算框架就是出于这个原因，因为我们需要自己手动集成路由、视图等必备中间件。

1.4 测试

朴灵说："不写测试的项目都不是好项目。"诚然，测试是一门艺术，很多人都不习惯写测试，但客观地讲，只有能写好测试的程序员才是真正的程序员。写测试的好处如下。

- 对 API、SDK 等的理解会更加深入。
- 采用最小化问题思想可以更好地解决问题。
- 做好测试才能开发大型软件。
- 测试用例比程序员的大脑更客观。
- 在测试中使用 CI（持续集成）可以让开发效率更高。

1.4.1　Node.js 测试框架

Node.js 里的测试框架是非常丰富的，功能也十分强大，无论是 TDD 还是 BDD 都有非常好的实现，这就是 Node.js 能够开发大型软件的基础条件。正是 Node.js 世界里的大牛们给每个模块都增加了测试、CI、测试覆盖率，我们才可以更放心地使用开源软件。

比较典型的测试框架如表 1-5 所示。

表 1-5

名　称	描　述	推荐指数
Nodeunit	很早期的 xUnit 类的单元测试框架，使用 SDK 内置的 asset 作为断言	不推荐
Tape	Test Anything Protocol 的具体实现，是最简单的测试框架，作者是 isaacs 和 substack	4 星
Jest	Facebook 开源的基于 BSD 开源协议的 JavaScript 单元测试框架，安装简单，可快速报错，支持快照，与 nodeunit 类似，但更强大，尤其支持断言，支持 expect 和 toBe	4 星
Jasmine	BDD 风格的测试框架，一般在前端框架里会和 Karma 一起使用，Vue 的测试就是这样的	4 星
Mocha	Mocha 强制在默认测试接口定义上使用类似于全局定义的 describe 和 it（大多数人都是这样使用的），这是典型的 BDD 风格。由于它顺序执行测试，而不是进程独立的，因此执行速度非常慢。目前在很多开源项目里使用广泛，比如 Express 的测试就是基于 Mocha 的	4 星

1.4.2　AVA 测试框架

当然，上面列举的框架都是非常好的，但本书更推荐使用 AVA。

AVA 是 Node.js 世界里的面向未来的测试运行器。从 2014 年 11 月 19 日开始，其在很长一段时间内停止更新，2015 年 9 月 8 日之后才又开始大量提交代码。它的源码深受 Tape 和 TAP 语法的启发。相对而言，AVA 是高度自由的，由于并行执行测试，每个测试文件都在独立的进程里执行，所以它的执行效率更高。AVA 的默认报告几乎是一看就懂的，并且 AVA 依然支持 TAP 输出，通过一个 CLI 标记即可实现。

简单地说，AVA 是 Mocha 的替代品，它的优点如下。

- 轻量和高效，强化断言信息，堆栈跟踪简明。
- 测试语法简单，语义简单，集众家之长。
- 执行效率更高，使用 I/O 并发，保证了测试的原子性。

- 没有隐藏的全局变量。
- 为每个测试文件隔离环境。
- 基于 ES2015 编写测试，对语法支持更好，也支持 aysnc/await 函数。
- 支持 Promise、Generator、async、Observable。
- TAP 输出显示是可选的。

虽然 JavaScript 是单线程的，但在 Node.js 里，其具有异步特性，I/O 可以并行执行。AVA 利用这个特性让测试可以并行执行，这对于 I/O 繁重的测试特别有用。另外，测试文件可以在不同的进程里并行运行，每一个测试文件都可以获得更好的性能和独立的环境。在 Pageres 项目中，从 Mocha 切换到 AVA 可以让测试时间从 31s 下降到 11s。测试并发执行强制我们编写原子测试，这意味着测试不需要依赖全局状态或其他测试的状态，这是一件非常好的事情。

对比一下 AVA 和 Mocha，其差异如表 1-6 所示。

表 1-6

框架	同步测试	多文件采用多进程测试	全局错误处理	内置 Babel	npm 周下载量
Mocha	不支持	不支持	支持	不支持	2 922 077
AVA	支持	支持	不支持	支持	145 093

1.4.3 测试用例与断言

测试是验证功能是否正确的编程手段。测试用例指的是针对某一种情况而编写的测试代码。测试用例里用来验证的测试工具方法被称为断言。一般的断言返回值是布尔类型值（boolean），可以比较执行结果和我们期望的返回值是否一样，也可以对执行结果进行校验（有多种形式）。

下面给出最简单的 AVA 测试用例 simple.js，代码如下。

```
'use strict'

import test from 'ava'

test('my test', t => {
  t.is(3, 3)
})
```

先安装 ava 模块。

```
$ npm install --global ava
```

执行测试代码，结果如下。

```
$ ava -v simple.js

  ✔ my test

  1 test passed [21:51:19]
```

simple.js 中的 t.is 方法就是断言，如果返回的是 true，则测试通过，显示结果就是绿色的，否则测试不通过，显示结果是红色的。

下面给出一个错误的测试用例 falt.js，代码如下。

```
'use strict'

import test from 'ava'

test('my test2', t => {
  t.is(2, 3)
})
```

执行测试代码，结果如下。

```
$ ava -v falt.js

  ✖ my test2 2 === 3

  1 test failed [22:06:06]

  1. my test2
  AssertionError: 2 === 3
    Test.fn (falt.js:4:5)
```

这个时候代码就是错误的，测试没有通过，即显示结果是红色的。如果测试没有通过，我们就应该继续修改代码，直至显示结果变绿为止。

1.4.4　实践

AVA 是新一代测试框架，在用法上和上一代的 Mocha 略有不同，下面我们通过一些实例来学习。

集成 AVA

第一步，创建 test 目录，以开发方式安装 ava 模块。

```
$ mkdir test
$ npm i -D ava
```

package.json 里的变动如图 1-7 所示。

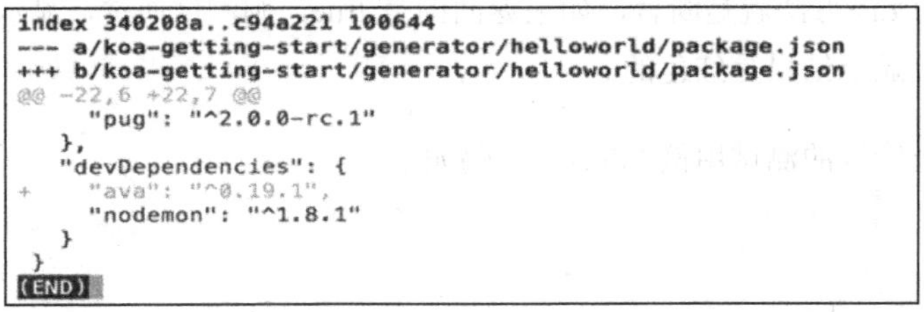

```
index 340208a..c94a221 100644
--- a/koa-getting-start/generator/helloworld/package.json
+++ b/koa-getting-start/generator/helloworld/package.json
@@ -22,6 +22,7 @@
     "pug": "^2.0.0-rc.1"
   },
   "devDependencies": {
+    "ava": "^0.19.1",
     "nodemon": "^1.8.1"
   }
 }
(END)
```

图 1-7

注意，命令里使用的是-D，它是--save-dev 的简写方式，这样安装的原因是，测试不应该出现在发布版本里，测试是辅助开发的工具。

创建第一个测试文件，测试基础 API、变量、函数定义等，这样可以快速地保证函数的正确性。

```
$ touch test/index.js
```

使用 AVA 官方的测试示例，理解起来更加简单清晰，代码如下。

```
'use strict'

import test from 'ava'

function add (a, b) {
  return  a + b
}

test('simple test', t => {
  let c = add(1, 2)

  t.is(c, 3)
});
```

以上代码中定义了一个 add 函数，它有两个参数 a 和 b，返回值是 a+b。在测试用例里，我们通过调用 add 方法获取最终结果 c，通过断言来比较 c 和我们期望的结果是否一致，即 c = 1 +

2，断言判断 c === 3 即通过测试。其中 test 开头的方法是 AVA 测试用例写法，绝大部分测试框架也与此类似，执行结果如下。

```
$ ./node_modules/.bin/ava -v

  ✔ simple test

  1 test passed [09:58:10]
```

为了更方便，可以将测试命令放到 npm scripts 的 test 中，这样就可以在命令行里执行 npm test 完成测试任务了。

```
  "scripts": {
    "test": "./node_modules/.bin/ava -v"
  },
```

这个示例演示了如何进行测试，故而要将测试函数 add 和具体的测试代码放到一起。AVA 自身为了支持更多的高级特性而内置了 Babel，所以在写 AVA 测试的时候可以使用 ES 模块的 import 关键字。

真正的 TDD 和 BDD 是测试优先的，即先写测试，然后才能写功能代码。还要注意一个极端的例子，做 Java 或 C#测试的时候，连 set 方法和 get 方法都要测试。

HTTP 接口测试

SuperTest 是 Express 框架里经典的测试 HTTP API 的框架，它非常简单，无须启动服务器就可以直接进行测试，并且对 HTTP 请求应答模型进行了适配（主要是断言集成），能够让我们更简单地完成测试，基本命令如下。

```
$ npm i -D supertest
```

创建 test/app.js 文件，代码如下。

```
'use strict'

import test from 'ava'
import supertest from 'supertest'
import koa from '../app'

const app = koa.callback()

test.cb('GET /', t => {
  supertest(app)
```

```
    .get('/')
    .expect(200, (err, res) => {
      t.ifError(err)

      let userId = res.body.id
      t.regex(res.text, /Hello Koa/, 'res.text == Hello Koa')

      t.end()
    })
})
```

通过 npm test 命令执行以上代码，测试结果如下。

```
$ npm test

> helloworld@0.1.0 test ~/book-source/koa-getting-start/generator/helloworld
> ava -v

  ✔ index › simple test
  <-- GET /
GET / - 270ms
  --> GET / 200 283ms 185b
  ✔ app › GET / (323ms)

  2 tests passed [11:04:57]
```

自动测试

通过监控文件变动来自动执行测试，几乎是一边编写代码一边监察测试的必备方式。其原理非常简单，通过 fs 模块里的 watch 方法监测文件变动，在 AVA 里是通过支持-w 参数来实现的。

```
$ ./node_modules/.bin/ava -v -w
```

更简单的做法如下。

```
$ npm test -- -w
```

这种对-w 参数的支持是基于测试框架层面的，更好的做法是使用 Gulp 这样的自动化构建工具里的 watch 任务来支持，相比之下更通用一些。

1.4.5 更多内容

想把测试做好也不是一件容易的事情，除要理解测试框架的用法外，还有很多高级玩法，这里暂列一二。

5 种测试写法

第 1 种写法最简单，代码如下。

```
test('simple test', t => {
  let c = add(1, 2)

  t.is(c, 3)
});
```

第 2 种写法支持 Promise，注意 return 关键字的用法，代码如下。

```
test(t => {
    return somePromise().then(result => {
        t.is(result, 'unicorn');
    });
});
```

第 3 种写法支持原始的回调 API，只有遇到 t.end 才会结束测试，是典型的采用异步思想的方法，代码如下。

```
test.cb('callback test', t => {
    // 可以在异步操作里调用 t.end
    t.end()
});
```

第 4 种写法支持 ES6 里的 Generator，代码如下。

```
test(function * (t) {
    const value = yield generatorFn();
    t.true(value);
});
```

第 5 种写法支持 async 函数，代码如下。

```
test(async t => {
    const value = await promiseFn();
    t.true(value);
});
```

以上 5 种写法几乎涵盖了所有的异步流程控制技术，通过编写测试来加强对异步流程控制技术的理解也是非常好的，单个测试里的代码不会特别多，难度不大，是帮助学习的利器。

测试生命周期

测试生命周期是测试框架必备的特性，通过测试生命周期函数来体现。我们能够在测试的各个生命周期环境注入我们自己的逻辑，比如，为了测试之前准备的数据、打桩甚至数据库连接，可以在测试之后进行收尾处理。

测试生命周期如图 1-8 所示，before 和 after 是开始和结束时调用的钩子方法，而 beforeEach 和 afterEach 是每次测试用例执行前后要调用的钩子方法。

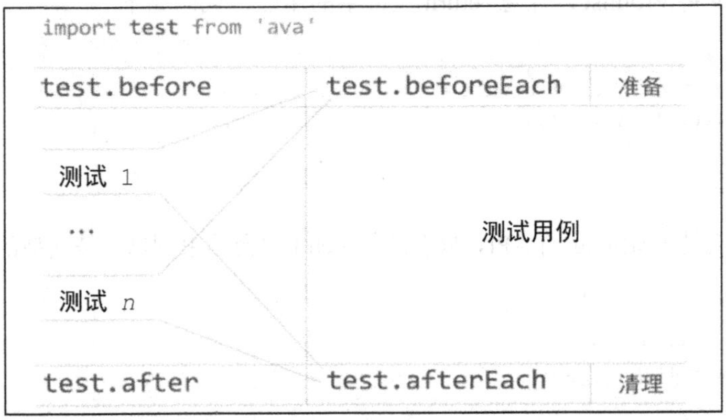

图 1-8

测试生命周期的示例代码如下。

```
test.before(async t => {
    await promiseFn();
});

test.after(t => {
    return new Promise(/* ... */);
});

test.cb.beforeEach(t => {
    setTimeout(t.end);
});

test.afterEach.cb(t => {
    setTimeout(t.end);
});
```

原子性测试

在测试数据库增删改查操作时，顺序执行可能没有问题，但并行执行的时候问题可能就来了，只有创建操作是无依赖的，而删、改、查等操作都需要实现存在对象才能完成。

执行 ava -v test/controller/y.js　-s 是可以的，-s 表示顺序执行，而无-s 意味着是并行执行的。

此时为了保证测试代码的原子性，我们要为每个测试都准备好数据，然后测试其他内容，示例如下。

```
// *  GET    /users/:id       => user.show()
test('GET /' + model + '/:id show', function * (t) {
  var res1 = yield superkoa('../../app.js')
    .post('/api/' + model)
    .send({
      'username': 'alfred',
      'password': '000000'
    })
    .set('Accept', 'application/json')
    .expect('Content-Type', /json/)

  user = res1.body.user

  var res = yield superkoa('../../app.js')
    .get('/' + model + '/' + user._id)

  t.is(200, res.status)
  t.regex(res.text, /Edit/)
})
```

原子性测试是 AVA 特有的，因为 AVA 之前的 Mocha 被诟病最多的就是其执行速度，而 AVA 是真正采用并行执行方式的，所以在 AVA 里除非特指，否则每个测试用例都要尽量保证原子性，避免因并行执行而导致测试故障。

常用模块

常用模块如表 1-7 所示。

表 1-7

名　称	功　能
chai	断言库，支持各种风格
sinon	模拟、打桩等
zombie	无界面的浏览器，针对界面进行操作，用于集成测试或验收测试
cucumber-js	从用户故事开始，描述测试功能，辅助需求测试，是 BDD 测试的必备模块
nightwatch	端到端（E2E）测试模块

基本上你能想到的模块，在 npm 或 GitHub 上都能找到，比如，Ruby 测试常用的 factory_girl 模块等都有对应的 Node.js 版本的实现，各位读者一定要善用各种开源神器。

通过学习和使用 AVA，我们可以对 Node.js v4 以上的相关技术有较好的理解，无论 Generator、async/await，还是传统的 Promise 写法。我们平常工作和学习的时候，也要尽量从写测试开始，未来必将受益无穷。

1.5　本章小结

通过本章的学习，你应该已经掌握了 Koa 框架的基础知识，并清楚了整个 HTTP Web 框架的演进过程。除能够掌握 koa-generator 脚手架的使用和运行方法外，你现在应该也学会了如何进行测试。测试是保证代码质量的重要手段，更重要的是它可以让你学会最小化问题，在学习和工作中受益无穷。

作为下一代 Node.js Web 框架 Koa 的入门章节，如果你掌握了本章的内容，就已经可以编写 Web 应用了。

第 2 章

Koa 的核心扩展机制：中间件

在第 1 章中，我们通过 koa-generator 生成的实例的源码核心是 app.js 文件，app.js 主要包含如下 4 个部分。

- 中间件
- 路由
- 视图
- 静态服务器

准确地讲，路由、视图、静态服务器也属于中间件，是按照功能划分的中间件实现。在 Koa 和 Express 世界里，中间件是核心中的核心，只有掌握了中间件，才算掌握了框架的精髓。本章将深入讲解与中间件相关的内容，重点是 Koa 中间件。

2.1 中间件

第 1 章中讲过，Koa 目前有两个版本：Koa v1 和 Koa v2。它们最主要的差异在于中间件的写法不同，本节会通过示例对比它们的异同，以便对后面章节中的源码进行分析。

2.1.1 什么是中间件

中间件是框架的扩展机制，主要用于抽象 HTTP 请求过程。在单一请求响应过程中加入中间件，可以更好地应对复杂的业务逻辑。

如果把一个 HTTP 处理过程比作污水处理，那么中间件就像一层层的过滤网。每个中间件在 HTTP 处理过程中通过改写请求和响应数据、状态，实现了特定的功能。大家都知道 HTTP 是无状态协议，所以 HTTP 请求的过程可以这样理解：请求被发送过来，经过无数中间件拦截，直至被响应为止。

启动服务器的流程如图 2-1 所示。

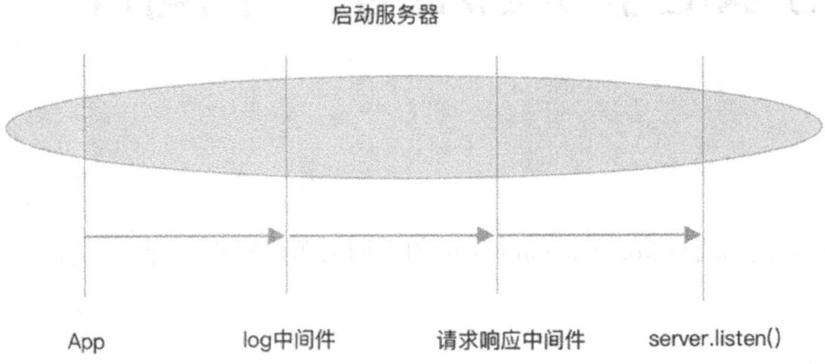

图 2-1

看到此处，你是否能够理解什么是中间件呢？从代码层面来看，在 App 和 server.listen 中间的都是中间件，过滤的先后顺序和挂载中间件的顺序有关，越靠前的中间件越早执行。

大多数实例代码都是以 log 中间件为例的，这里稍微解释一下，如图 2-2 所示。

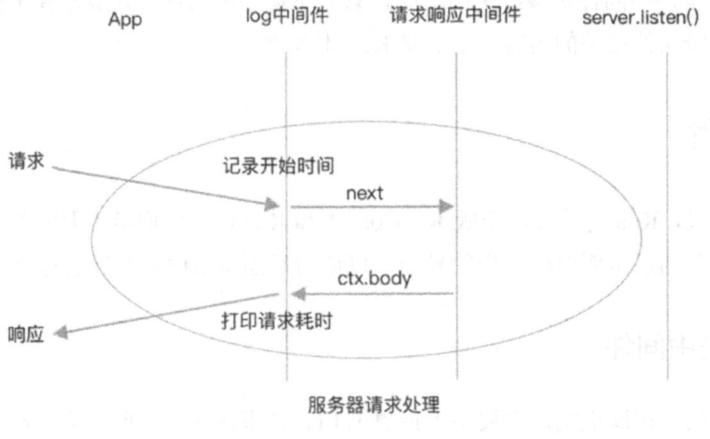

图 2-2

请求到达服务器后，依次经过各个中间件，直至被响应，所以整个流程会流经 log 中间件，由请求响应（业务逻辑）中间件给予响应，具体描述如下。

- 请求到达 log 中间件，记录此时的时间。
- 放过，执行 next，此时会执行下一个中间件。
- 执行到请求响应中间件，通过 ctx.body 向浏览器输出响应结果。
- 当响应回到 log 中间件时，根据当前时间减去请求到达时间，打印请求耗时。
- 最后把响应写到浏览器里。

Koa v1

著名的 Express 框架的作者 TJ Holowaychuk（TJ），对于回调地狱也无计可施，恰巧 ES6 的 Generator 出现并改变了大家对异步流程控制的无奈态度。当 ES6 在 Chrome V8 中实现后，社区开始积极接受 ES 新特性，这直接促成了 Koa 框架的产生。ES6 里一边循环一边计算的机制称为生成器，其最大的特点就是可以通过 yield 关键字交出函数的执行权（暂停执行），即可以让一个函数异步执行完成后，再继续当前流程。

Koa v1 是一个探索版本，是在 Node.js 最开始支持 ES6 Generator 特性时使用 Generator/yield 做的大胆尝试。很明显，它是成功的，代码在很大程度上比之前更容易理解，这一切都得益于基于 ES6 Generator 的流程控制。

让我们来看一下 Koa v1 的示例。

```
$ npm init -y
$ npm i -S koa@1
$ touch app.js
```

在 app.js 文件里，代码如下。

```
const koa = require('koa')
const app = koa()

// 日志
app.use(function *loggermildleware(next){
  let start = new Date

  console.log('[logger middleware] before yield...')
  yield next
  console.log('[logger middleware] after yield...')
```

```
  let ms = new Date - start
  console.log('%s %s - %s', this.method, this.url, ms)
})

// 响应
app.use(function *responsemiddleware(){
  console.log('[response middleware] response...')

  this.body = 'Hello World'
})

app.listen(3000)
```

对上述代码的说明如下。

- 这里的 app.use 和 Express 里的 app.use 是一样的，都是挂载中间件。
- function*(next){}是基于 Generator 的 Koa v1 中间件的写法，此处是重点。
- app.listen 用于指定启动端口。

在《狼书（卷 1）》中我们讲过 yield 转让执行权，其实 yield next 前面的代码是对 req 进行处理的，yield next 后面的代码是对 res 进行处理的。这里的 next 和 Express 里的 next 一样，都用于执行后面的中间件。

执行$ node app.js，访问 http://127.0.0.1:3000/，控制台日志输出如下。

```
[logger middleware] before yield...
[response middleware] after yield...
[logger middleware] after yield...
GET / - 7
```

从日志中我们可以看出执行顺序，具体如下。

- 先经过 logger 中间件[logger middleware] before yield...。
- 然后跳转到[response middleware] response...。
- 然后执行[logger middleware] after yield...。

很明显，这 3 个输出在 logger 中间件的 yield next 前后进行了处理，通过 yield next 将执行权转交给了下一个中间件，即 response 中间件，于是代码执行方式就借助 Generator 转变成了顺序执行，这就是 Koa v1 带给我们的最直观的变化。

```
console.log('[logger middleware] before yield...')
yield next
console.log('[logger middleware] after yield...')
```

简单点说，一切都要感谢 ES6 中的 Generator。Koa v1 约定所有中间件的写法都以 ES6 Generator 为准，这样可以避免回调地狱。即使你现在不熟悉 ES6 Generator 也没关系，在 Koa v2 里已经不推荐 ES6 Generator 中间件写法了，而且从 warning 日志中可以看出，在 Koa v3 中很有可能会移除对 Genrator 的支持。

另外，需要注意的是，ES6 Generator 中间件内部使用 this 作为隐式的上下文，这在 JavaScript 里是非常容易用错的，这也算是 Koa v1 带来的不可避免的小瑕疵吧！

Koa v2

Koa v2 是一个更成熟的 Web 框架，是由 Koa v1 演进而成的。Koa v2 最重要的特性是支持 async 函数，并且同时支持如下 3 种不同类型函数的中间件。

- common function middleware：通用函数中间件，是最常见的，也称 modern middleware。
- generator function middleware：生成器函数中间件，简单来说，它与 Generator/yield 的功能是类似的。
- async function middleware：async 函数中间件，利用了最潮的 async 函数的特性，async/await 是异步流程控制的终极神器，故为当下的使用趋势。

除了掌握基本用法，最好还能理解为什么要支持这 3 种中间件，以及它们各自适用的场景。

1．通用函数中间件

先看一下最常见的通用函数中间件的示例，如下。

```
const Koa = require('koa');
const app = new Koa();

// 日志
app.use((ctx, next) => {
  const start = new Date();
  return next().then(() => {
    const ms = new Date() - start;
    console.log('${ctx.method} ${ctx.url} - ${ms}ms');
  });
});
```

```
// 响应
app.use(ctx => {
  ctx.body = 'Hello Koa';
});

app.listen(3000);
```

(ctx, next) => {}是基于 ES6 箭头函数简写的中间件，它只有两个参数，ctx 是上下文，包括所有的请求和响应；而 next()是确定当前中间件是否将请求向下一个中间件放行的函数。对应 ES5 版本的写法如下。

```
function (ctx, next) {

}
```

(ctx, next) => {}和 Koa v1 中间件的 function *(next){ }相比，区别如下。

- 写法差异：Koa v2 中间件是普通函数，不是 Generator 函数。
- 参数差异：Koa v1 中间件的参数有 1 个，而 Koa v2 中间件的参数有 2 个，这主要是因为上下文 ctx 在 Koa v2 里被显式声明了。可以这样理解，Koa v1 中间件里的 this 就是 Koa v2 中间件里的 ctx，它们的 API 是完全一样的。
- 异步技术差异：Koa v2 中间件内部使用 Promise 进行异步处理，而 Koa v1 中间件内部使用 Generator。

关于 Node.js 的版本，通用函数中间件最好使用 Node.js v4.0 以上版本，尽管这种中间件写法没有对 Node.js 的版本做出特别要求，但 Koa 内部代码具有很多 ES6 特性。使用通用函数中间件最好的一点是可以支持 Promise。从整体来看，通用函数中间件是最容易上手的，写法的难度系数也是 3 种中间件里最低的。如果有 Express 使用经验，或者想从 Express 项目迁移到 Koa 项目，可以考虑从通用函数中间件开始学习，学习成本很低。

2. 生成器函数中间件

Koa 的设计初衷是便于开发者基于 ES6 Generator 来构建更好的流程控制，所以 Koa v2 也支持 ES6 Generator，但和 Koa v1 稍有不同。我们先来看看 Koa v2 的生成器函数中间件代码，稍后详细解释。

```
const Koa = require('koa');
const app = new Koa();

// 日志
```

```
app.use(co.wrap(function *(ctx, next) {
  const start = new Date();
  yield next();
  const ms = new Date() - start;
  console.log('${ctx.method} ${ctx.url} - ${ms}ms');
}));

// 响应
app.use(ctx => {
  ctx.body = 'Hello Koa';
});

app.listen(3000);
```

将以上代码与 Koa v1 代码对比，主要区别如下。

- Koa v2 生成器函数中间件被 co.wrap 包裹并被转换成了 function *(){}。
- Koa v2 生成器函数中间件的参数中多了 ctx，和上面的通用函数中间件一样，上下文 ctx 被显式声明了，统一了写法。
- 从 Koa v2 生成器函数中间件跳转到下一个中间件是通过 yield next()函数实现的，而不是 Koa v1 中用的 yield next。

在 Koa v2 支持的 3 种中间件中，生成器函数中间件写法与 Koa v1 的中间件写法是最像的。如果要从 Koa v1 迁移到 Koa v2，通过生成器函数中间件来迁移是最佳的。同样地，我们可以在 Generator 里进行 yieldable 操作，完成更强大的异步流程控制功能。

3. async 函数中间件

Koa 之所以从 v1 升级到 v2，可以说很大一部分原因在于 async 函数。async 函数在是 ES6 里引入的（async 函数进入了 ES7-stage3，但没有进入 ES7 的最终规范），可以非常好地解决异步问题，相当于更高级的自带执行器的 Generator[1]。

async 函数的优势如下。

- 语义更好。
- 无须执行器，比 Generator+co 的解决方案强很多。

1 Babel 和 Regenerator 就是用 Generator 实现的 async 函数，目前 Node.js 源码中的 C++代码也是复用 Generator 的。

- await 可以无缝调用异步 Promise 方法，更好地向后兼容。

下面给出 async 函数中间件的用法。

```
const Koa = require('koa');
const app = new Koa();

// 日志
app.use(async (ctx, next) => {
  const start = new Date();
  await next();
  const ms = new Date() - start;
  console.log(`${ctx.method} ${ctx.url} - ${ms}ms`);
});

// 响应
app.use(ctx => {
  ctx.body = 'Hello Koa';
});

app.listen(3000);
```

以上代码的要点如下。

- async 函数除了多一个 async 关键字之外，和普通函数无异，同样支持箭头函数（Generator 是不支持箭头函数的）。
- 与 async 函数搭配的 await 关键字可以对接 Promise 方法，尽管它没有 yield 的 yieldable 那么强大，但也足够用。
- Koa v2 的 async 函数中间件跳转到下一个中间件时需要使用 await next()，和通用函数中间件里的 return next()类似。

总结一下，从形式上看，async 函数中间件无疑是所有中间件中最耀眼的那个，它语义清楚，结合 await 关键字可以非常好地整合 Promise，还能更好地兼容各种已有代码。在目前最新的 Node.js LTS 版本中，async 函数的性能已经和 Promise 一样好了，推荐大家使用。

目前 Koa 主要有两个版本，中间件有 4 种写法，总结如下，见表 2-1。

表 2-1

中间件名称	Koa 版本	描述	推荐指数
Generator	v1	第一代的基于 Generator/yield 的中间件写法，需要对 Generator、Promise 和 co 有一定了解才能用好，略难	3 星

续表

中间件名称	Koa 版本	描　　述	推荐指数
通用函数中间件	v2	对于熟悉 Promise 的人来说非常容易，对新手非常友好，尤其是在迁移基于 Express 的项目时非常方便	4 星
生成器函数中间件	v2	和 Koa v1 中间件不同的是，增加了显式的 ctx 上下文，如果熟悉 Koa v1，可以轻松掌握	3 星
async 函数中间件	v2	使用 async/await 是目前最好的方式，要求对 Promise 有一定了解，在迁移基于 Express 的项目时非常方便	5 星

从表 2-1 中可以看出各种写法的应用场景。如果从用户的角度来分析，大致可以总结出以下 3 种经验。

- 如果是新手，推荐使用 async 函数中间件。
- 如果熟悉 Express 或 Promise，推荐先使用通用函数中间件，然后使用 async 函数中间件。
- 如果之前使用的是 Generator，建议放弃它，直接转到 async 函数中间件。

2.1.2　上下文对象

在 Web 应用中，Koa 的上下文对象 ctx 是一次完整的 HTTP 请求的上下文，贯穿这个请求的生命周期。请求会经过 N（N>0）层中间件的拦截，唯一共享的就是这个上下文对象。它主要封装了 request 对象与 response 对象，并提供了一些帮助开发者编写业务逻辑的方法，我们可以在 ctx.request 和 ctx.response 中很方便地访问这些方法。

在控制业务逻辑的中间件中，Koa v1 的上下文被寄存在 this 对象中，Koa v2 的上下文是以参数形式存在的 ctx 对象，这里统一把上下文定为 ctx（后面不会再区分是基于 Koa v1 还是基于 Koa v2），代码如下。

```
app.use(function *(){
  let ctx = this // 上下文对象
  this.request; // request 对象
  this.response; // response 对象
});
```

每个请求至少贯穿一个中间件，ctx 在整个中间件流转过程中是一直存在的，示例如下。

```
app.use(function *(next){
```

```
  let ctx = this
  ctx.a = 1
  yield next()
  console.log(ctx.a) //此时 ctx.a = 2
});

app.use(function *(next){
  let ctx = this
  ctx.a = 2
});
```

可以看到，首先 ctx.a=1，然后在第二个中间件里 ctx.a=2，由于第二个中间件里没有 next 命令，所以结束响应，返回第一个中间件 next()后面。此时 ctx.a=2，此处涉及 Koa 中间件原理，后面会详细介绍。

ctx 的生命周期是贯穿整个 HTTP 请求过程的。在 ctx 上绑定内容不是一个好的做法，但适当地在 ctx 上下文中绑定某些内容是必要的，这样做能够让我们更方便地实现业务逻辑，常见的日志中间件、ctx.render()函数，就是非常典型的例子。

源码分析

ctx 上常用的对象有 request、response、req、res 等，其中，request 和 response 是 Koa 内置的对象，是对 HTTP 的实用扩展；而 req 和 res 是在 http.createServer 回调函数里注入的，即未经加工的原生内置对象。

第 1 章讲过，Koa 提供的中间件机制是对 http.createServer 回调进行抽象，下面看一个简单的例子。

```
const http = require('http')
const Koa = require('koa')
const app = new Koa()

// 响应
app.use(async ctx => {
  ctx.body = 'Hello Koa 2'
})

const server = http.createServer(app.callback())

server.listen(3000)
```

也就是说，app 里被注入了 http.createServer 的回调函数，核心是 app.callback()实现。下面我们来看一下 callback 实现代码（在 Koa 源码 application.js 里）。

```
callback() {
  const fn = compose(this.middleware);

  if (!this.listeners('error').length) this.on('error', this.onerror);

  const handleRequest = (req, res) => {
    res.statusCode = 404;
    const ctx = this.createContext(req, res);
    const onerror = err => ctx.onerror(err);
    const handleResponse = () => respond(ctx);
    onFinished(res, onerror);
    return fn(ctx).then(handleResponse).catch(onerror);
  };

  return handleRequest;
}
```

其中 const ctx = this.createContext(req, res)表示进行了绑定。我们继续看一个示例。

```
createContext(req, res) {
  const context = Object.create(this.context);
  const request = context.request = Object.create(this.request);
  const response = context.response = Object.create(this.response);
  context.app = request.app = response.app = this;
  context.req = request.req = response.req = req;
  context.res = request.res = response.res = res;
  request.ctx = response.ctx = context;
  request.response = response;
  response.request = request;
  context.originalUrl = request.originalUrl = req.url;
  context.cookies = new Cookies(req, res, {
    keys: this.keys,
    secure: request.secure
  });
  request.ip = request.ips[0] || req.socket.remoteAddress || '';
  context.accept = request.accept = accepts(req);
  context.state = {};
  return context;
}
```

上面代码中的要点如下。

- context.request = Object.create(this.request) 是 Koa 内置的 request 对象。
- context.response = Object.create(this.response) 是 Koa 内置的 response 对象。

- context.app = request.app = response.app = this 是 app 自身。
- context.req 是原始 HTTP 回调函数里的 req 对象。
- context.res 是原始 HTTP 回调函数里的 res 对象。
- context.originalUrl 是最初的 URL 地址。
- context.cookies 是浏览器 Cookie 封装。
- context.state = {} 约定了一个中间件的公用存储空间，可以储存一些数据，比如用户数据。另外，类似 koa-views 这些视图层的中间件也会默认把 ctx.state 里面的属性作为视图的上下文并用于渲染。ctx.state 和 Express 里的 res.locals 是一样的。

这里给读者留一个问题：能否使用前端状态管理模块，比如 Redux、Dva、Vuex，来管理服务器端状态？请大家思考。

request 对象和 response 对象

在 Koa 应用里，最常用的就是 request 对象和 response 对象。为了使用方便，许多上下文属性和方法都被委托代理到了 Koa 的 ctx.request 或 ctx.response 上。按照职责来分，与请求相关的方法都被放到了 ctx.request 中，与响应相关的方法则被挂载在 ctx.response 上。比如 ctx.type 和 ctx.length 是实现 response 对象访问的便捷方法，ctx.path 和 ctx.method 是实现 request 对象访问的便捷方法。

前面已经讲了 req 和 res 的继承关系，如下。

```
req => IncomingMessage
res => ServerResponse  => OutgoingMessage
```

基于以上关系，想要对 Stream 进行扩展就非常简单了。对于 request.js，我们以 Koa 的扩展方法为例；对于 response.js，我们以 Express 的扩展方法为例，向读者展示 Stream 的扩展方法。

1. request.js

在 http/extend/request.js 里增加 query 方法，用于获取 QueryString，代码如下。

```
'use strict'

const url = require('url')
```

```
module.exports = {
  get query() {
    return url.parse(this.request.url, true).query
  }
}
```

2．response.js

requestListener 上没有 res.json 方法，但为了使用方便，Express 和 Koa 均提供了 json 方法来快速返回 JSON API。下面以 Express 为例向 http/extend/response.js 文件里增加 json 方法，代码如下。

```
'use strict'

const http = require('http')
var res = Object.create(http.ServerResponse.prototype)

res.json = function json(obj) {
  var body = JSON.stringify(obj)

  this.writeHead(200, {
    'Content-Length': Buffer.byteLength(body),
    'Content-Type': 'application/json' })

  return this.end(body)
}

module.exports = res
```

通过继承 http.ServerResponse，可以提供更多扩展响应的方式，所以在使用时可以直接使用 res.json 方法。res.json 方法主要完成了 4 项操作，具体如下。

- 将 JSON 对象转成字符串 body。
- 设置 statusCode。
- 将 Content-Type 设置为 application/json。
- 将字符串 body 通过 res.end 方法发送给浏览器。

原始的 req 和 res

对于 ctx.request 和 ctx.response 没有实现的功能，可以通过扩展 ctx.req 和 ctx.res 来实现。

ctx.req 和 ctx.res 是更低级别的 API，是 http.createServer 的回调函数传进来的参数，通过它们可以实现更多功能。比如 koa-bigpipe 中间件就是通过原始的 res.write 来实现 BigPipe 分块写入功能的，代码如下。

```
'use strict'

/**
 * 模块导出
 * @public
 */

module.exports = (ctx, next) => {
  ctx.type = 'html'
  ctx.status= 200
  ctx.chunks = []

  let req = ctx.req
  let res = ctx.res

  // 向浏览器分块写入
  ctx.write = (chunk) => {
    if (!chunk) {
      return ctx.end()
    }

    ctx.chunks.push(chunk)

    res.write(chunk)
  }

  // 结束响应
  ctx.end = (chunk) => {
    if (chunk) {
      ctx.write(chunk)
    }

    res.end(null)
  }

  return next()
}
```

http 模块的 res.write()默认是支持分块传输的，所以，遵循 Koa 中间件约定并提供 ctx.write 和 ctx.end 方法，能够更好地以 Koa 的方式来编写 BigPipe，代码如下。

```
const Koa = require('koa')
const app = new Koa()
```

```
const sleep = ms => new Promise(r => setTimeout(r, ms))

app.use(require('koa-bigpipe'))

// 响应
app.use(ctx => {
  // ctx.body = 'Hello Koa'
  ctx.write('loading...<br>')

  return sleep(2000).then(function(){
    ctx.write('timer: 2000ms<br>')
    return sleep(5000)
  }).then(function(){
    ctx.write('timer: 5000ms<br>')
  }).then(function(){
    ctx.end()
  })
})

app.listen(3000)
```

与浏览器端交互

Koa 框架与浏览器交互的方式主要是让服务器对浏览器进行响应，可用方法如下。

- ctx.body（Koa 内置）
- ctx.redirect（Koa 内置）
- ctx.render（外部中间件）

1. ctx.body

ctx.body 能够以最精简的代码实现最多的功能。

- 返回文本：ctx.body = 'Hello Koa 2!'。
- 返回 HTML 付出：ctx.body = '<h1>Hello Koa 2!<h1>'。
- 返回 JSON，代码如下。

```
ctx.body = {
   msg: 'Hello JSON!'
}
```

ctx.body 的工作原理是根据赋值类型来进行不同 Content-Type 的处理，处理过程分为如下两步。

- 根据 body 的类型设置对应的 Content-Type。
- 根据 Content-Type 调用 res.write 或 res.end，将数据写入浏览器。

在 Koa 源码 lib/response.js 文件里，body 的赋值方法如下。

```
/**
  * Set response body.
  *
  * @param {String|Buffer|Object|Stream} val
  * @api public
  */

 set body(val) {
   const original = this._body;
   this._body = val;

   if (this.res.headersSent) return;

   // Content-Type 为空的情况
   if (null == val) {
     if (!statuses.empty[this.status]) this.status = 204;
     this.remove('Content-Type');
     this.remove('Content-Length');
     this.remove('Transfer-Encoding');
     return;
   }

   // 设置状态码
   if (!this._explicitStatus) this.status = 200;

   // 设置 Content-Typeset
   const setType = !this.header['content-type'];

   // 判断是否为字符串
   if ('string' == typeof val) {
     if (setType) this.type = /^\s*</.test(val) ? 'html' : 'text';
     this.length = Buffer.byteLength(val);
     return;
   }

   // 判断是否为 Buffer
   if (Buffer.isBuffer(val)) {
     if (setType) this.type = 'bin';
```

```
    this.length = val.length;
    return;
  }

  // 判断是否为 Stream
  if ('function' == typeof val.pipe) {
    onFinish(this.res, destroy.bind(null, val));
    ensureErrorHandler(val, err => this.ctx.onerror(err));

    if (null != original && original != val) this.remove('Content-Length');

    if (setType) this.type = 'bin';
    return;
  }

  // Content-Type 默认为 JSON 对象
  this.remove('Content-Length');
  this.type = 'json';
},
```

上面代码的要点如下。

- 判断 Content-Type 是否为空，如果是，则不返回任何结果。
- 判断 Content-Type 是否为字符串，字符串又分为 Content-Type="text/html" 和 Content-Type="text/plain"两种类型，对应的 Content-Type 也不一样。
- 判断 Content-Type 是否是 Buffer 或 Stream 类型。
- 如果 Content-Type 不是以上任何类型，那么就应该是 JSON 对象。

这种通过 typeof 方法来判定 Content-Type 的类型，进而决定具体操作的技巧是非常实用的，笔者在进行 apie 模块约定的时候就曾这样做。另外对于编写脚手架来识别 JSON 字段类型，也可以按照这种方法来实现。

2. ctx.redirect

浏览器重定向只有两种情况，向前重定向和向后重定向，代码如下。

```
// 向后重定向
ctx.redirect('back');
ctx.redirect('back', '/index.html');

// 向前重定向
ctx.redirect('/login');
ctx.redirect('http://google.com');
```

3. ctx.render

ctx.render 是渲染模板使用的方法，示例如下。

```
router.get('/', async (ctx, next) => {
  await ctx.render('index', {
    title: 'Hello Koa 2!'
  })
})
```

ctx.render 有两个参数：模板和数据。该方法主要用于将模板编译成 HTML 并写入浏览器，后面会详细介绍。

2.1.3 回形针一样的中间件

Koa 中间件可以对请求和响应同时进行拦截，这是 Web 框架里少有的强大功能，其他 Web 框架只对请求进行拦截，不对响应进行拦截，比如 Express。所以在中间件机制上，Koa 是占有优势的。当然，强大也意味着复杂，中间件叠加之后，请求和响应同时拦截就会形成类似回形针一样的调用，因而大家都习惯称 Koa 的中间件为“回形针”。为了了解中间件的工作原理，我们先从实例看起，总结规律，进而深究其原理。

单一中间件的工作示意图如图 2-3 所示。

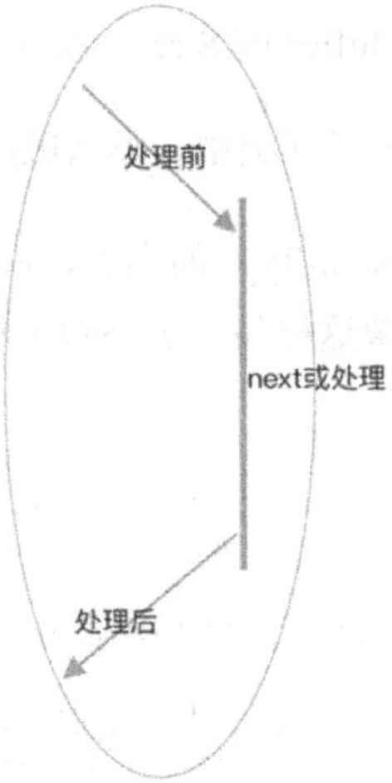

图 2-3

中间件就是过滤器，Koa 中间件的工作过程可以分为 3 部分，具体如下。

- 处理请求前先完成一些准备工作。
- 进行业务逻辑处理或通过 next 将业务交由下一个中间件处理。
- 后面的中间件完成处理后会进行回溯，执行处理后的操作。

所以 Koa 的中间件可以理解为像凹槽一样的积木模块，结合 HTTP，只要有一个中间件处理了请求，这次请求就算结束。如果中间件不想结束请求，那么把处理权转交给后面的中间件就可以了。

我们以 Koa v1 为例来看一下中间件处理请求的过程，代码如下。

```
// 日志

app.use(function *(next){
  var start = new Date;
  yield next;
  var ms = new Date - start;
  console.log('%s %s - %s', this.method, this.url, ms);
});
```

下面是对这段代码的分析。

- var start = new Date;表示处理前，边界是 yield next;，在此之前的代码都算处理前的代码，无论有多少行。
- yield next;用于将处理权转交给后面的中间件，如果没有 next 的话，转让处理权的操作会被停止，并开始回溯。
- var ms = new Date - start;及 console.log('%s %s - %s', this.method, this.url, ms);是处理后的代码。

多个中间件同时工作的示意图如图 2-4 所示。一个完整的 Koa Web 应用其实就是各种中间件的组装。多个中间件同时工作时，原理如下。

- 如果中间件 1 不想处理请求，就把处理权转交给中间件 2。
- 如果中间件 2 也不想处理，就把处理权转交给中间件 3。
- 如果中间件 3 还不想处理，则只能报错。

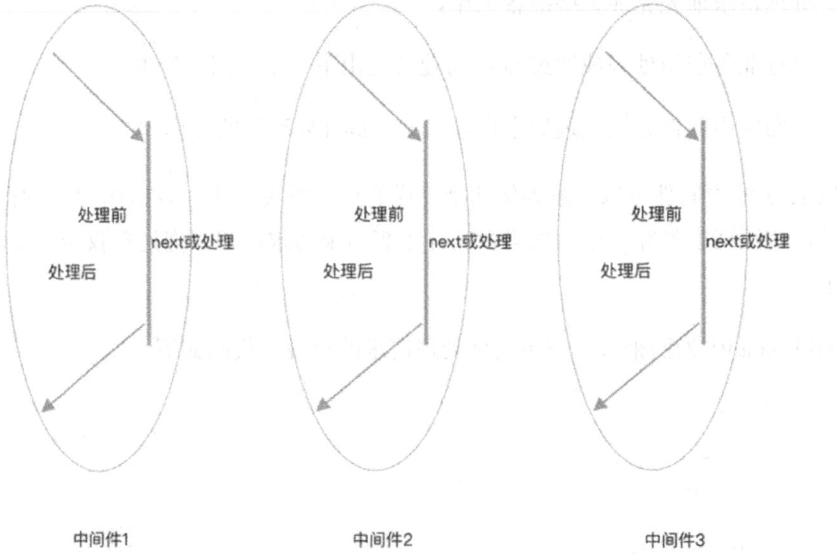

图 2-4

中间件执行顺序

对于 Express 来说，中间件只对请求进行拦截，而且是有顺序的。但对于 Koa 来说，可以在一个中间件里对请求和响应同时进行拦截。于是在 Koa 应用中，第一个中间件里的请求是 1，响应是 2，第二个中间件里的请求是 3，响应是 4，那么最终输出结果就是 1342。这看起来很有趣，下面我们来分析一下。

1. 从 Generator 说起

为了便于大家理解，先来看一下 Generator 的用法，示例如下。

```
function * a(){
  console.log('第 1 个中间件 before 1')
  yield *b()
  console.log('第 1 个中间件 after 2')
}

function * b(){
  console.log('  业务逻辑处理')
}

function *hello() {
```

```
  yield *a()
}

var it1 = hello();
console.log(it1.next());// { value: 1, done: false }
```

以上代码的执行结果如下。

```
$ node a.js
第 1 个中间件 before 1
  业务逻辑处理
第 1 个中间件 after 2
{ value: undefined, done: true }
```

从这个例子可以看到，hello()生成了 it1 对象，由 it1.next()来执行第一个 yield 内容。对于 a 这个 Generator 里的内容，yield 之前的语句是先执行的，yield 之后的语句是在 b 执行完成后才执行的。这就是回形针的早期体现。

2. 用 co 简化代码

Generator 的执行过程是非常烦琐的，上面的例子明明很简单，但执行起来却有点绕，还好我们有 co 这个 Generator 执行器，能够让代码执行起来更简单。代码如下。

```
var co = require('co')

function * a(){
  console.log('第 1 个中间件 before 1')
  yield *b()
  console.log('第 1 个中间件 after 2')
}

function * b(){
  console.log('  业务逻辑处理')
}

co(function* () {
  yield *a()
})
```

这段代码的结果与前面例子的结果是一样的，只是调用方式更加简单。

3. 具体的“1342”

为了演示中间件执行顺序，笔者创造了“1342”这个词，下面为各位读者演示一下原理，代码如下。

```
var co = require('co')

function * a(){
  console.log('第 1 个中间件 before 1')
  yield *b()
  console.log('第 1 个中间件 after 2')
}

function * b(){
  console.log('  第 2 个中间件 before 3')
  yield *c()
  console.log('  第 2 个中间件 after 4')
}

function * c(){
  console.log('    业务逻辑处理')
}

co(function* () {
  yield *a()
})
```

以上代码的执行结果如下。

```
$ node c.js
第 1 个中间件 before 1
  第 2 个中间件 before 3
    业务逻辑处理
  第 2 个中间件 after 4
第 1 个中间件 after 2
```

中间件执行顺序是 a→b→c，但最终结果的顺序是 a1→b3→c→b4→a2，这其实正反映了本节的核心：当两个中间件叠加使用时，假设第一个中间件里的请求是 1，响应是 2，第二个中间件里的请求是 3，响应是 4，那么具体的执行顺序是 1→3→4→2。

4. 中间件的写法

先来看一个模拟的 Koa 中间件的示例，代码如下。

```
var co = require('co');
var compose = require('koa-compose')

function * a(next){
  console.log('第 1 个中间件 before 1')
  yield next
  console.log('第 1 个中间件 after 2')
}
```

```
function * b(next){
  console.log('  第 2 个中间件 before 3')
  yield next;
  console.log('  第 2 个中间件 after 4')
}

function * c(next){
  console.log('    业务逻辑处理')
}

var stack = [a, b, c];

co(compose(stack))
```

koa-compose 是 Koa 中最核心的模块，用于组合多个中间件，最终合并成一个中间件。通过 co 和 koa-compose 模拟中间件机制再适合不过了，简单且容易理解。

通过上面的 3 个示例，相信大家已经能够理解 Generator 的 yield 处理权转让机制了。通过 Generator 嵌套 next 方法能够实现这种回溯功能。

探索原理

前面讲了中间件的各种用法，我们还总结了“1342”问题，那么，Koa 到底是怎样实现中间件机制的呢？本节将给出精简的 Koa 中间件机制代码，以帮助读者更轻松地读懂 Koa 源码。

1. 探索 1

假设 app.js 代码如下。

```
var co = require('co');
var debug = require('debug')('v0')

module.exports = {
  middleware :[],
  use: function (fn) {
    debug('use:' + fn);

    this.middleware.push(fn);
    return this;
  },
  callback: function (cb) {
    const fn = this.compose(this.middleware);
    debug('callback compose fn = ' + fn)
```

```
    co(fn).then(cb, function (err) {
      console.error(err.stack);
    });
  },
  compose: function (middleware) {
    debug('compose=' + middleware)
    return function *(next){
      if (!next) {
        next = function *(){}
      }

      var i = middleware.length;

      while (i--) {
        debug('compose middleware[' + i + ']=: ' + middleware[i])
        // next = co.wrap(middleware[i]).call(this);
        next = middleware[i].call(this, next);

        debug(next)
      }

      return yield *next;
    }
  }
}
```

测试代码如下。

```
var app = require('./app')

app.use(function *(next){
  console.log(1)
  yield next;
  console.log(2)
})

app.use(function *(next){
  console.log(3)
  yield next;
  console.log(4)
})

app.callback();
// 1
// 3
// 4
// 2
```

探索 1 的代码里只依赖 co 模块，整体来说是非常精简和容易理解的，下面我们来详细解读。

（1）中间件是由数组保存的，代码如下。

```
middleware :[],
```

（2）app.use 使用中间件的代码如下。通过 push 方法给数组增加中间件，返回 this，这种简单的链式写法支持 app.use(fn).use(fn2)的使用。

```
  use: function (fn) {
    debug('use:' + fn);

    this.middleware.push(fn);
    return this;
  },
```

（3）测试代码如下。

```
app.callback();
// 1
// 3
// 4
// 2
```

测试代码执行到 callback 函数之后，会打印出结果 1342，即 callback 函数是入口，并处理完所有中间件调用，代码如下。

```
  callback: function (cb) {
    const fn = this.compose(this.middleware);
    debug('callback compose fn = ' + fn)

    co(fn).then(cb, function (err) {
      console.error(err.stack);
    });
  },
```

以上代码的要点如下。

- 通过 this.compose 把 this.middleware 转变成一个名为 fn 的 Generator 函数。
- 通过 co 来执行 fn。
- co 的返回值是 Promise 对象，所以 then 后面接了两个参数，其中 cb 是成功的回调，后面的匿名函数是用于处理异常的。

这里的逻辑比较简单，就是通过 co 执行 fn，获得最终结果。但问题是 this.middleware 是基于 Generator 函数的数组，怎么把它转化成 Generator 呢？这其实就是通过 this.compose 来实现的。

（4）核心是 compose，代码如下。

```
compose: function (middleware) {
  return function *(next){
    if (!next) {
      next = function *(){}
    }

    var i = middleware.length;

    while (i--) {
      next = middleware[i].call(this, next);
    }

    return yield *next;
  }
}
```

以上代码的功能其实就是将 compose([f1, f2, ..., fn])转化为 fn(...f2(f1(noop())))，最终的返回值是一个 Generator 函数。

compose 返回的是 Generator，因此它就需要一个 Generator 执行器，也就是上文出现的 co，来搭配使用。compose 其实就是 koa-compose 的核心功能，由此可见 koa-compose 的重要程度。

2. 探索 2

探索 2 版本的 app.js 代码如下。

```
var co = require('co');
var debug = require('debug')('v1')
const convert = require('koa-convert')

module.exports = {
 middleware :[],
 use: function (fn) {
   this.middleware.push(fn);
   return this;
 },
 callback: function () {
   const fn = convert.compose(this.middleware);
   debug('callback compose fn = ' + fn)

   var ctx = {
```

```
    }

    fn(ctx).then(function(){

    })
  }
}
```

测试代码如下。

```
var app = require('./app')

app.use((ctx, next) =>{
  console.log(1)
  // before
  return next().then(() => {
    // after
    console.log(2)
  })
})

app.use(function *(next){
  console.log(3)
  yield next;
  console.log(4)
})

// console.log(app.middleware)
app.callback();
// 1
// 3
// 4
// 2
```

开源的 convert 模块源码中的测试用例能够非常简单地体现其用法，这也是学习开源模块的常用手段。很多开源项目的文档其实没有测试用例写得那么完善。convert 对应的测试代码如下。

```
describe('convert.compose()', () => {
  it('should work', () => {
    let call = []
    let context = {}
    let _context
    let mw = convert.compose([
      function * name (next) {
        call.push(1)
        yield next
        call.push(11)
```

```
    },
    (ctx, next) => {
      call.push(2)
      return next().then(() => {
        call.push(10)
      })
    },
    function * (next) {
      call.push(3)
      yield* next
      call.push(9)
    },
    co.wrap(function * (ctx, next) {
      call.push(4)
      yield next()
      call.push(8)
    }),
    function * (next) {
      try {
        call.push(5)
        yield next
      } catch (e) {
        call.push(7)
      }
    },
    (ctx, next) => {
      _context = ctx
      call.push(6)
      throw new Error()
    }
  ])

  return mw(context).then(() => {
    assert.equal(context, _context)
    assert.deepEqual(call, [1, 2, 3, 4, 5, 6, 7, 8, 9, 10, 11])
  })
})
```

从上面测试代码中可以看出，convert.compose 函数将各种中间件写法合并执行，最终返回了 Promise。掌握以上代码对于熟练掌握中间件写法是有一定帮助的。

3. 探索 3

探索 3 版本的 app.js 代码如下。

```
const co = require('co');
const debug = require('debug')('v1')
```

```
const compose = require('koa-compose')

module.exports = {
  middleware :[],
  use: function (fn) {
    this.middleware.push(fn);
    return this;
  },
  callback: function () {
    const fn = compose(this.middleware);
    debug('callback compose fn = ' + fn)

    var ctx = {

    }

    fn(ctx).then(function(){

    })
  }
}
```

对应的测试代码如下。

```
'use strict'

const co = require('co');
const debug = require('debug')('v1')

module.exports = {
  middleware :[],
  use: function (fn) {
    this.middleware.push(fn);
    return this;
  },
  compose: function (middleware) {
    return function (context, next) {
      // last called middleware #
      let index = -1
      return dispatch(0)
      function dispatch (i) {
        if (i <= index) return Promise.reject(new Error('next() called multiple times'))
        index = i
        const fn = middleware[i] || next
        if (!fn) return Promise.resolve()
        try {
          return Promise.resolve(fn(context, function next () {
            return dispatch(i + 1)
```

```
          }))
        } catch (err) {
          return Promise.reject(err)
        }
      }
    }
  },
  callback: function () {
    const fn = this.compose(this.middleware);
    debug('callback compose fn = ' + fn)

    var ctx = {

    }

    fn(ctx).then(function(){

    })
  }
}
```

如果想把其中的一个中间件变成 Koa v1 支持的 Generator 写法，代码如下。

```
var app = require('./app')
var co = require('co')

app.use((ctx, next) => {
  console.log(1)
  // before
  return next().then(() => {
    // after
    console.log(2)
  })
})

app.use(function *(next) {
  console.log(3)
  yield next;
  console.log(4)
})

// app.use(function *(next) {
//   console.log(3)
//   yield next;
//   console.log(4)
// })

// console.log(app.middleware)
```

```
app.callback();
//1
//2
```

回溯机制

为了了解 Koa v1 中间件的回溯机制，先来看一下下面这段代码。

```
var koa = require('koa')
var app = koa()

// ignore
app.use(function *(next){
  if(this.url === '/favicon.ico'){
    return
  }
  yield next
})

// m1
app.use(function *(next){
  console.log('第 1 个中间件 before 1')
  yield next
  console.log('第 1 个中间件 after 2')
})

// response
app.use(function *(next){
  console.log('业务逻辑处理')
  this.body = 'sucess'
})

app.listen(3001)
```

在终端里，执行 app.js 启动 Web 服务器，结果如下。

```
$ nodemon koa-core/middleware/app.js
[nodemon] 1.9.1
[nodemon] to restart at any time, enter 'rs'
[nodemon] watching: *.*
[nodemon] starting 'node koa-core/middleware/app.js'
第 1 个中间件 before 1
  业务逻辑处理
第 1 个中间件 after 2
```

“1”是中间件具体处理的前置位置，“2”是中间件，before 中间件依次向下处理，处理完业务逻辑后，after 中间件向上执行，回到回形针底部，然后再次返回中间件 2。

下面给出包含两个中间件的回溯示例，如果包含 3 个或更多中间件呢？请大家思考如何书写包含多个中间的回溯代码。

```
var koa = require('koa')
var app = koa()

// ignore
app.use(function *(next){
  if(this.url === '/favicon.ico'){
    return
  }
  yield next
})

// m1
app.use(function *(next){
  console.log('第 1 个中间件 before 1')
  yield next
  console.log('第 1 个中间件 after 2')
})

// m2
app.use(function *(next){
  console.log('第 2 个中间件 before 3')
  yield next
  console.log('第 2 个中间件 after 4')
})

// response
app.use(function *(next){
  console.log('业务逻辑处理')
  this.body = 'sucess'
})

app.listen(3001)
```

在终端里，执行 app.js 启动 Web 服务器，结果如下。

```
$ nodemon koa-core/middleware/app.js
[nodemon] 1.9.1
[nodemon] to restart at any time, enter 'rs'
[nodemon] watching: *.*
[nodemon] starting 'node koa-core/middleware/app.js'
第 1 个中间件 before 1
```

```
  第 2 个中间件 before 3
    业务逻辑处理
  第 2 个中间件 after 4
第 1 个中间件 after 2
```

我们稍微进行一下可视化处理，看一下极其重要的“1342”。

```
第 1 个中间件 before 1
  第 2 个中间件 before 3
    业务逻辑处理
  第 2 个中间件 after 4
第 1 个中间件 after 2
```

Express 里的中间件机制描述如下，原理见图 2-5。通过图 2-5 可以看出，Express 中间件对请求进行处理，但无法对响应进行处理。

```
第 1 个中间件 before 1
  第 2 个中间件 before 3
    业务逻辑处理
```

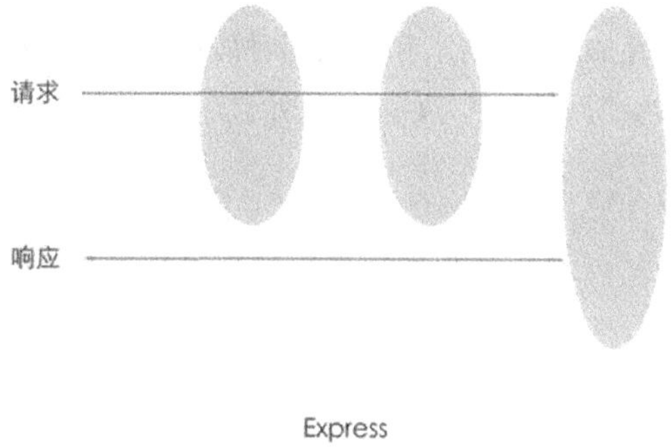

图 2-5

Koa 里的中间件机制描述如下，原理如图 2-6 所示。

```
第 1 个中间件 before 1
第 2 个中间件 before 3
    业务逻辑处理
  第 2 个中间件 after 4
第 1 个中间件 after 2
```

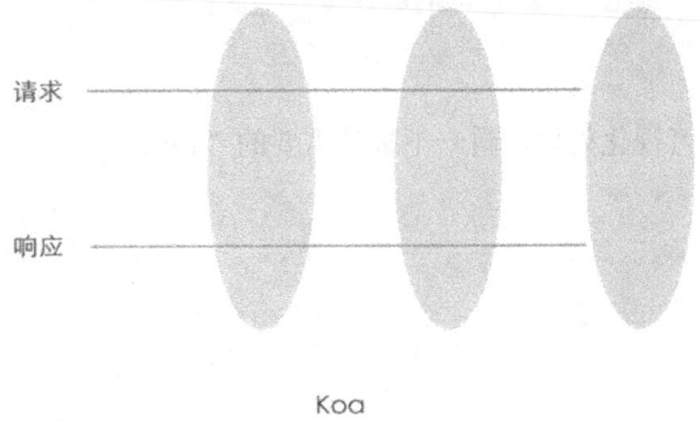

图 2-6

通过图 2-6 可以看出，Koa 的中间件能对请求做出处理，也能对响应做出处理。对比 Express 中间件机制，Koa 中间件可以同时处理请求和响应，这种能力让 Koa 中间件更强大，更富有表现力。

前面说过，Koa 中间件叠加之后，请求和响应同时被拦截就会形成类似回形针一样的调用，因而大家都称 Koa 中间件为“回形针”，如图 2-7 所示。

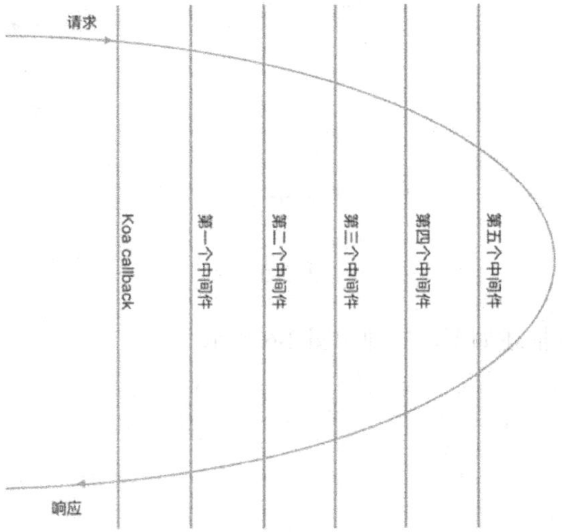

图 2-7

当一个请求过来的时候，会依次被各个中间件处理，中间件跳转的信号是 next()，当请求到达某个中间件，且该中间件处理完请求不执行 next()时，程序就会逆序执行前面的中间件剩下的逻辑。

通过以上执行过程，我们不难看出中间件的执行顺序：流程是一层层地打开，然后一层层地闭合的，就像剥洋葱一样。早期的 Python 为这种执行方式起了一个很好听的名字，洋葱模型，如图 2-8 所示。

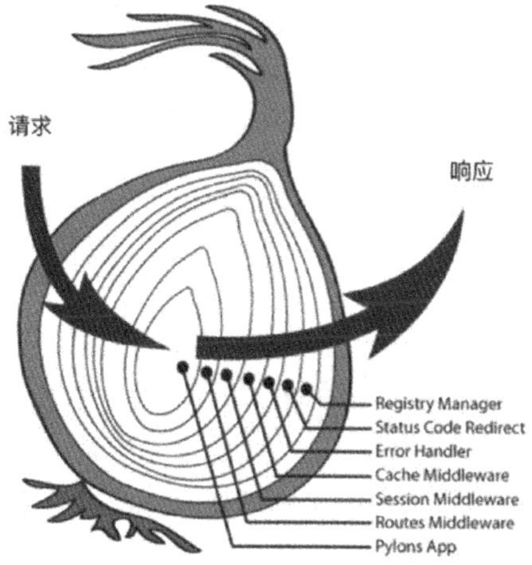

图 2-8

其实回形针模型和洋葱模型是一回事，理解了上面说的 Koa 中间件机制，就可以很好地理解这些模型了。

1．回形针的实现：compose

先来看一段关于 compose 的代码，具体如下。

```
compose: function (middleware) {
 return function (context, next) {
   let index = -1
   return dispatch(0)
   function dispatch (i) {
     if (i <= index) return Promise.reject(new Error('next() called multiple times'))
     index = i
     const fn = middleware[i] || next
     if (!fn) return Promise.resolve()
     try {
       return Promise.resolve(fn(context, function next () {
         return dispatch(i + 1)
       }))
     } catch (err) {
```

```
      return Promise.reject(err)
    }
  }
 }
}
```

上面的代码其实就是把 compose([f1, f2, ..., fn])转化为了 f1(...f(n-1)(fn(noop()))), 最终的返回值是一个 function (context, next) {}。

从 dispatch(0)开始递归执行如下代码。

```
i = 0
fn == middleware[i]
```

然后执行如下操作。

```
fn(context, function next () {
 return dispatch(i + 1)
})
```

这是执行第一个中间件机制的代码，如果执行成功，就继续执行第二个中间件机制，依此类推，直至执行完所有的中间件机制。

我们结合这个示例来看一下下面的示例。

```
app.use((ctx, next) => {
 console.log(1)
 // before
 return next().then(() => {
  // after
  console.log(2)
 })
})
```

实际上，这个中间件写法和上面演示的 fn 是一样的。为了进一步说明中间件返回的是 Promise，这里给出示意代码。

```
var value = fn(context, function next () {
 return dispatch(i + 1)
})

return Promise.resolve(value)
```

我们知道 Promise.resolve()返回的是 Promise 对象，它是可以实现 Promise 链式调用的。

再来看一个执行多个中间件机制的例子，具体如下。

```
app.use((ctx, next) => {
  console.log(1)
  // before
  return next().then(() => {
    // after
    console.log(2)
  })
})

app.use((ctx, next) => {
  console.log(3)
  // before
  return next().then(() => {
    // after
    console.log(4)
  })
})
```

上面代码的意思是在 app 上挂载两个中间件，其原理类似于 m1(m2())，代码如下。

```
var value = fn(context, function next () {
  var dispatch_1_value = fn(context, function next () {
    return dispatch(2)
  })
  return Promise.resolve(dispatch_1_value)
})

return Promise.resolve(value)
```

如果 dispatch_1_value 对象中有 then 方法，则一定会继续执行并打印出 4，然后执行 return Promise.resolve(value)就可以获得返回值。此时如果还有一个 then 方法，则会打印出 2。

通过上面的介绍，我们已经清楚知道了中间件的执行原理，下面演示基于中间件的“1342”示例，代码如下。

```
function(ctx, next){
  console.log(1)
  reutrn Promise.resolve(
    console.log('3')
    return Promise.resolve(

    )
    .then(function(){
      console.log('4')
    })
  )
  .then(function(){
```

```
    console.log(2)
  })
}
```

至此，你应该已经理解为什么 app.js 上挂载两个中间件会输出 1342 这样的结果了。

虽然 koa-compose 是底层核心库，不过也是可以用在开发过程中的，而且有时候会给开发带来意想不到的便利性。下面我们来看一个例子。

```
const compose = require('koa-compose')

module.exports = (ctx, next) => {
  return compose([
      (ctx, next) => {
        // 中间件
        return next()
      }
      ,(ctx, next) => {
        return ctx.render('views/template.html', {
          title: '更了不起的 Node.js'
        })
      }
  ])(ctx, next)
}
```

通过以上代码可以看出，koa-compose 可以将多个中间件组合成一个中间件，如果可以这样使用，在某些场景下是非常方便的。

2. 改进探索原理一节中探索 3 的 app.js

笔者想将 app.js 修改为和 Koa 源码更接近的样子，修改后的代码如下。

```
'use strict'

const co = require('co');
const debug = require('debug')('v1')
const convert = require('koa-convert')
const isGeneratorFunction = require('is-generator-function');

module.exports = {
  middleware :[],
  use: function (fn) {
    if (isGeneratorFunction(fn)) {
      console.log('Support for generators will been removed in v3. ' +
                'See the documentation for examples of how to convert old middleware ' +
                'https://github.com/koajs/koa/tree/v2.x#old-signature-middleware-v1x');
      fn = convert(fn);
```

```
    }
    this.middleware.push(fn);
    return this;
  },
  compose: function (middleware) {
    return function (context, next) {
      // 最后调用的中间件
      let index = -1
      return dispatch(0)
      function dispatch (i) {
        if (i <= index) return Promise.reject(new Error('next() called multiple times'))
        index = i
        const fn = middleware[i] || next
        if (!fn) return Promise.resolve()
        try {
          return Promise.resolve(fn(context, function next () {
            return dispatch(i + 1)
          }))
        } catch (err) {
          return Promise.reject(err)
        }
      }
    }
  },
  callback: function () {
    const fn = this.compose(this.middleware);
    debug('callback compose fn = ' + fn)

    var ctx = {

    }

    fn(ctx).then(function(){

    })
  }
}
```

上述代码与之前的 app.js 相比，主要变化在 use 函数里。

```
use: function (fn) {
  if (isGeneratorFunction(fn)) {
    console.log('Support for generators will been removed in v3. ' +
            'See the documentation for examples of how to convert old middleware ' +
            'https://github.com/koajs/koa/tree/v2.x#old-signature-middleware-v1x');
    fn = convert(fn);
  }
  this.middleware.push(fn);
```

```
  return this;
},
```

上面 use 函数中的核心代码如下。

```
  if (isGeneratorFunction(fn)) {
    console.log('Support for generators will been removed in v3. ' +
              'See the documentation for examples of how to convert old middleware ' +
              'https://github.com/koajs/koa/tree/v2.x#old-signature-middleware-v1x');
    fn = convert(fn);
  }
```

如果 fn 是生成器函数（Koa v1 中间件），则需要通过 convert 进行转换，转换时结合 co 模块，具体方法如下。经过转换，原函数变为 ES6 Generator 函数，这样就保证了所有 compose 里的中间件写法是统一的。

```
const converted = function (ctx, next) {
  return co.call(ctx, mw.call(ctx, createGenerator(next)))
}
```

3. 从 Koa v1 到 Koa v2

有的读者会问，为什么上面的例子都是基于 Koa v1 的，而你却推荐使用 Koa v2？不要着急，听我慢慢道来。

Koa v1 的中间件机制其实就是将 compose([f1, f2, ..., fn])转化为 fn(...f2(f1(noop())))，最终的返回值是一个生成器函数。而 Koa v2 的中间件机制是将 compose([f1, f2, ..., fn])转化为 f1(...f(n-1)(fn(noop())))，最终的返回值是一个 function (context, next) {}。即使返回值是 function *(next){}，也会被转换成 function (context, next) {}，这就是 convert 的向后兼容特性的体现。

2.1.4 常用中间件

根据中间件在整个 HTTP 处理流程中的位置，大致可以将中间件分为 3 类，具体如下。

- Pre-Request：通常用来改写请求的原始数据。
- Request/Response：大部分中间件都在这里，功能各异。
- Post-Response：进行全局异常处理，改写响应数据等。

以下为独立集成各种中间件的 Koa 用法。

```
"koa": "^2.0.0",
"koa-compress": "^2.0.0",
"koa-conditional-get": "^2.0.0",
"koa-etag": "^3.0.0",
"koa-favicon": "^2.0.0",
"koa-static": "^3.0.0",
```

以上代码的说明如下。

- koa-compress 是实现 gzip 压缩的中间件。
- koa-conditional-get 和 koa-etag 是供 ETag 使用的中间件。
- koa-favicon 是简单的 Favicon 中间件。
- koa-static 是提供静态 HTTP 资源托管的中间件。

从学习的角度来看，除了要了解中间件及其作用，还要知道应该在什么场景下使用它们，以及如何进行测试。

2.2　路由

Express 框架非常好的一点是，它内置了路由、视图等必备中间件。Koa 中虽没有内置的路由，可能会带来麻烦，但好在 Koa 中可以使用中间件。从这一点上可以看出两者设计初衷的不同，Koa 是小而美的设计，更利于开发者进行深度定制。

2.2.1　koa-router

Koa 中可用的路由非常多，Koa 官方就给出了 3 个，分别是 route、trie-router 和 joi-router。它们都非常简单，可以应用在小型项目中。但对于有 Express 开发背景的人来说，肯定更希望使用和 Express 的路由风格类似的路由，这样会更简单。这其实是很多人的共性需求，为了实现这一需求，koa-router 这个开源项目便诞生了。

koa-router 的特性如下。

- 属于 Express 风格的路由，使用 app.get、app.put、app.post 等，可以通过指定方法来访问请求。
- 支持 HTTP 状态码（405 方法不允许，501 方法未实行）。

- 支持多个路由中间件。
- 支持多路由。
- 支持嵌套路由。
- 支持 async/await 写法（koa-router v7.x）。

koa-router 的版本说明如下。

- koa-router v5.x 适用于 Koa v1。
- koa-router v7.x 适用于 Koa v2，并且支持 async/await 写法。

以前使用 koa-router 还是比较麻烦的，因为要区分版本，现在大家都直接使用 Koa v2 了，所以安装最新版本更好。

从最简单的示例开始

下面以 Koa v2 版本为例，演示最简单的 koa-router 用法。

```
$ npm init
$ npm install --save koa
$ npm install --save koa-router
```

app.js 代码如下。

```
const Koa = require('koa');
const app = new Koa();
const router = require('koa-router')();

router.get('/', function (ctx, next) {
  ctx.body = 'Hello Koa 2.x with router';
});

app
  .use(router.routes())
  .use(router.allowedMethods());

app.listen(3002);
```

启动服务器时需要在终端键入如下命令。

```
$ node app.js
```

然后在浏览器中访问刚启动的服务器地址 http://127.0.0.1:3002/（如果不能访问，请关闭 VPN 代理）。

以上代码中的核心解读如下。

（1）使用时需要先进行 require 操作。注意后面的括号，不要漏写。

```
const router = require ('koa-router')();
```

（2）进行路由定义。

```
router.get('/', function (ctx, next) {
  ctx.body = 'Hello Koa 2.x with router';
});
```

其中，get 是 HTTP 动词对应的请求方法，'/'是路由路径，function(ctx, next){}是处理该路径的 Koa 中间件（中间件可以有多个）。核心的操作在 Koa 中间件中进行。

（3）将路由挂载到 app 上。挂载方法很简单，一行代码就可以搞定。

```
app.use(router.routes()).use(router.allowedMethods());
```

为什么会有路由

第 1 章讲 Node.js Web 框架演进的时候说过，多 URL 处理非常麻烦，因而 Connect、Express、Koa 这些框架诞生了。一个完整的 Web 工程需要提供很多服务，在这种情况下，多 URL 的弊端也是极其明显的。

下面来看一下中间件是如何处理多 URL 的。

方式 1：使用 if/else 语句处理，代码如下。

```
const Koa = require('koa');
const app = new Koa();

// response
app.use(ctx => {
  if (ctx.path === '/topic') {
   ctx.body = ' Hello Koa ' + ctx.path + ' a='+ ctx.query['a'];
  }

   ctx.body = ' Hello Koa with default path = ' + ctx.path  ;
});
```

```
app.listen(3000);
```

方式 2：使用多个中间件处理，代码如下。

```
const Koa = require('koa');
const app = new Koa();

// response
app.use(ctx => {
  if (ctx.path === '/topic') {
   ctx.body = ' Hello Koa ' + ctx.path + ' a='+ ctx.query['a'];
  }
});

app.use(ctx => {
   ctx.body = ' Hello Koa with default path = ' + ctx.path  ;
});

app.listen(3000);
```

这两种方式只适合在一个中间件中处理差异。很明显，后一种方式好于前一种。可是每次都要判断 ctx.path（如下面的代码所示），大家是不是觉得很麻烦？

```
  if (ctx.path === '/topic') {
   ctx.body = ' Hello Koa ' + ctx.path + ' a='+ ctx.query['a'];
  }
```

为了把这些细节隐藏起来，路由便产生了，它的本质其实就是对 ctx.path 进行抽象。如果各位读者有兴趣，可以翻阅一下 koa-router 中的源码。

路由的实现原理简单说明如下。

- 定义路由。
- 路由的路径会被转译成正则表达式。
- 匹配请求，使用中间件进行处理。

koa-router 模块的核心是路由解析，使用的是 path-to-regexp 模块。Express 使用这个模块做路由解析，koa-router 项目中用的也是这个模块，所以 Express 和 Koa 的路由使用风格是一致的。

对比 Express 路由

Express 里路由的定义如下。

```
router.get('/', function(req, res, next) {
  res.render('index', { title: 'Express' });
});
```

koa-router 路由的定义如下。

```
router.get('/', function (ctx, next) {
  ctx.body = 'Hello Koa 2.x with router';
});
```

整体来看，二者风格是相同的，差别在于中间件的写法，所以还是中间件决定了路由的定义方式。path-to-regexp 模块是 Express 和 koa-router 共用的解析路径的模块，所以它们支持的 URL 风格也是一样的。以 URL 命名参数为例看一下具体的路由解析结果。

```
var re = pathToRegexp('/:foo/:bar', keys)
// keys = [{ name: 'foo', prefix: '/', ... }, { name: 'bar', prefix: '/', ... }]

re.exec('/test/route')
//=> ['/test/route', 'test', 'route']
```

2.2.2　路由详解

koa-router 非常强大，提供了多种路由解析方式。本节将从路由常见用法、路由与中间件的关系、HTTP 动词等方面详细解读路由相关知识。

路由常见用法

下面看一下路由的常见写法。我们首先创建 router.verb()方法，这里的 verb 指的是 HTTP 动词，比如 router.get()或 router.post()等。然后匹配 URL 模式，通过 router.verb()的回调函数完成具体的业务逻辑。示例如下。

```
router
  .get('/', function (ctx, next) {
    ctx.body = 'Hello World!';
  })
  .post('/users', function (ctx, next) {
    // ...
  })
```

```
  .put('/users/:id', function (ctx, next) {
    // ...
  })
  .del('/users/:id', function (ctx, next) {
    // ...
  });
```

路由的路径会被转译成正则表达式，用于匹配请求。匹配请求时只和路径有关，Query String 是不会被考虑在内的，这一点在定义路由时要搞清楚。例如 GET /会匹配下面的路由，也会匹配 GET /?name=i5ting。

```
router.get('/', function (ctx, next) {
  ctx.body = 'hello world';
});
```

具名路由指的是路径包含占位符:xxx 的。比如'/users/:id'，当 URL 是'/users/123'时，id 就是 123，即:id 会被从正则表达式里提取出来。

具名路由参数通过 ctx.params 来获取，代码如下，这一点和 Express 里的 req.params 是一样的。

```
router.get('/users/:id', function (ctx, next) {
  console.log(ctx.params);
  // => { id: 'how-to-node' }
});
```

通过这种方式来表示 URL 里可变内容的状态是非常好的。

正则表达式是非常强大的，其实 koa-router 的路由也可以用正则表达式来处理，例如下面这段代码会匹配“GET /commits/71dbb9c”，包括“GET /commits/71dbb9c..4c084f9”。

```
router.get(/^\/commits\/(\w+)(?:\.\.(\w+))?$/, function(ctx, next) {
  var from = ctx.params[0];
  var to = ctx.params[1] || 'HEAD';
  ctx.body = 'commit range ' + from + '..' + to;
});
```

还有一种常见的路由是嵌套路由，即不同实体之间是一对多的关系。为了表示这种关系，可以在 URL 中表述该状态，比如一个论坛中有多个帖子，那么该如何表示出这个论坛的所有帖子呢？示例代码如下。

```
var forums = new Router();
var posts = new Router();

posts.get('/', function (ctx, next) {...});
```

```
posts.get('/:pid', function (ctx, next) {...});
forums.use('/forums/:fid/posts', posts.routes(), posts.allowedMethods());

// responds to "/forums/123/posts" and "/forums/123/posts/123"
app.use(forums.routes());
```

总结一下路由的 4 种常见形式，对比如下。

- 普通路由：'/users'。
- 具名路由：'/users/:id'。
- 正则路由：/^\/commits\/(\w+)(?:\.\.(\w+))?$/。
- 嵌套路由：上面多种路由形式的组合。

路由也是中间件

路由的定义方法如下。

```
router.use([path], middleware, [...]) ⇒ Router
```

来看一个简单的路由示例，代码如下。

```
router.get(
  '/users/:id',
  function (ctx, next) {
    return User.findOne(ctx.params.id).then(function(user) {
      ctx.user = user;
      return next();
    });
  },
  function (ctx) {
    console.log(ctx.user);
    // => { id: 17, name: "Alex" }
  }
);
```

在这个例子里，第一个中间件根据 ID 查询到的用户，先被绑定到了 ctx 对象上，然后交给了下一个中间件进行处理。接着，第二个中间件根据第一个中间件产生的 ctx.user 完成某些内容，最终决定返回何值。

那么，由多种中间件组成的路由可以完成哪些事情呢？具体如下。

- 解耦代码，将代码拆分得更细致。

- 实现模块化，通过组装中间件来完成逻辑。
- 实现权限类、日志类的 AOP（面向切面编程）。
- 实现与 Hook（钩子代码）类似的抽象。

HTTP 动词

以前大家都认为管理信息系统（MIS）就是要实现增、删、改、查（CRUD）操作，认为这种操作没有什么技术含量，其实真正能把 CRUD 写明白也不是一件容易的事。

这里给出一个基于 RESTful 风格实现 7 个路由的例子。

```
"use strict";

var router = require('koa-router')();
const co = require('co');

var $middlewares  = require('mount-middlewares')(__dirname);

// 核心控制器 controller
var $ = require('mount-controllers')(__dirname).users_controller;

/**
 * 自动生成的 RESTful 风格的路由
 *
 * URL 路由:
 *
 *  GET    /users[/]        => user.list()
 *  GET    /users/new       => user.new()
 *  GET    /users/:id       => user.show()
 *  GET    /users/:id/edit  => user.edit()
 *  POST   /users[/]        => user.create()
 *  PATCH  /users/:id       => user.update()
 *  DELETE /users/:id       => user.destroy()
 *
 */

router.get('/new', $.new);
router.get('/:id/edit', $.edit);
router.get('/', $.list);
router.post('/', $.create);
router.get('/:id', $.show);
router.patch('/:id', $.update);
router.delete('/:id', $.destroy);
```

```
// -- 下面可以放自定义路由
...

module.exports = router;
```

其中 4 个路由分别了实现增、删、改、查（CRUD）操作，如下。

- GET /users[/] => user.list()
- POST /users[/] => user.create()
- PATCH /users/:id => user.update()
- DELETE /users/:id => user.destroy()

另外 3 个路由是用于页面渲染的，如下。

- GET /users/new => user.new()
- GET /users/:id => user.show()
- GET /users/:id/edit => user.edit()

我们先来看一下 CRUD 对应的请求方法，具体如下。

- get：用于请求资源。
- post：用于创建资源。
- patch：用于更新资源。
- delete：用于删除资源。

其他方法

我们来介绍一个 router.all 方法，这个方法和 router.get、router.put、router.post、router.patch、router.delete 是一样的，唯一不同的是，无论是 GET、PUT、POST、PATCH、DELETE 中的哪个动词，这个方法都能响应。router.all 能匹配所有的 HTTP 动词，简单示例如下。

```
router.all('/login', function (ctx) {
  ctx.redirect('/sign-in');
  ctx.status = 301;
});
```

除了匹配所有动词，router.all 几乎无其他优势，因为 GET 和 POST 处理请求的方法是不同的，所以 router.all 里的逻辑无法兼容 GET 或 POST，它只能完成与表单无关的功能。

router.all 的常见使用场景如下。

- 同时支持多种 HTTP 动词。
- 快速实现功能，不需要深究语义。比如上面代码里的重定向功能，任何 HTTP 动词都可以访问。

注意，真正的业务代码中不推荐使用这种方法。

2.2.3 将路由放到目录里

如果把路由定义都放在 app.js 里，那么当项目非常庞大的时候，路由会占用相当多的空间，无法进行分离、查找、定位。所以 express-generator 里给出的方案是将路由分离到 routes 目录里。

下面是经典的 Express 目录。

```
$ tree . -L 2
.
├── app.js
├── bin
│   └── www
├── package.json
├── public
│   ├── images
│   ├── javascripts
│   └── stylesheets
├── routes
│   ├── index.js
│   └── users.js
└── views
    ├── error.jade
    ├── index.jade
    └── layout.jade

7 directories, 8 files
```

下面我们根据 Express 的目录，实现一个 Koa 版本的加载路由的例子。

（1）在终端里执行如下命令，创建 routes 目录。

```
$ mkdir routes
```

在终端里执行如下命令，创建第一个路由 index.js 文件。

```
$ touch routes/index.js
```

在 index.js 文件里键入以下代码，我们就完成了路由的创建。

```
var router = require('koa-router')();

router.get('/',  (ctx, next) => {
  ctx.body = 'Hello Koa 2.x with routes';
})

module.exports = router;
```

将路由代码挂载到 app.js 上，操作如下。

```
const Koa = require('koa');
const app = new Koa();
const router = require('koa-router')();

const index = require('./routes/index');
const users = require('./routes/users');

router.use('/', index.routes());
router.use('/users', users.routes());

app
  .use(router.routes())
  .use(router.allowedMethods());

app.listen(3002);
```

至此，我们就完成了一个简单的根据目录来加载路由的例子。下面我们通过另一种方式来实现同样的功能。

（2）通过前缀方式，创建 routes2 目录，代码如下。

```
$ mkdir routes2
```

创建第一个路由 index.js 文件，在终端里执行命令如下。

```
$ touch routes2/index.js
```

在 index.js 文件里键入以下代码，完成路由创建。

```
var router = require('koa-router')();

router.prefix('/')
```

```
router.get('/',  (ctx, next) => {
  ctx.body = 'Hello Koa 2.x with routes';
})
module.exports = router;
```

将路由代码挂载到 app.js 上，操作如下。

```
const Koa = require('koa');
const app = new Koa();
const router = require('koa-router')();

const index = require('./routes2/index');
const users = require('./routes2/users');

app.use(index.routes());
app.use(users.routes());

app.listen(3002);
```

上面两种方式的区别如下。

- 使用 routes 目录时，我们需要在 app.js 里嵌入一个路由，然后通过该路由包裹 routes 里的路由，即 router.use('/', index.routes());，最后再通过 app.use (router.routes())挂载路由。
- 使用前缀方式时，我们需要在 app.js 里直接使用 routes2 里的路由 app.use(index.routes());，在具体的路由里通过 router.prefix('/')来实现路径定义。

其实，下面这样的隐晦写法也可以实现上面的功能，但无法把路径放到中间件前面。

```
const Koa = require('koa');
const app = new Koa();
const index = require('./routes/index');

app.use(index.routes());

app.listen(3002);
```

即使用 router.use，而不用 app.use，把路径写到路由里也比较麻烦，并且和 Expresss 的风格相差很大，所以这里推荐使用第一种写法。

将路由放到 routes 目录中，理解起来非常简单。app.js 是不变的，而路由可能有多个，即路由是可变的，所以把可变的路由抽取到目录里，可以让路由定义更灵活，做到耦合程度更低。

总结一下，koa-router 是与 Express 路由风格类似的路由开源项目，如果原本就会 Express，则学习 koa-router 会觉得特别简单。当然，koa-router 还有很多更强大的功能，限于篇幅，这里没有细讲。通过本节的学习，大家能理解什么是路由、为什么要把路由分离出去，以及路由常用方法就可以了。

2.3 视图

按照 koa-generator 里的选型，Koa 默认使用的视图模板引擎仍然是 Pug。如果想使用其他模板引擎，可以在命令行参数里进行指定。虽然 Koa 本身没有绑定任何中间件，但与视图相关的 Koa 中间件还是非常丰富的。从目前的情况来看，koa-views 是最好用的一个。在 Koa v1 时代，co-views 用得也比较多，不过已经随着 co/Generator 的普及而被大家慢慢遗忘了。

2.3.1 koa-views

JavaScript 世界里有无数的模板引擎，甚至写几十行代码就能实现一个，其中比较有名的模板引擎有几十种。所有这些模板引擎都能在 Node.js 里使用，当然也就能在 Koa 框架里使用。所有被 consolidate.js 模块支持的模板引擎都是非常常用的。

下面是一个比较典型的在 Koa v2 中使用模板引擎的例子。

```
// 引入 'koa-views' 插件
const views = require('koa-views')

// 通过 app.use()绑定到 app 上，实际上是给 app 对象增加 ctx.render 方法的绑定
app.use(views(__dirname + '/views', {
  extension: 'pug'
}))

// 使用 ctx.render 方法进行视图渲染
app.use(async (ctx, next) => {
  ctx.render('index', {title: 'Hello Koa v2'})
})
```

上面的代码首先引入了 koa-views 中间件，之后通过 app.use()绑定到了 app 上，实际上是给 app 对象增加了 ctx.render 方法的绑定。最后，在后面的中间件里可以使用 ctx.render()方法进行视图渲染。由于 koa-views 是全局的中间件，可以拦截所有请求，所以后面的所有中间件都可以使用 ctx.render()方法进行视图渲染。

Koa 提供了 ctx.state 内置对象，并将其作为上下文状态存储。编译模板引擎的时候，模板

引擎中的 data 和 ctx.state 会合并，合并结果将作为模板引擎使用的最终 data。示例如下。

```
app.use(async function (ctx, next) {
  ctx.state = {
    session: this.session,
    title: 'app'
  };

  await ctx.render('user', {
    user: 'John'
  });
});
```

2.3.2 默认模板引擎 Pug

Pug（原名 Jade）是由 TJ Holowaychuk（TJ）开发的一款高性能、简捷、易懂的模板引擎，是 Haml 的 JavaScript 实现版本，在服务器端（包括 Node.js）及客户端均被支持。Haml 在 RoR 里本来就很好用，所以基于它创造出 Pug 也是必然的。后来 express-generator 内置了 Pug，所以很多 Node.js 开发者对它都比较熟悉。

Pug 是极简模式的模板引擎。一般的 HTML 写法都很麻烦，可能含有各种标签，比如<div class='xxx'><p>yyy</p></div>，但通过 Pug 来写就变得简单很多，代码如下。

```
.xxx
  p yyy
```

首先，不需要写标签，使用的是选择器，默认标签是 div（可以不写）。其次，嵌套关系采用 Tab 或空格来控制，和 Python 有点像。

这种写法好处很多，当然也增加了抽象性，编写时需要在头脑中进行转换，所以很多人并不适应。习惯 Pug 的最好办法是，找一段已写好的 HTML 代码，用 Pug 重写一遍。但如果你是新手，且没有直接用 Pug 写过页面，你会发现用 Pug 重写 HTML 代码是很困难的。对于复杂的页面，如果写代码前没有规划好，最终就会变成灾难。

后面的章节还会详细讨论模板用法，本节只进行简单演示。

2.3.3 views 目录模板说明

在 routes/index.js 路由里，渲染模板代码如下。

```
const router = require('koa-router')()

router.get('/', async (ctx, next) => {
  await ctx.render('index', {
    title: 'Hello Koa 2!'
  })
})
```

我们可以通过 ctx.render 来渲染模板引擎。ctx.render 的参数包括以下两个。

- 模板文件：其实就是 views/index.pug，相对位置在 views 目录下。
- 模板编译需要的数据：普通的 JSON 数据即可。

下面来看一下 views/index.pug 的具体代码。

```
extends layout

block content
  h1= title
  p Welcome to #{title}
```

首先，它继承自 layout.pug，这体现了 Pug 模板引擎提供的继承功能，可以有效减少代码量。这里的 block 也是 Pug 提供的特性。

再来看一下 views/layout.pug 的具体代码，如下。

```
doctype html
html
  head
    title= title
    link(rel='stylesheet', href='/stylesheets/style.css')
  body
    block content
```

除了常规的代码，这里还有一个 block content。模板也要区分可变与不变部分，这里的 block content 其实就是可变部分，由继承自该布局的模板实现。也就是说，views/index.pug 里的 block content 中的内容会填充到布局里的 block content 中。

这里可以“脑补”一下填充后的结果，如下。

```
doctype html
html
  head
    title= title
    link(rel='stylesheet', href='/stylesheets/style.css')
```

```
body
  // ----来自 index.pug-----
  h1= title
  p Welcome to #{title}
  // ----来自 index.pug-----
```

使用布局的好处是非常明显的，尤其是当有多个页面复用统一的布局时。比如整个 Web 应用的报错页面是 views/error.pug，这个页面的布局也是继承自 layout.pug 的，代码如下。

```
extends layout

block content
  h1= message
  h2= error.status
  pre #{error.stack}
```

2.3.4 consolidate.js

consolidate.js 是一款 JavaScript 模板引擎整合模块，支持现今流行的多种模板引擎，是功能强大的模板引擎整合库。koa-views 模块的核心部分就使用了它，代码如下所示。

```
var cons = require('consolidate');

cons.pug('views/index.pug', { user: 'tobi' }, function(err, html){
  if (err) throw err;
  console.log(html);
});
```

讲 consolidate.js 的目的是帮读者理解 koa-views 的原理。模板引擎编译本身是耗时且费力的操作，所以一般要加上视图层的模板编译处理，这样性能压测的结果会差一些，QPS（每秒查询率）会有明显下降。这时配合一些配置项，进一步优化视图提升性能是非常必要的。

其实，最简单高效的优化思路还是为其加上模板编译结果的缓存。在 consolidate.js 里，启用或禁用缓存很简单，通过{ cache: true/false }即可实现。引擎可以使用此选项来缓存读取模板文件的内容和编译结果。对于所有引擎，consolidate.js 会将模板的便以结果进行缓存，有效提升性能，非常适合在生产环境中使用。

2.4 静态服务模块

在 koa-generator 示例里，我们使用了 koa-static 模块来托管静态资源。koa-static 是 Koa 官方提供的静态服务器模块，简单实用。本节将主要围绕 koa-static 来讲解静态服务器相关原理和实现。

2.4.1　koa-static

在 app.js 里，若想指定当前目录为托管目标，代码如下。

```
const serve = require('koa-static')
const Koa = require('koa')
const app = new Koa()
// $ GET /package.json
app.use(serve('.'))
app.listen(3000)
```

在终端中，执行 app.js 启动服务器，并通过 curl –i 进行测试，代码如下。

```
$ curl -i http://127.0.0.1:3000/package.json
HTTP/1.1 200 OK
Content-Length: 302
Last-Modified: Mon, 08 Jul 2019 06:54:08 GMT
Cache-Control: max-age=0
Content-Type: application/json; charset=utf-8
Date: Mon, 08 Jul 2019 07:00:39 GMT
Connection: keep-alive
{
  "name": "koa-static-demo",
  "version": "1.0.0",
  "description": "",
  "main": "index.js",
  "scripts": {
    "test": "echo \"Error: no test specified\" && exit 1"
  },
  "keywords": [],
  "author": "",
  "license": "ISC",
  "dependencies": {
    "koa": "^2.7.0",
    "koa-static": "^5.0.0"
  }
}
```

以上是通过 HTTP 访问 package.json 文件的代码，通过控制台打印出来的结果可以得到如下结论。

- Content-Type 是 application/json。
- HTTP 状态是 200，表示成功响应。

- 代码尾部为 package.json 内的 JSON 数据。

经过这个过程，我们可以得到一个文件，通过文件后缀可以获得 HTTP 访问能力，这个能力实际上就是静态服务器提供的。这里是 package.json，前端常用的 JavaScript、CSS 等都可以通过静态服务器提供。

那么，静态资源托管具体是怎么实现的呢？实际上，通过 npm info koa-static，你会发现 koa-static 依赖两个模块，分别是 debug 和 koa-send，其中 koa-send 是核心模块。

在 koa-static 源码的 index.js 文件里，最核心的实现如下。

```
const send = require('koa-send')
…
function serve (root, opts) {
  …
  return async function serve (ctx, next) {
    await next()
if (ctx.method !== 'HEAD' && ctx.method !== 'GET') return

    if (ctx.body != null || ctx.status !== 404) return // eslint-disable-line
    try {
      await send(ctx, ctx.path, opts)
    } catch (err) {
      if (err.status !== 404) {
        throw err
      }
    }
  }
}
```

由上面的示例可以看出，其中的核心是 send 方法，即 koa-send 提供的。通过源码进行学习是非常好的方法。查找源码思路时，首先要查看 npm 信息，一般可以到 GitHub 的仓库地址上查看，也可以通过 npm 安装包的文件进行查看。另外也可以在 GitHub 上直接搜索，注意搜索关键字，搜索也是程序员必备的能力。

注意，像 koa-static 这样的小模块，是非常适合深入学习的。尤其是配置项处理、异常处理等细节，最能体现开发者的功夫。对笔者而言，即使是十年以上的开发者依然有很多细节需要学习。

2.4.2 koa-send

其实，为上面的 package.json 提供 HTTP 服务是非常简单的，在 Koa 里，可以像下面这样实现。这里主要是为了读取文件，设置 Content-Type。

```
app.use(function (ctx) {
  const fs = require('fs')
  const result = fs.readFileSync('./package.json').toString()
  ctx.type = 'json'
  ctx.body = result
})
```

这个示例仅针对 package.json 进行操作，如果我们要读取某个目录下（含子目录）的所有文件，这样写起来很明显是不优雅的。另外，文件是否存在，异常如何处理等，也是需要考虑的。

koa-send 做的就是这件事——提供一个相对完善且小而美的处理静态文件的 Koa 中间件，同样提供对 package.json 的 HTTP 服务，用法如下。

```
const Koa = require('koa')
const send = require('koa-send')
const app = new Koa()
app.use(async (ctx) => {
  // await send(ctx, ctx.path, { root: __dirname + '/public' })
  await send(ctx, './package.json')
})
app.listen(3000)
```

这里直接返回了一个文件，我们也可以通过 root 选型指定目录，这样就和 koa-static 一样了。

翻看一下 koa-send 的源码，其实现原理也是非常简单的。

```
if (!ctx.type) ctx.type = type(path, encodingExt)
ctx.body = fs.createReadStream(path)
```

其中 ctx.type 是根据文件后缀来设置 Content-Type 的便捷方法，代码如下。

```
function type (file, ext) {
  return ext !== '' ? extname(basename(file, ext)) : extname(file)
}
```

至此，koa-send 原理已经讲解完毕，总结如下。

- 设置 Content-Type，可通过文件后缀进行设置。
- 以 Stream 的形式为 ctx.body 赋值，这种方式比 fs.readFileSync 更高效。

其实，Koa 的 API 设计得是非常人性化的，其中的很多小细节，乃至 API 粒度，都非常值得研究。

2.4.3 koa-mount

在 Express 里，有一个关于静态服务器的便捷功能，它可以指定静态服务器的请求前缀，代码如下。

```
app.use('/static', express.static('public'))
```

很明显，这是非常方便的功能，也是很有必要的。但 koa-static 这样的根目录层面的模块，不能用来设置请求前缀，如果想实现这个功能，就需要用到 koa-mount。

koa-mount 是一个将中间件挂载到指定路径的 Koa 中间件。它可以挂载任意 Koa 中间件。前面讲过，koa-static 是 Koa 中间件，所以 koa-mount 和 koa-static 结合，就可以实现和 Express 一样的静态服务器带有请求前缀的功能，代码如下。

```
const Koa = require('koa')
const serve = require('koa-static')
const mount = require('koa-mount')
const app = new Koa()
// app.use(serve('.'))
app.use(mount('/static', serve('.')))
app.listen(3000)
```

此时，访问 http://127.0.0.1:3000/static/package.json，和 2.4.1 节中示例的执行结果是一样的。

2.4.4 koa-serve-static

熟悉 Koa 和 Express 原理的人都知道，这两个框架的 req 和 res 是互通的，转化一下即可。基于上面的原理，知名 Node.js 开发者蔡芳敦实现了 koa-serve-static 模块。serve-static 是 Express 中间件，参数 req 和 Koa 中间件里的 ctx.req 是一样的。

koa-serve-static 的实现原理是非常简单的，但功能却非常强大，性能也非常好，示例代码如下。

```
const originalServeStatic = require('serve-static')
function serveStatic (root, options) {
  const fn = originalServeStatic(root, options)
  return (ctx, next) => {
    return new Promise((resolve, reject) => {
      // 处理业务逻辑
      ...
```

```
    })
  }
}
```

2.5　本章小结

通过本章的学习，你应该已经掌握了 Koa 的核心扩展机制——中间件的相关知识。除了学会中间件机制和原理，你现在也应该学会了常见中间件路由、视图、静态服务器相关知识，以及自己编写中间件的方法。如果你能掌握本章的内容，你将可以应付绝大部分的应用场景。

能够根据源码理解原理是一种能力，能够洞察需求并实现是一种境界，希望大家能够在开源世界里掌握自学的能力，如果能够洞察需求，自然是更好的。

第 3 章

HTTP 必知必会

最常使用 Node.js 的场景是 Web 应用开发，而 HTTP 作为 Web 应用的底层协议，是学习过程中的必备知识。除了请求应答模型，与 Node.js 自身的 http 模块有关的 Stream 模块和 EventEmiter 模块也需要了解，这样对我们更好地理解 Node.js 的高性能原理是很有帮助的。所有衍生的场景都是与前端相关的，比如如何利用 Node.js 来查看性能的优化情况，以及代理、HTTPS、HTTP2 的使用情况，在这一章中，我们就来了解一下 HTTP。

本章内容相对偏底层，我们会结合 Node.js SDK API 来深入讲解 Node.js，相信这会是一个相当不错的方式。

3.1 请求响应模型

超文本传输协议（简称 HTTP）是互联网上应用最为广泛的一种网络协议。最初设计 HTTP 是为了提供一种发布和接收 HTML 页面的方法。通过 HTTP 或 HTTPS 请求的资源由统一资源标识符（Uniform Resource Identifiers，URI）来标识。

HTTP 是由万维网协会（World Wide Web Consortium，W3C）和互联网工程任务组（Internet Engineering Task Force，IETF）合作发展起来的，它们发布了一系列的 RFC 规范，其中最著名的是 1999 年 6 月发布的 RFC 2616，该规范定义了 HTTP 中使用最为广泛的一个版本——HTTP 1.1。

2014 年 12 月，IETF 的 HTTPbis 工作小组将 HTTP/2 标准提议递交至 IESG 进行讨论，该标准于 2015 年 2 月 17 日被批准并于 2015 年 5 月被正式发布（基于 RFC 7540），成了代替 HTTP 1.1 的新的 HTTP 实现标准。

HTTP 是客户端（用户）和服务器端（网站）之间进行请求和应答的标准。通过使用 Web 浏览器、网络爬虫或其他工具，客户可以发起一个 HTTP 请求到服务器的指定端口（默认端口为 80）。应答的服务器上存储着一些资源，比如 HTML 文件、CSS 和图像等。在用户代理和源服务器中间可能存在多个“中间层”，比如代理服务器、网关或隧道。

从图 3-1 中可以看出，HTTP 部分是浏览器（或其他客户端）和服务器之间沟通的桥梁，核心是请求（Request）和响应（Response）。

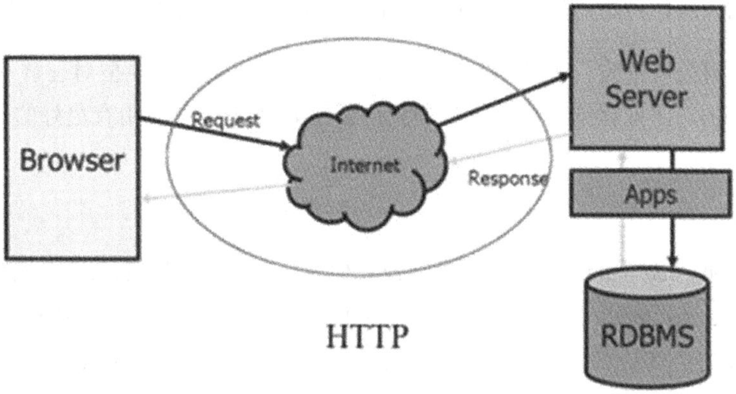

图 3-1

HTTP 属于无状态协议，请求在每次响应后就会结束。下面我们通过 Node.js 创建一个简单的 HTTP 服务，代码如下。

```
const http = require('http')
const PORT = 3000

http.createServer((req, res) => {
  console.log(`${req.method} ${req.url}`)
  // 设置响应状态码和 Headers
  res.writeHead(200, {'Content-Type': 'text/plain'})

  // 设置响应向浏览器写入内容
  res.end('Hello Node.js\n')
}).listen(PORT)

console.log(`Server running at http://127.0.0.1:${PORT}/`)
```

在终端里执行如下命令来启动服务器。

```
$ node http/hello_node.js
Server running at http://127.0.0.1:3000/
```

下面解释一下这段代码是如何运行的。

- 引入 http 模块。
- 通过 http.createServer 方法创建一个 Server 实例，参数是 requestListener 函数，一般形式为 function (req, res) { ... }。这里的 req 表示请求，res 表示响应。
- 通过 listen 方法来启动 Server 实例。

Server 的绝大部分功能都在 requestListener 函数里实现，上面的代码是最简单的实现。

对于大多数开发者而言，理解 HTTP 至关重要，掌握请求响应模型对理解 HTTP 的无状态性是非常有帮助的。下面详细说明请求与响应，以期大家对 Web 应用有更好的理解。

3.1.1　请求

在上面代码中，req 上的内容是浏览器（或其他客户端）向服务器发送过来的请求中包含的信息，比如这里的 req.method 是请求发送过来的 HTTP 动词。如果在浏览器中直接打开网址，那么 req.method 的值就是 GET；另外一个属性 req.url 是请求时的 URL 地址。比如，此时在浏览器中输入 http://127.0.0.1:3000/a?b=1，则控制台的日志如下。

```
GET /a?b=1
```

该日志所表达的意思是 req.method 的值为 GET，req.url 为/a?b=1。

3.1.2　响应

res 是指服务器返回给浏览器的响应，即服务器响应，作用是告诉浏览器如何完成渲染工作，示例代码如下。

```
// 设置响应状态码和 Headers
res.writeHead(200, {'Content-Type': 'text/plain'})
```

writeHead 的第一个参数为状态码（statusCode），它是浏览器判定服务器状态的依据。将 HTTP 状态码设置为 200，意为 OK，即客户端请求已成功。AJAX 请求成功时状态码也是 200。感兴趣的读者可以自学所有状态码对应的解释。

writeHead 的第二个参数为 HTTP Headers，即 HTTP 头部信息，用于控制浏览器，通常以键值对的形式进行配置。如果没有指定 HTTP 头部信息，Node.js 会默认其为空对象。Content-Type

是 HTTP 头部信息里比较特殊的一个，它是 MIME（Multipurpose Internet Mail Extensions，多用途互联网邮件扩展）类型的设置项，是描述消息内容类型的因特网标准，形式包括文本、图像、音频、视频及其他应用程序专用的数据。以上代码中指定 Content-Type 为 text/plain，意思是服务器期望浏览器以文本的形式展示内容。

表 3-1 列出了几种常见的消息内容类型。

表 3-1

类　型	后　缀	Content-Type	浏览器渲染
普通文本	.txt	text/plain	文本
HTML	.html	text/html	网页
JSON	.json	application/json	JSON 文本
Gif 图片	.gif	image/gif	图片

下面看一下如何向浏览器中写入具体用于展示的数据。

```
// 设置向浏览器中写入内容作为响应
res.end('Hello Node.js\n')
```

res.end 方法是最“简单粗暴”的向浏览器写入数据的方法。其实 Node.js SDK 中提供了两个方法，分别是 res.write(chunk, encoding)和 res.end(data[, callback])（注意 API 中的 [] 代表可选项）。我们可以这样理解：HTTP 内部声明了一个 body 变量，res.write 是向 body 中写入内容的方法；而 res.end()完成了两项内容，分别是将参数 data（如果有）放到 body 里，以及向浏览器发送 body 中的所有数据。

为了更好地理解这两个方法，我们来看一个示例。

```
const http = require('http')

const app = http.createServer((req, res) => {
  console.log('${req.method} ${req.url}')
  // 设置响应状态码和 Headers
  res.writeHead(200, {'Content-Type': 'text/html'})

  // 设置响应向浏览器写入内容
  res.write("<!DOCTYPE 'html'>")
  res.write("<html>")
  res.write("<head>")
  res.write("<title>《更了不起的 Node.js》</title>")
  res.write("</head>")
  res.write("<body>")
```

```
  res.write("Hello HTML!")
  res.write("</body>")
  res.write("</html>")

  res.end()
})

app.listen(function() {
  const PORT = app.address().port

  console.log('Server running at http://127.0.0.1:${PORT}/')
})
```

简要分析一下上面这段代码，要点如下。

- 声明 app 为 http.createServer 返回值，这是比较常见的做法。
- 设置状态码为 200。
- 设置 Content-Type 为 text/html，这样浏览器会按照 HTML 形式进行渲染。
- 使用 res.write 和 res.end 向浏览器写入 HTML 代码。

值得注意的是，使用 app.listen()启动 Server 时没有指定的端口号，而需要由 Server 来随机分配端口号，具体端口号可以通过 app.address().port 来获取，示例如下。

```
const server = http.createServer(app()).listen(3000, () => {
const host = server.address().address;
 const port = server.address().port;
console.log('umi mock serve at http://%s:%s', host, port);
});
```

这种方式不是特别常用，绝大部分情况下端口号是指定的。

3.1.3 核心要点

http 模块是 Node.js 中应用最广且最具代表性的模块。抛开功能不谈，它对 Node.js 特性的支持也是模块中非常具有代表性的，而且 Stream 和 EventEmiter 都是服务器端编程领域的经典技术，值得深入学习。

本节将详细讲解 Stream 和 EventEmiter，以便大家能够更好地理解 Node.js 高效完成 I/O 密集型 HTTP 应用的原理。为了学好 Node.js Web 应用开发，我们需要掌握以下 3 个要点。

- HTTP 是 Web 应用开发的基础，我们要对协议及其应用场景有深入理解。

- EventEmiter 主要负责事件监听和处理，异步处理结合事件驱动可以获得更好的性能和易用性。
- Stream 将请求响应过程抽象成一个流并在内存中传递，便于进行大文件处理，能够提高扩展性。

Stream

Stream 是一个很古老的概念，在 UNIX 时代就已经诞生，主要是对 I/O 输入输出的抽象，核心有以下两点。

- 可以将一个大型的系统拆分成一些很小的部分作为流的一部分，通过将它们任意组装，甚至可以实现高级的流程控制。
- 不同部分之间的数据通过管道传递，在 UNIX、Linux 中可以使用“|”符号来实现流。

Node.js 内置的 Stream 模块已经被多个核心模块使用，同时也可以被用户自定义的模块使用。Stream 本身是一个抽象接口，Node.js 中有很多对象实现了这个接口，例如对 HTTP 服务器发起请求的 request 对象，以及 stdout（标准输出）。和 UNIX 类似，在 Node.js 中，流模块的基本操作符是.pipe，通过它可以直接将上一步的结果作为下一步的输入，这是非常高效的做法，尤其适合 Gulp 等 I/O 密集型操作。

Stream 在 Node.js 中继承自 EventEmitter，并且有多种实现形式，如图 3-2 所示。

Stream

Readable Stream	Writable Stream
HTTP response, on the client	HTTP request, on the client
HTTP request, on the server	HTTP response, on the server
fs read stream	fs write stream
zlib stream	zlib stream
crypto stream	crypto stream
TCP socket	TCP socket
child process stdout and stderr	child process stdin
process.stdin	process.stdout, process.stderr

图 3-2

许多著名的模块都支持 Stream，比如 request，那么为什么要推荐使用 Stream 呢？好处如下。

- Node.js 中的 I/O 操作是异步的，处理起来非常麻烦，而流式的 I/O 处理更简单高效。

- 基于 Buffer 数据结构进行操作时可以节省内存，适合处理大文件。
- 包含事件机制（继承自 EventEmiter），具有更高的效率和更好的扩展性。
- 可以通过 pipe 方法轻松地连接流和流之间的处理过程，易于组装。

在 Node.js 中，使用 Stream 是非常简单的，命令如下。

```
const stream = require('stream')
```

Node.js Stream 有 5 种流操作类型。

- Readable：可读操作类型，可以产出数据，这些数据可以被传送到其他流中，只需要调用 pipe 方法即可。
- Writable：可写操作类型，只能流进不能流出。
- Duplex：可读可写操作类型。
- Transform：转换类型，可以写入数据，然后读出结果。
- classic：经典接口，最早出现在 Node.js v0.4 中，后被重新拆分，所以现在已经不怎么使用了。

对于比较常用的 4 中流类型，其相关实现如表 3-2 所示。

表 3-2

使用场景	类型	需要实现的方法
只读	Readable	_read
只写	Writable	_write、_writev、_final
双工	Duplex	_read、_write、_writev、_final
转换	Transform	_transform、_flush、_final

使用 Stream 时，通过继承实现父类的方法，可以进一步实现具体功能，以 Writable 为例，常用写法如下。

```
const { Writable } = require('stream');

class MyWritable extends Writable {
  constructor(options) {
    super(options);
    // ...
```

```
  }

  _write(chunk, encoding, callback) {
    if (chunk.toString().indexOf('a') >= 0) {
      callback(new Error('chunk is invalid'));
    } else {
      callback();
    }
  }
}
```

介绍了 Stream 的基本概况后，下面我们将从不同方面详细讲解 Stream。

1. 原理

Stream 的精髓是将上一个输出作为下一个输入，这和 Linux 里管道的功能是一样的，比如查杀所有 Node.js 进程的命令如下。

```
$ ps -ef | grep node | awk '{print $2}' | xargs kill -9
```

以上命令的要点如下。

- ps -ef ：查看活动进程。
- grep node：过滤并获得包含 node 在内的所有进程。
- awk '{print $2}'：通过 awk 获得包含 node 在内的所有进程号。
- xargs kill -9：通过 xargs 反转进程号，并作为 kill -9 的参数。

这就是典型的管道机制，将 ps -ef 的输出结果作为 grep node 的输入参数，达到一气呵成的效果。

请求传递与过滤是 Web Server 中非常重要的功能，著名的 JavaEE 容器 Tomcat 里的 Servlet 过滤器、OkHttp 等都是基于责任链模式实现的，Node.js 中的 Stream 机制也是一样的，可以更好地实现类似功能。

Stream 是通过管道进行操作的，要求输入和输出的内容必须都是流，否则需要通过 through2 这样的模块进行转换。参考 Node.js 源码，可以发现 request 对象和 response 对象其实都是继承自 Stream 的。

```
//request
req => IncomingMessage => Stream.Readable
```

```
//response
res => ServerResponse  => OutgoingMessage => Stream
```

很明显，HTTP 连接中的 request 对象是可读流（Stream.Readable），而 response 对象是完整的可读可写流（Stream.Duplex）。

以下代码是通过 http.request 来请求接口的示例。

```
const http = require('http')

const client = http.request({
        host: "httpbin.org",
        path: "/ip"
    },
    function (res) {
        res.setEncoding('utf8')
        var str = ''
        res.on('data', function (chunk) {
            str += chunk
        })

        res.on('end', function () {
            console.log(str)
        })
    }
)

client.on('error', (e) => {
    console.log('problem with request: ${e.message}')
})

client.end()
```

那么 http.request 又是如何实现的呢？_http_client.js 中对外暴露的是 ClientRequest，而 ClientRequest 继承自 OutgoingMessage。

```
util.inherits(ClientRequest, OutgoingMessage);
```

前面说过 OutgoingMessage 是继承自 Stream 的，所有的 HTTP 过程都是 IncomingMessage 和 OutgoingMessage 的过程，其对应的就是请求和响应的过程。对于 HTTP 客户端来说，这一点体现得尤为明显，通过 cliet.end()开始发起请求，整个请求过程是异步的，所以要不断地拼接获得 chunk，以便获得最终的响应数据。

2．文件操作

大文件读写是非常麻烦的，依靠普通的读写方法会令内存吃不消。对于这种场景，选择

Stream 作为读写方法是最好的。这也是 HTTP 中广泛采用流式方法处理文件的原因。

例如，

```
var source = fs.readFileSync('/path/to/source', {encoding: 'utf8'});
fs.writeFileSync('/path/to/dest', source);
```

等于

```
// pipe 自动调用了 data、end 等事件
fs.createReadStream('/path/to/source').pipe(fs.createWriteStream('/path/to/dest'));
```

这里的 pipe 是用来传递上一个流的输出并将其作为下一个流的输入的链式方法。在 HTTP 请求过程中，也可以将 HTTP 请求和 fs 读写的流结合使用，示例如下。

```
const http = require('http')
const fs = require('fs')

const app = http.createServer((req, res) => {
  fs.readFile(__dirname + '/data.txt', (err, data) => {
    res.end(data)
  })
})

app.listen(3000, function() {
  const PORT = app.address().port

  console.log('Server running at http://127.0.0.1:${PORT}/')
})
```

3. 转换模块

Gulp 是 Node.js 世界里基于 Stream 实现的最著名的流式高效构建工具。无论在用法上还是在执行效率方面几乎都做到了极致，唯一比较麻烦的就是基于流的调试和插件开发。

为了解决这个问题，Sindre Sorhus 开发了 gulp-debug 模块，它可以非常简单地打印出在当前处理过程中使用的文件的信息。它的写法基于经典的 gulp 插件的写法，并使用 through2 模块来做转换，代码如下。

```
const through = require('through2');
...

module.exports = opts => {
    ...
```

```
    return through.obj((file, enc, cb) => {
        if (opts.showFiles) {
            const full =
                '\n' +
                (file.cwd ? 'cwd:   ' + prop(tildify(file.cwd)) : '') +
                (file.base ? '\nbase:  ' + prop(tildify(file.base)) : '') +
                (file.path ? '\npath:  ' + prop(tildify(file.path)) : '') +
                (file.stat && opts.verbose ? '\nstat:  ' + prop(stringifyObject(file.
stat, {indent: '      '}).replace(/[{}]/g, '').trim()) : '') +
                '\n';

            const output = opts.minimal ? prop(path.relative(process.cwd(), file.pat
h)) : full;

            gutil.log(opts.title + ' ' + output);
        }

        count++;
        cb(null, file);
    }, cb => {
        gutil.log(opts.title + ' ' + chalk.green(count + ' ' + plur('item', count)));
        cb();
    });
};
```

through2 将输入流转成了更具可读性的文件信息，并将其作为参数，可以方便开发者使用，这在我们平常的开发中也是非常实用的。

4. HTTP 代理

前面讲过，请求和响应都是继承自 Stream 的，所以可以直接通过 pipe 方法进行组装。

```
const app = http.createServer((req, res) => {
  if (req.method === 'GET' && req.url === '/echo') {
    req.pipe(res)
  } else {
    res.statusCode = 404
    res.end()
  }
})
```

这个例子没有什么具体意义，只是演示简单的 pipe 的用法，下面来看一个简单实用的代理示例。

```
const http = require('http')
const fs = require('fs')
```

```
const app = http.createServer((req, res) => {
  if ('/remote' === req.url) {
    res.writeHead(200, {'Content-Type': 'text/plain'})
    return res.end('Hello Remote Page\n')
  } else {
    proxy (req, res)
  }
})

function proxy (req, res) {
  let options = {
     host : req.host,
     port : 3000,
     headers: req.headers,
     path : '/remote',
     agent : false,
     method : 'GET'
  };

  let httpProxy = http.request(options, (response) => {
    response.pipe(res)
  })

  req.pipe(httpProxy)
}

app.listen(3000, function() {
  const PORT = app.address().port

  console.log('Server running at http://127.0.0.1:${PORT}/')
})
```

以上代码的执行要点如下。

- 变量 httpProxy 是 http.request()函数的返回值，是一个新的请求。
- 通过 req.pipe(httpProxy)操作，req 就拥有了新的 res（即 HTTP 代理请求的响应）。也就是说最终返回的是 response 。
- HTTP 代理完成了一次完整的 HTTP 请求过程，响应交由 res 返回，于是原来的请求相当于透传了 HTTP 代理的请求和响应。

http.request 方法的返回值是<http.ClientRequest>，该方法继承自 OutgoingMessage，如此可以推导出如下关系。

```
http.request => http.ClientRequest => OutgoingMessage => Stream
```

根据上面的关系可以得出结论：http.request 通过 pipe 得到的返回值和 res 是一样的。

根据上面讲的原理，就非常容易理解图 3-3 了（图片参考自《HTTP 权威指南》）。

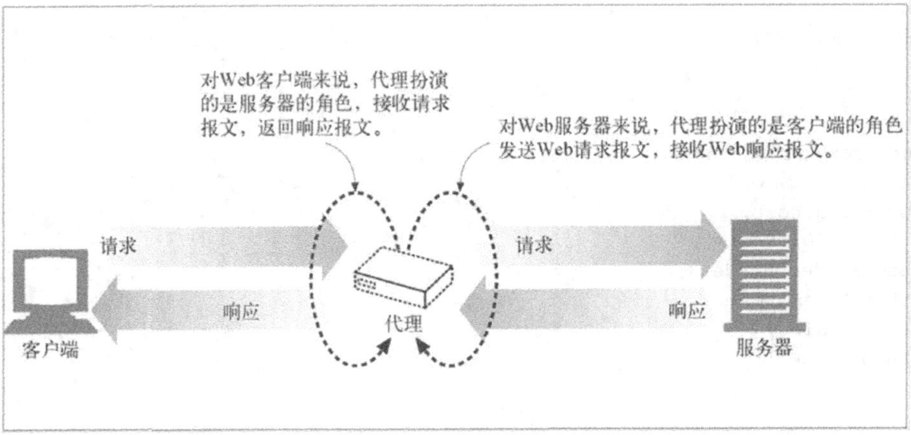

图 3-3

说到底，req 和 res 还是原来那个，只不过中途被 HTTP 代理拦截了一下，代理是“中间人”。很多公司的前端开发人员为了避免跨域问题，都会直接通过 Node.js 透传 HTTP 请求，选择 request 模块或 axios 模块作为 HTTP 客户端。可是大家想过没有，明明是透传，除了 host 不一样，其他全都不变，为什么要重复写代码呢？其实，将上面的代码稍微改一下就可以通用了。原则上讲，能够使用 Node.js SDK 完成的任务，尽量少用第三方模块。

EventEmitter

Node.js 中会使用事件驱动模型，事件是核心机制。EventEmitter 是 Node.js 里典型的基于观察者设计模式的实现类，它是对事件触发与事件监听器功能的封装。使用 EventEmitter 时，订阅和发布方法是可选的，所以用法更加灵活。像 jQuery、Vue 等前端框架也都有类似的事件机制，比如 Vue 中 EventBus 提供的$emit 和$on 就与 Node.js 的 EventEmitter 非常类似。

来看一个 EventEmitter 的示意图（图 3-4），其中 Event 是事件列表，所有任务最终都在 Event Loop 里触发执行。

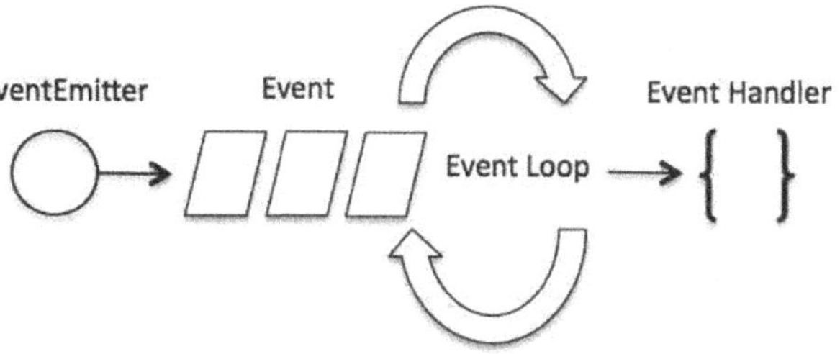

图 3-4

回到本章主题 HTTP，所有的 Stream 对象都是 EventEmitter 的实例，而响应和请求属于 Stream 对象，所以它们也是 EventEmitter 的实例，并且继承了 Stream 和 EventEmitter 中的事件。常见的事件有以下几类。

- data：当有数据可读时触发。
- end：没有更多的数据可读时触发。
- error：接收和写入过程中发生错误时触发。
- finish：所有数据已被写入底层系统时触发。

1．请求事件

请求事件有一个非常典型的例子，即保存请求向服务器传递过去的表单数据。这时我们可以使用 req.on('data', cb)事件，示例如下。

```
const http = require('http')

const app = http.createServer((req, res) => {
    console.log(req)
  if (req.method === 'POST' && req.url === '/echo') {
    var body = []
    req.on('data', function(chunk) {
      body.push(chunk)
    }).on('end', function() {
      body = Buffer.concat(body).toString()
      res.end(body)
    })
  } else {
    res.statusCode = 404
    res.end()
  }
})
```

```
app.listen(3002, () => console.log('Server running at http://127.0.0.1:${app.address().
port}/'))
```

通过 curl 发送 POST 请求，参数和响应结果都是 a=1，如下。

```
$ curl -d "a=1" http://127.0.0.1:3002/echo
a=1
```

2. 响应事件

http.ServerResponse 继承自 EventEmitter，而不是 Writable Stream。其支持的事件不多，包括 close、finish、error 等。HTTP 本身是无状态的，一次请求只需要响应一次，所以响应后请求就会被销毁。这里以 error 事件为例进行讲解，示例如下。

```
const http = require('http')

const app = http.createServer(function(req, res) {
  req.on('error', function(err) {
    console.error(err)
    res.statusCode = 400
    res.end()
  })
  res.on('error', function(err) {
    console.error(err)
  })
  if (req.method === 'GET' && req.url === '/echo') {
    req.pipe(res)
  } else {
    res.statusCode = 404
    res.end()
  }
})

app.listen(3000, ()  => {
  const PORT = app.address().port

  console.log('Server running at http://127.0.0.1:${PORT}/')
})
```

对于这种事件类的 API 调用，不写不算错，只是不严谨而已。当遇到不报错又存在问题的时候，可以想想是不是有 error 一类的事件没有处理。

3. http.Server 事件

http.Server 类继承自 net.Server 类，除了支持 req 事件和 res 事件，还支持 Server 类事件，

例如文档中常见的 checkContinue、checkExpectation、clientError、close、connect、connection、request、upgrade 等。这里以 request 事件为例来看一下写法，request 事件是用来拦截经过服务器处理的所有请求响应信息的，如果想记录或拦截请求信息，可以采用如下方式。

```
const http = require('http')

const app = http.createServer(function(req, res) {
  console.log('${req.method} ${req.url}')
  // 设置响应状态码和 Headers
  res.writeHead(200, {'Content-Type': 'text/plain'})

  // 设置响应向浏览器写入内容
  res.end('Hello Node.js\n')
})

app.on('request', function(request, response) {
  // request 事件处理
});

app.listen(3000, ()  => {
  const PORT = app.address().port

  console.log('Server running at http://127.0.0.1:${PORT}/')
})
```

HTTP 模块源码解读

先来看一下 Node.js 源码中和 HTTP 相关的文件，在终端里执行如下命令。

```
$ ls -a lib| grep http
```

执行结果如下。

```
_http_agent.js
_http_client.js
_http_common.js
_http_incoming.js
_http_outgoing.js
_http_server.js
http.js
http2.js
https.js
```

以上为所有 Node.js 中的 HTTP 相关文件，主要文件及其描述如表 3-3 所示。

表 3-3

文　件	内　容	功能描述
http incoming.js	用户向服务器发送的消息	请求
_http_outgoing.js	服务器向用户发送的消息	响应
_http_client.js	客户端向服务器发送的 incoming 消息	访问 HTTP 服务
http server.js	服务器端实现	提供 HTTP 服务
http.js	核心模块	对外暴露 API

Node.js 源码里的 lib/http.js 文件中基本包含了表 3-3 介绍的所有内容，如下。

```
'use strict';
exports.IncomingMessage = require('_http_incoming').IncomingMessage;

exports.OutgoingMessage = require('_http_outgoing').OutgoingMessage;

exports.METHODS = require('_http_common').methods.slice().sort();

const agent = require('_http_agent');
exports.Agent = agent.Agent;
exports.globalAgent = agent.globalAgent;

const server = require('_http_server');
exports.ServerResponse = server.ServerResponse;
exports.STATUS_CODES = server.STATUS_CODES;
exports._connectionListener = server._connectionListener;
const Server = exports.Server = server.Server;

exports.createServer = function createServer(requestListener) {
  return new Server(requestListener);
};

const client = require('_http_client');
const ClientRequest = exports.ClientRequest = client.ClientRequest;

exports.request = function request(options, cb) {
  return new ClientRequest(options, cb);
};

exports.get = function get(options, cb) {
  var req = exports.request(options, cb);
  req.end();
  return req;
};
```

看一下 exports 方法对外导出的内容，有 Agent、globalAgent、ServerResponse、createServer、request、get 等，这些都是 http 模块对外暴露的 API。相信很多大家都已经见过，比如 http.request 方法用于发送通用 HTTP 请求。

对于 Node.js 里的 C 和 C++相关代码，可以不进行深入了解，明白原理即可。但对于 Node.js 源码里的 JavaScript 代码还是建议大家深入了解，因为这些代码与开发息息相关，至关重要。

3.2 HTTPS

HTTPS（Hyper Text Transfer Protocol over Secure Socket Layer）是以安全为目标的 HTTP 通道，简单讲是 HTTP 的安全版。HTTPS 在网络传输过程中主要使用 SSL/TLS 进行加密，是目前最安全的方式。首先我们来区分一下 SSL 和 TLS。

- SSL：Secure Socket Layer，安全套接字层，是位于可靠的面向连接的网络协议层和应用协议层之间的一种协议层。SSL 通过互相认证、使用数字签名确保完整性、使用加密确保私密性，以实现客户端和服务器端的通信安全。SSL 由两部分组成，分别是 SSL 记录协议和 SSL 握手协议。
- TLS：Transport Layer Security，安全传输层协议，用于保证两个应用程序之间的保密性和数据完整性。该协议由两部分组成，分别是 TLS 记录协议和 TLS 握手协议。

HTTPS 是一个抽象标识符体系（URI scheme），句法同 HTTP 体系，可用于进行安全的 HTTP 数据传输。https:URL 表明使用了 HTTPS。

HTTPS 最初由网景通信公司（Netscape Communications Corporation）进行研发，并内置于其浏览器 Netscape Navigator 中，主要用于提供身份验证与加密通信方法。现在，HTTPS 已经被广泛用于万维网通信领域，尤其是对安全有较高要求的通信场景，例如交易支付。

HTTPS 涉及的主体有 3 个，如图 3-5 所示，具体描述如下。

- 客户端：通常指浏览器（Chrome、IE、FireFox 等），也可以是自己编写的各种语言的客户端程序。
- 服务器端：一般指支持 HTTPS 的网站，如 GitHub。
- 证书颁发（Certificate Authorities，CA）机构。

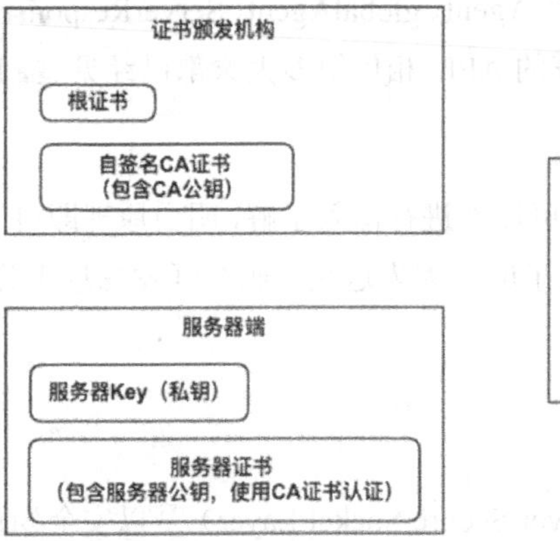

图 3-5

HTTPS 提供的服务主要有如下几种。

- 认证用户和服务器，确保数据被发送到了正确的客户机和服务器上。
- 加密数据以防止数据被中途窃取。
- 维护数据的完整性，确保数据在传输过程中不被改变。

客户端和服务器端的具体交互过程如图 3-6 所示。

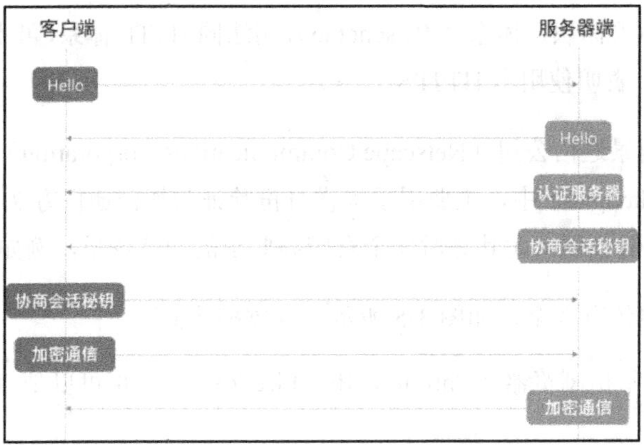

图 3-6

从图 3-6 中可知，交互过程基本分为 3 个阶段，具体如下。

- 认证服务器：浏览器内置一个受信任的 CA 机构列表，并保存这些 CA 机构的证书。

- 协商会话密钥（Key 交换）：客户端在认证且获得服务器的公钥之后，利用该公钥与服务器端进行加密通信，协商出两个会话密钥，分别是用于加密客户端传送给服务器端的数据的客户端会话密钥，以及用于加密服务器端传送给客户端的数据的服务器端会话密钥。协商两个对称密钥的原因是，非对称加密相对复杂度更高，在数据传输过程中，使用对称加密可以节省计算资源。另外，会话密钥是随机生成的，每次协商都会有不一样的结果，所以安全性也比较高。
- 加密通信：此时客户端和服务器端双方都有了本次通信的会话密钥，之后传输的所有 HTTP 数据都通过会话密钥加密。这样一来网络上的其他用户将很难窃取和篡改客户端及服务器端之间传输的数据，从而保证了数据的私密性和完整性。

3.2.1 生成证书

对于 HTTPS 来说，大家最直观的感受是需要配置一个证书。因为 HTTPS 证书是由 CA 机构这样的第三方受信机构签发授权的，承担了公钥体系中检验公钥合法性的责任，所以浏览器会根据 HTTPS 证书判断安全性并进行提示。对于真正的线上应用，生成证书的方式通常有两种。

- Let's Encrypt：优点很多，免费、快捷、支持多域名（不是通配符）、三条命令即可签署+导出证书。缺点是生成的证书只有三个月有效期，到期需要续签。
- 商用方式：选择非常多，不同机构（如 StartSSL、RapidSSL、Wosign 等）的受信级别也是有差异的。

这里以免费的 Let's Encrypt 为例介绍如果生成 HTTPS 证书。首先，我们需要在终端安装 acme.sh 脚本。普通用户和 root 用户都有安装权限。

```
$ curl https://get.acme.sh | sh
```

把 acme.sh 安装到 home 目录下。

```
$ ~/.acme.sh/
```

创建一个 bash 的 alias，方便使用。

```
$ acme.sh=~/.acme.sh/acme.sh
```

完成以上步骤，我们便获得了 cronjob 定时任务，每天 0:00 可以自动检测所有证书。如果快过期了需要更新，则会自动更新证书。安装过程不会污染已有系统的任何功能和文件，所有的修改都限制在安装目录（~/.acme.sh/）中。

要想查看更高级的安装选项，请参考网络上的内容。

3.2.2 验证与自动续约

验证 HTTPS 是否生效的最简单方式是通过 DNS 模式进行验证，acme.sh 里已经提供了该功能，在终端里可直接使用。

```
$ acme.sh --issue --dns  -d www.xxx.com
```

假如 www.xxx.com 是域名，则执行上述命令会返回如下信息。

```
[Sat Jul  2 14:12:55 CST 2016] Skip register account key
[Sat Jul  2 14:12:55 CST 2016] Creating csr
[Sat Jul  2 14:12:55 CST 2016] Single domain='www.xxx.com'
[Sat Jul  2 14:12:55 CST 2016] Verify each domain
[Sat Jul  2 14:12:55 CST 2016] Getting webroot for domain='www.xxx.com'
[Sat Jul  2 14:12:55 CST 2016] Getting token for domain='www.xxx.com'
[Sat Jul  2 14:12:58 CST 2016] Add the following TXT record:
[Sat Jul  2 14:12:58 CST 2016] Domain: _acme-challenge.www.xxx.com.com
[Sat Jul  2 14:12:58 CST 2016] TXT value: 5G3SB534HHnl1bjTa1vz1SKfF6aXMTSQFFY8HJe96BKDt
l2220
[Sat Jul  2 14:12:58 CST 2016] Please be aware that you prepend _acme-challenge. before
your domain
[Sat Jul  2 14:12:58 CST 2016] so the resulting subdomain will be: _acme-challenge.www.
xxx.com
[Sat Jul  2 14:12:58 CST 2016] Please add the TXT records to the domains, and retry agai
n.
```

给域名添加一个 TXT 解析规则，则主机记录为_acme-challenge.www.xxx.com.com，记录值为 5G3SB534HHnl1bjTa1vz1SKfF6aXMTSQFFY8HJe96BKDtl2220。在 name.com 上，域名管理面板如图 3-7 所示。

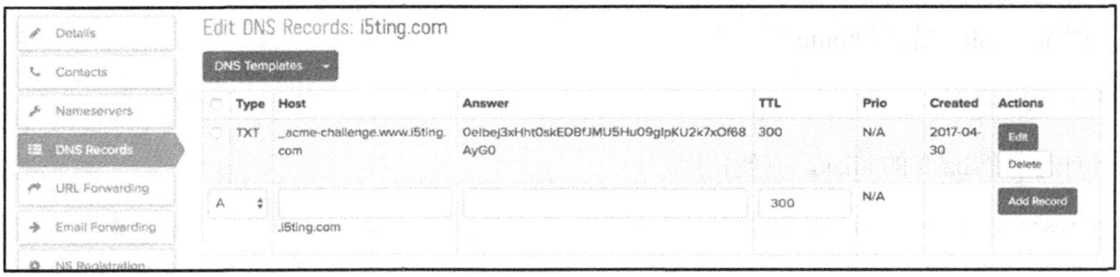

图 3-7

重新验证，待刚才配置的域名生效后，执行如下命令。

```
$ acme.sh --renew -d www.i5ting.com
```

执行后，我们会看到生成 cert 文件成功的提示。生成的目录一般在~/acme.sh/www.xxx.com 下。有了公钥和证书文件，我们就可以配置 Nginx SSL 了。

```
$ .acme.sh pwd
/Users/sang/.acme.sh
$ .acme.sh tree www.i5ting.com -L 3
www.i5ting.com
├── ca.cer
├── fullchain.cer
├── www.i5ting.com.cer
├── www.i5ting.com.conf
├── www.i5ting.com.csr
├── www.i5ting.com.csr.conf
└── www.i5ting.com.key
```

前面提过，Let's Encrypt 申请的证书会有三个月的有效期，可以在到期前手动续约，也可以自己编写定时脚本任务完成自动续约。acme.sh 的实现方式是全自动的，不用进行任何设置，acme.sh 会在 80 天后自动续签。

3.2.3 Node.js 服务器 HTTPS 配置

在上一节中，我们已经完成了证书配置，下面我们给 Node.js Web 应用加上 HTTPS 证书。

```
const https = require('https');
const fs = require('fs');

const hskey = fs.readFileSync('www.i5ting.com/www.i5ting.com.key');
const hscert = fs.readFileSync('www.i5ting.com/fullchain.cer')

const options = {
    key: hskey,
    cert: hscert
};

https.createServer(options, function (req, res) {
    res.writeHead(200);
    res.end("Hi from HTTPS");
}).listen(8000);
```

在终端里启动服务器，然后打开浏览器访问 https:/www.i5ting.com:8000，如图 3-8 所示。此时，注意图中框内的“安全”和“https”字样，如果这些字样呈现绿色，则意味着浏览器认同该 HTTPS 证书。

图 3-8

配置好以后，我们可以在 ssllabs 网站上检查 HTTPS 的安全级别。

HSTS（HTTP Strict Transport Security），国际互联网工程任务组正在推行一种新的 Web 安全协议，作用是强制客户端（如浏览器）使用 HTTPS 与服务器端创建连接。在 Node.js 中，这些操作都可以通过 helmet 模块轻松完成。

```
var helmet = require('helmet')
...
app.use(helmet.hsts({
    maxAge: 31536000000,
    includeSubdomains: true,
    force: true
}));
```

helmet 是非常实用的 Node.js 安全模块，可以轻松加固一些与安全性相关的 HTTP 头。

- Strict-Transport-Security：强制使用安全连接将客户端与服务器端连接。
- X-Frame-Options：对“点击劫持”提供保护。
- X-XSS-Protection：开启大多现代浏览器内建的对于跨站脚本攻击（XSS）的过滤功能。
- X-Content-Type-Options：防止浏览器使用 MIME-sniffing 来确定响应的类型，而让浏览器使用明确的 Content-Type 来确定。
- Content-Security-Policy：防止受到跨站脚本攻击及其他跨站注入攻击。

3.2.4　Nginx HTTPS 配置

Nginx 是著名的 Web 服务器软件，专为性能优化而开发。它最显著的优点是稳定和低系统资源消耗，是非常常用的高性能的 HTTP 和反向代理服务器。在实际使用中，Nginx 和 Node.js Web 应用搭配使用是非常常见的。这里给出 Nginx HTTPS 的配置方法。

首先保证 Nginx 的 HTTPS 配置正常，生成 Diffie-Hellman Group（可选），命令如下。

```
$ sudo openssl dhparam -out /etc/ssl/certs/dhparam.pem 2048
```

修改 Nginx 配置，代码如下。

```
server {
   listen 443 ssl;
   server_name  www.i5ting.com;

    ssl_certificate      /Users/sang/.acme.sh/www.i5ting.com/fullchain.cer;
      ssl_certificate_key  /Users/sang/.acme.sh/www.i5ting.com/www.i5ting.com.key;

   { your config... }
}
```

启用更安全的 SSL 协议及 Ciphers，代码如下。

```
ssl_protocols TLSv1 TLSv1.1 TLSv1.2;
ssl_prefer_server_ciphers on;
ssl_dhparam /etc/ssl/certs/dhparam.pem;
ssl_ciphers 'ECDHE-RSA-AES128-GCM-SHA256:ECDHE-ECDSA-AES128-GCM-SHA256:ECDHE-RSA-AES2
56-GCM-SHA384:ECDHE-ECDSA-AES256-GCM-SHA384:DHE-RSA-AES128-GCM-SHA256:DHE-DSS-AES128-
GCM-SHA256:kEDH+AESGCM:ECDHE-RSA-AES128-SHA256:ECDHE-ECDSA-AES128-SHA256:ECDHE-RSA-AE
S128-SHA:ECDHE-ECDSA-AES128-SHA:ECDHE-RSA-AES256-SHA384:ECDHE-ECDSA-….';
ssl_session_timeout 1d;
ssl_session_cache shared:SSL:50m;
ssl_stapling on;
ssl_stapling_verify on;
add_header Strict-Transport-Security max-age=15768000;
```

重定向非 HTTPS 请求，代码如下。

```
server {
   listen 80;
   server_name www.i5ting.com;
   return 301 https://$host$request_uri;
}
```

通过命令重载 Nginx，先测试状态，测试通过后再执行重载操作，具体如下。

```
$ sudo nginx -t
nginx: the configuration file /usr/local/etc/nginx/nginx.conf syntax is ok
nginx: configuration file /usr/local/etc/nginx/nginx.conf test is successful
$  sudo nginx -s reload
```

对于上一步，更好的做法是使用 HSTS 协议，代码如下。

```
location /servlet {
   add_header X-Served-By "My Servlet Handler";
   add_header Strict-Transport-Security "max-age=31536000; includeSubDomains" always;
   proxy_pass http://localhost:8080;
}
```

3.2.5 Nginx HTTPS 反向代理配置

部署大部分的 Node.js 应用时，我们都会选择在 Node.js Server 之前加一层 Nginx，不是因为 Node.js 无法进行反向代理，而是因为使用 Nginx 从架构层面上更加合理。Nginx 在集群、容错、负载、反向代理、日志、健康检查等方面表现都非常优秀，是非常好的选择。目前的一些云平台也都用 Nginx 做负载，比如阿里云的 SLB 是基于 Tengine 的，而 Tengine 是 Nginx 代码的增强版分支。

下面我们来演示一个功能，将 http://127.0.0.1:3000 端口转为 https://www.i5ting.com。

Nginx 可以通过 include 和-c 这两种指定配置文件的方式来启动。为了便于演示，这里采用-c 指定配置文件的方式，让我们来看一下 Nginx 配置文件的内容。

```
#user  nobody;
worker_processes  1;

events {
   worker_connections  1024;
}

http {
   ...
}
```

以上代码中的 http 部分是需要具体配置的，里面配置了两个 server 块。

第一个 server 块配置与 HTTP 相关的内容，并强制把所有的请求重写到 https 域名下，这样我们只要关心 HTTPS 配置并将请求反向代理到 Node.js 服务器即可。

```
server {
     listen 80;
     server_name www.i5ting.com;
     return 301 https://$host$request_uri;

     location / {
        rewrite ^(.*) https://www.i5ting.com$1 permanent;
     }
  }
```

第二个 server 块配置 HTTPS 相关内容，并把所有请求都反向代理到名为 nodejs 的 server 块上。

```
  upstream nodejs {
     server 127.0.0.1:3000;
```

```
    keepalive 64;
  }

  server {
    listen       443 ssl;
    server_name  www.i5ting.com;

    ssl_certificate      /Users/sang/workspace/github/book-source/http/https2/www.i5ti
ng.com/fullchain.cer;
    ssl_certificate_key  /Users/sang/workspace/github/book-source/http/https2/www.i5t
ing.com/www.i5ting.com.key;

    ssl_session_cache    shared:SSL:1m;
    ssl_session_timeout  5m;

    ssl_ciphers  HIGH:!aNULL:!MD5;
    ssl_prefer_server_ciphers  on;

   location / {
     proxy_set_header X-Real-IP $remote_addr;
     proxy_set_header X-Forwarded-For $proxy_add_x_forwarded_for;
     proxy_set_header Host  $http_host;
     proxy_set_header X-Nginx-Proxy true;
     proxy_set_header Connection "";
     proxy_pass      http://nodejs;
    }
  }
```

上面的配置过程涉及以下 3 点，需要我们注意。

- 在配置中指定 upstream：这里针对的是单台机器的配置，如果针对的是多台机器就变成集群了。
- 配置 HTTPS：这里主要是指定了 ssl_certificate 和 ssl_certificate_key 的内容。
- 通过 proxy_pass 将请求代理到 upstream 对应的服务器上，实现反向代理。

接下来，执行如下代码启动脚本。

```
#! /bin/bash

ps -ef|grep nginx| awk '{print $2}'|xargs sudo kill -9
sudo nginx -c /Users/sang/workspace/github/book-source/http/https2/conf/nginx-proxy.co
nf
node app.js
```

启动脚本需要 3 步，具体如下。

- 确保 Nginx 未启动。
- 通过指定配置的方式启动 Nginx。
- 启动 Node.js 的 HTTP 服务器。

此时访问 https://www.i5ting.com 会将请求代理到基于 Node.js 编写的服务器上，访问 http://www.i5ting.com 也会被强制重定向到 https://www.i5ting.com 上。

除了 Nginx，HAProxy 也是非常常用的反向代理，另外通过 HAProxy 进行 socket 负载均衡配置也非常方便。限于篇幅，本书不对 HAProxy 进行详解，读者如感兴趣，可以自行查阅。

3.3 代理

简单来说，代理就好比卖家和买家之间的配送员，发挥着宅配的作用，如图 3-9 所示。

从实际角度来看，代理对于客户端和服务器端交互起到了重要作用。对客户端来说，代理负责接收请求报文，返回响应报文。对服务器端来说，代理负责发送请求报文，接收响应报文。关于以上描述，大家可以回看图 3-3 来辅助理解。

图 3-9

Node.js 从使用便捷度方面来看要比 Nginx 更可控一些，但 Node.js 能完成的功能有限，比如 HTTPS 请求代理就无法完成，那么要完成一个完整的代理需要掌握哪些知识呢？本节就以 mini-proxy 模块为例来介绍一下。

3.3.1 协议支持

从理论上来说，任何协议都可以被代理，目前比较常见的和前后端相关的代理协议是 HTTP、HTTP 2.0、HTTPS、WebSocket，下面着重介绍前 3 种。

HTTP

支持 HTTP 请求代理非常简单，只需通过 http.createSever 启动一个服务，然后让浏览器在这个服务里设置代理，在服务的 req 中拿到原请求头的所有信息，解析出 host 之后请求远端服务器，回溯后再传给浏览器。使用 Node.js 实现此功能时只需两个方法（http.createServer 和 http.request）即可轻松搞定。

HTTPS

由于网络数据传输是加密传输，所以开发者没有办法直接获得 HTTP 相关内容，那么要怎么做呢？Node.js 内置了 net 模块，是专门用来处理 socket 连接的。借助 net 模块，我们有如下两种途径来解析 HTTPS 返回的内容。

途径 1：直接使用 net 模块来创建 TCP 服务。代码如下。

```
const net = require("net")

const app = net.createServer((connect) => {
  console.log("client connected")

  connect.on("data", (data) => {
    // 解析头部信息，然后执行 net.connect...
    console.log(data.toString())
  })

  connect.on("end", () => {
    console.log('client disconnected')
  })
})

app.listen(3000)
```

无论是 HTTP 还是 HTTPS，其实都是基于 TCP 的，所以 TCP 服务作为代理基本是万能的。由于 TCP 过于底层，所以没有办法对很多内容进行解析，比如从请求数据中解析出头部信息就是非常麻烦的。

途径 2：HTTP Tunnel。

HTTP 1.1 中引入了一个名为 HTTP Tunnel 的代理协议，同上段代码中的 connect 协议。通过 connect 协议，我们可以在客户端和服务器端之间安装一个代理，用于完成 SSL/TLS 加密。在发送 HTTPS 请求之前，可以通过 connect 和代理人建立连接，然后代理人负责转发请求，但由于请求是加密的，所以代理人也不知道传输的内容。当浏览器发现设置了系统代理时，如果是 HTTPS 请求就会尝试通过 connect 协议和代理服务器建立连接，因为 connect 协议里面有一些基本的原请求信息，而且这些信息是 HTTP 的一部分，因此可以完美地解决协议兼容的难题。

来看一下 HTTP Tunnel 的使用示例，如下。

```
// HTTPS 请求通过 HTTP Tunnel 转发
app.on('connect', (req, socket, head) => {
  // 连接到原始服务器
  const serverUrl = url.parse('http://${req.url}')

  console.log('CONNECT ${serverUrl.hostname}:${serverUrl.port}')

  const socketClient = net.connect(serverUrl.port, serverUrl.hostname, () => {
    socket.write('HTTP/1.1 200 Connection Established\r\n' +
                 'Proxy-agent: MITM-proxy\r\n' +
                 '\r\n')
    socketClient.write(head)

    // 中间基于 Stream 代理层
    socketClient.pipe(socket)
    socket.pipe(socketClient)
  })
})
```

HTTP 2.0

HTTP 2.0 即超文本传输协议 2.0，是下一代 HTTP，是由国际互联网工程任务组（IETF）的 HTTPbis 工作小组开发的。HTTP 2.0 是自 1999 年 HTTP 1.1 发布后的首个更新版本，并且于 2013 年 8 月进行首次合作共事性测试。在开放互联网上，HTTP 2.0 将只用于以 https://开头的网址，而以 http://开头的网址将继续使用 HTTP 1.x。这样可以在开放互联网上增加加密技术，以提供强有力的保障以遏制主动攻击。

HTTP 2.0 的目标包括以下几个。

- 异步连接多路复用。
- 头部压缩。
- 请求/响应管线化。

相比于 HTTP 1.x，HTTP 2.0 大幅提升了 Web 性能。在与 HTTP 1.1 完全语义兼容的基础上，HTTP 2.0 进一步减少了网络延迟。而对于前端开发人员来说，HTTP 2.0 无疑减少了他们在前端方面的优化工作。

在 HTTP 2.0 里引入的新特性如下。

- 多路复用。
- 每个源一个连接。
- 服务器端推送。
- 请求优先级。
- 头部压缩。

目前 Node.js 中基于 HTTP 2.0 实现的模块有两个，如表 3-4 所示。

表 3-4

模块名称	语　言	角　色	协　议	协议标识
node-http2	Node.js	客户端、服务器端	ALPN、NPN、direct	h2
node-spdy	Node.js	客户端、服务器端	ALPN、NPN、direct	h2

node-http2 和 http 模块的用法几乎一模一样，相对来说更加简单，在 Node.js v9 中已经升级为内置模块。而 node-spdy 的功能更加强大，同时支持 HTTP 2.0 和 SPDY（一种 HTTP 兼容协议），但用法上要复杂一些。

随着 Node.js 版本不断升级，稳定性不断提升，HTTP 2.0 在 Node.js 中也越来越稳定，性能越来越高。http2 模块在 Node.js 8.4 中被加入，在 Node.js v10 中变为 stable 状态，大家可以放心使用。示例代码如下。

```
const http2 = require('http2');
const fs = require('fs');
const server = http2.createSecureServer({
    key: fs.readFileSync('localhost-privkey.pem'),
    cert: fs.readFileSync('localhost-cert.pem')
});
server.on('error', (err) => console.error(err));
```

推荐模块

做代理本来是 Nginx 这样的 Web 服务器的强项，不过定制代理功能也并不容易。比如 OpenResty 虽然是非常好的解决方案，但用 Lua 集成对于前端工程师来说并不熟悉。而对于前端工程师来说，使用 Node.js 会更加友好。所以 npm 上有很多 Node.js 代理模块被实现，下面列举两个最为成熟的代理模块，如表 3-5 所示。

表 3-5

名　称	描　述
anyproxy	anyproxy 是一个开放式的 HTTP、HTTPS、WebSocket 代理服务器，配置方面非常灵活，由阿里巴巴开发，功能非常强大
node-http-proxy	node-http-proxy 是使用非常广泛的代理服务器，协议支持丰富，特别适合做反向代理和负载均衡，是一个经典的模块，由 Nodejitsu 开发

这里简单介绍一下 anyproxy 模块。anyproxy 模块中的配置项非常丰富，且提供 Web 管理界面，是一个非常不错的实用模块。示例代码如下。

```
const AnyProxy = require('anyproxy');
const options = {
  port: 8001,
  rule: require('myRuleModule'),
  webInterface: {
    enable: true,
    webPort: 8002
  },
  throttle: 10000,
  forceProxyHttps: false,
  wsIntercept: false, // 不开启 WebSocket 代理
  silent: false
};
const proxyServer = new AnyProxy.ProxyServer(options);

proxyServer.on('ready', () => { /* */ });
proxyServer.on('error', (e) => { /* */ });
proxyServer.start();
```

anyproxy 除了支持丰富的协议，还提供了规则匹配扩展功能，整体代码量非常大，对于新人来说，学习起来还是有一定难度的。

3.3.2 mini-proxy

mini-proxy 是基于 Node.js 的“迷你易用”的透明 Web 代理，完美支持 HTTP 和 HTTPS，功能强大，是许多人学习过程中最喜欢的模块。mini-proxy 的源码量少，非常容易学习，但却可以涵盖本章前面介绍的绝大部分内容，是非常好的学习范本。

用法

首先，在终端里安装 mini-proxy 模块，创建 proxy.js 文件，代码如下。

```
var MiniProxy = require("mini-proxy");

var myProxy = new MiniProxy({
    "port": 9393,
    "onBeforeRequest": function(requestOptions) {
        console.log("proxy request :" + requestOptions.host +
                (requestOptions.path || ''));
    }
});
myProxy.start();
console.log("proxy start at 9393");
```

然后在终端通过 node 命令执行 proxy.js 文件，启动代理服务。此时需要配置系统代理，下面以 macOS 系统为例进行说明。

mini-proxy 支持 HTTP 和 HTTPS，所以这里进行了分别配置，见图 3-10。

图 3-10

此时，若在浏览器中访问 baidu.com（百度首页），可以看到终端中会打印出拦截的请求信息，如图 3-11 所示。

图 3-11

启动代理服务器

首先我们要配置代理服务器。来看一下 mini-proxy 的源码，核心入口是 MiniProxy 函数，代码也很容易理解，遵循配置优先原则，如果 options 对象上有对应的配置项，就优先使用，否则使用默认值。

```
function MiniProxy(options) {
    this.port = options.port || 9393;
    this.onServerError = options.onServerError || function() {};
    this.onBeforeRequest = options.onBeforeRequest || function() {};
    this.onBeforeResponse = options.onBeforeResponse || function() {};
    this.onRequestError = options.onRequestError || function() {};
}
```

启动代理服务器很简单。通过 http.createServer()创建 server 实例，然后通过 server.listen 启动即可，代码如下。注意，以下代码中进行了 6 个事件监听处理。

```
MiniProxy.prototype.start = function() {
    var server = http.createServer();

    server.on("request", this.requestHandler);
    server.on("connect", this.connectHandler);

    server.on("error", this.onServerError);
    server.on("beforeRequest", this.onBeforeRequest);
    server.on("beforeResponse", this.onBeforeResponse);
    server.on("requestError", this.onRequestError);
```

```
    server.listen(this.port);
    port = this.port;
}
```

普通代理

下面来看一下请求是如何代理转发的，从上面的 start 方法里的 request 事件可知，核心代码在 requestHandler 函数里。

```
MiniProxy.prototype.requestHandler = function(req, res) {
    try {
        var self = this; // this -> server
        var path = req.headers.path || url.parse(req.url).path;
        var requestOptions = {
            host: req.headers.host.split(':')[0],
            port: req.headers.host.split(':')[1] || 80,
            path: path,
            method: req.method,
            headers: req.headers
        };

        //检查 URL
        if (requestOptions.host == "127.0.0.1" && requestOptions.port == port) {
            res.writeHead(200, {
                'Content-Type': 'text/plain'
            });
            res.write("ok");
            res.end();
            return;
        }

        //此处可以改变请求参数等
        self.emit("beforeRequest", requestOptions);
        requestRemote(requestOptions, req, res, self);
    } catch (e) {
        console.log("requestHandlerError" + e.message);
    }

    function requestRemote(requestOptions, req, res, proxy) {
        var remoteRequest = http.request(requestOptions, function(remoteResponse) {
            remoteResponse.headers['proxy-agent'] = 'Easy Proxy 1.0';

            // 写入头部信息来处理重定向
            res.writeHead(remoteResponse.statusCode, '', remoteResponse.headers);
```

```
          // 此处可以改变响应内容
          proxy.emit("beforeResponse", remoteResponse);
          remoteResponse.pipe(res);
          // Res 不需要写入，但它可以关闭连接
          res.pipe(remoteResponse);
      });

      remoteRequest.on('error', function(e) {
          proxy.emit("requestError", e, req, res);

          res.writeHead(502, 'Proxy fetch failed');
      });

      req.pipe(remoteRequest);

      res.on('close', function() {
          remoteRequest.abort();
      });
   }
}
```

以上代码的核心原理是，通过 http.request 进行中转，再利用 pipe 机制完成代理功能。这段代码很简单，但细节很多，比如在请求过程中加入了回调钩子（开发者可以扩展 API），其中的 requestXXX 事件也设计得可圈可点。

这种实现其实就是 HTTP 1.1 描述的普通代理，俗称中间人机制。它扮演中间人角色，对于连接到它的客户端来说，它是服务器端。对于要连接的服务器端来说，它是客户端。它是负责在两端之间来回传送 HTTP 报文的搬运工。

隧道代理

隧道代理是 HTTP 客户端通过 connect 方法请求创建的，可以将请求代理到目的服务器进行处理。基于这种方式可以通过隧道对客户端和服务器端之间的数据进行转发。这是实现 HTTPS 代理的最简单的方式。

基于前面介绍过的中间人机制，在此之上增加隧道代理是非常简单的，只需要关注 server.on("connect", this.connectHandler)，然后找到 connectHandler 即可，具体代码如下。

```
MiniProxy.prototype.connectHandler = function(req, socket, head) {
   try {
      var self = this;

      var requestOptions = {
```

```
        host: req.url.split(':')[0],
        port: req.url.split(':')[1] || 443
    };

    self.emit("beforeRequest", requestOptions);
    connectRemote(requestOptions, socket);

    function ontargeterror(e) {
        console.log(req.url + " Tunnel error: " + e);
        _synReply(socket, 502, "Tunnel Error", {}, function() {
            try {
                socket.end();
            }
            catch(e) {
                console.log('end error' + e.message);
            }
        });
    }

    function connectRemote(requestOptions, socket) {
        var tunnel = net.createConnection(requestOptions, function() {
            _synReply(socket, 200, 'Connection established', {
                    'Connection': 'keep-alive',
                    'Proxy-Agent': 'Easy Proxy 1.0'
                },
                function(error) {
                    if (error) {
                        console.log("syn error", error.message);
                        tunnel.end();
                        socket.end();
                        return;
                    }
                    tunnel.pipe(socket);
                    socket.pipe(tunnel);
                }
            );
        });

        tunnel.setNoDelay(true);

        tunnel.on('error', ontargeterror);
    }
  } catch (e) {
    console.log("connectHandler error: " + e.message);
  }
}
```

以上代码中的核心是通过 net.createConnection 来创建 TCP 连接并将其作为传输通道，即所谓的隧道。注意代码中的 tunnel.pipe(socket);和 socket.pipe(tunnel);语句，目的就是进行信息的互相传递。

下面是一个工具方法，用于实现简单的 socket 调用，演示协议具体的写入过程。

```
function _synReply(socket, code, reason, headers, cb) {
    try {
        var statusLine = 'HTTP/1.1 ' + code + ' ' + reason + '\r\n';
        var headerLines = '';
        for (var key in headers) {
            headerLines += key + ': ' + headers[key] + '\r\n';
        }
        socket.write(statusLine + headerLines + '\r\n', 'UTF-8', cb);
    } catch (error) {
        cb(error);
    }
}
```

至此，普通代理支持了 HTTP 代理，隧道代理实现了 HTTPS 代理，这样 mini-proxy 就同时支持了两种代理。通过不到 200 行代码，我们就可以实现足够强大的代理功能了。

3.3.3 hiproxy

mini-proxy 这类模块适合研究原理，但在真正的业务场景里，它就显得心有余而力不足了。本节会介绍一个真正用于解决前端代理痛点的新模块——hiproxy。

hiproxy 是一个基于 Node.js 开发的轻量级网络代理工具，主要是为了解决开发者在开发过程中遇到的 host 管理和反向代理的问题。在开发过程中使用 hiproxy 可以避免修改系统 host 及启动一个 Nginx 服务。hiproxy 扩展了 host 的语法，支持端口号，还支持通过类似于 Nginx 配置文件的语法来配置代理。

hiproxy 目前支持的特性如下。

- 支持 Nginx 风格的配置文件格式，配置时简单直观。
- 支持 host 及扩展（支持端口号）。
- 支持插件扩展 rewrite 指令、CLI 命令和页面。
- 支持 HTTPS 证书自动生成。

- 支持代理自动配置（Proxy auto-config）。
- 支持后台启动，将日志输出到文件。
- 支持配置文件自动查找。
- 支持打开浏览器窗口并自动配置代理。
- 可提供 Node.js API。

面临的问题

前端环境十分复杂，有测试、预发、线上等多种环境。在本地测试环境中可能会依赖部分线上接口导致开发复杂度提升。想来想去，通过 host 配置域名指向的 IP 地址应该可以优化上述情况。当然，这确实是成本最低的方式。

举个例子，在进行本地开发的时候，需要依赖测试服务和线上服务。假设现在处于测试环境中，若不改变代码里的域名（仍然使用 q.i5ting.com），此时我们需要将 192.168.100.2 的 IP 地址在/etc/hosts 文件里映射到 q.i5ting.com 域名上，如图 3-12 所示。

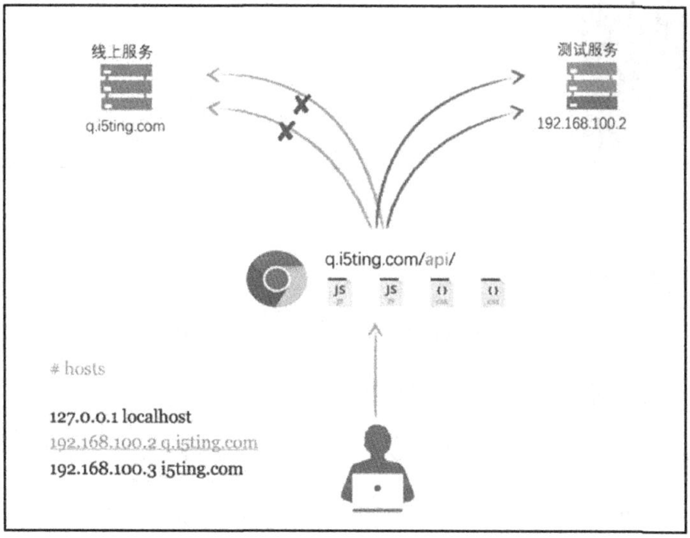

图 3-12

但使用 host 存在如下问题。

- 修改系统 host 不会立即生效，存在 DNS 缓存问题。
- 经常修改 host 特别麻烦。

那该怎么办呢？去哪儿网的前工程师李阳所写的 Multiple-Host 可以解决烦人的 host 问题。它采用了沙箱机制，可以在一个独立的浏览器进程中使用 host，如图 3-13 所示。

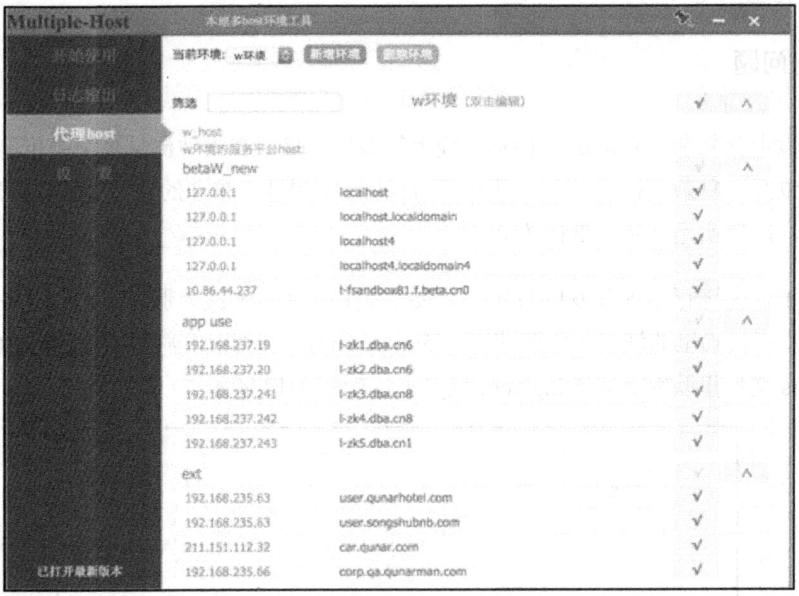

图 3-13

Multiple-Host 可以完成如下事情。

- 打开一个使用虚拟 host 环境的浏览器，不受系统 host 影响。
- 更改 host 后刷新即可生效，不需要重启浏览器。
- 实时显示当前页面的 host 情况，环境状况展示得一清二楚。
- 非当前进程的浏览器实例不受任何影响，可轻松实现两个浏览器同时运行，一个用于查看线上任务，一个用于查看 beta 的功能，如图 3-14 所示。

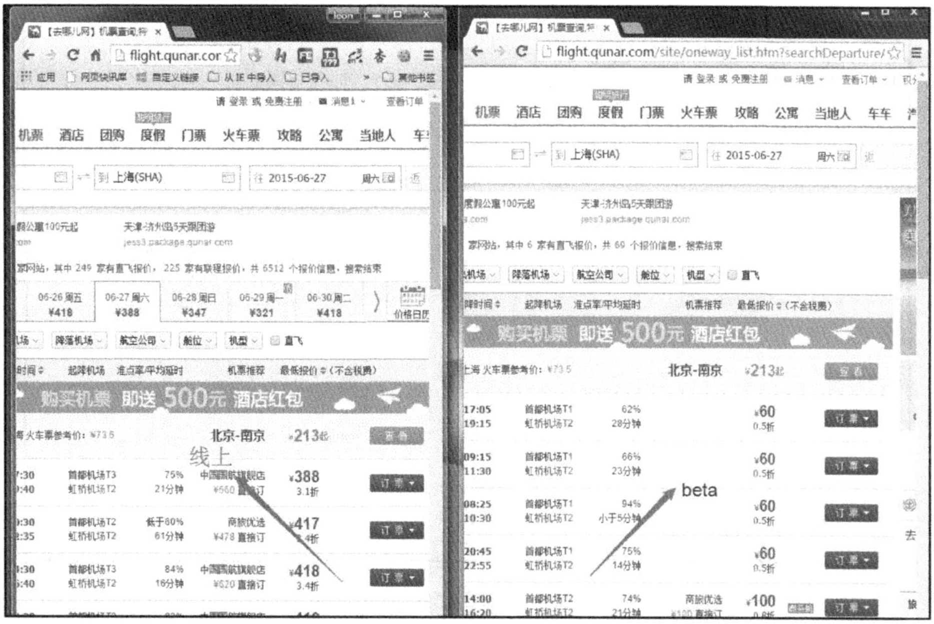

图 3-14

Multiple-Host 的实现原理很简单，概括如下。

- Node.js 启动一个代理服务器。
- 通过执行/Applications/Google/Chrome.app/Contents/MacOS/Google/Chrome--proxy-server = http://127.0.0.1:9393 命令打开浏览器。
- 在代理服务器中改写 req.host，实现请求透传功能。
- 使用 Electron 将代理服务打包成跨平台桌面应用。

切换 host 的问题解决了，那么线上接口和本地接口如何统一？使用 Nginx 可以极好地解决这些问题。大家习惯在 Nginx 里的 vhost 目录下配置代理接口信息，每次都要互相复制 vhost 里的配置内容。

延续上一个例子，这次我们不访问测试服务，而要访问线上服务。由于本地环境和线上环境混用，所以需要将接口代理到线上服务，此时 Nginx 的配置如图 3-15 所示。

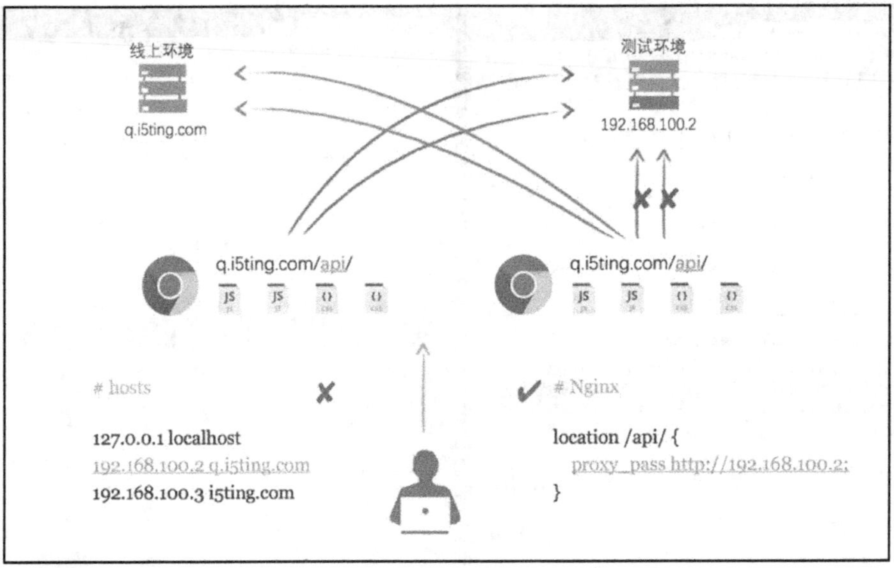

图 3-15

这样就解决了本地环境和线上环境混用的问题。host 和 Nginx 搭配的解决方案很实用，唯一的问题就是成本不易控制。当切换项目时，沟通成本会非常大，尤其对于 Nginx 而言。很多人都习惯使用 Nginx 的默认配置，大家互相复制，经常容易出错。为了解决这个问题，hiproxy 应运而生。

hiproxy 的产生与发展

hiproxy 最初只是 HTTP 代理，后来发现当开发流程不太多时，依赖 Multiple-Host 的同时对 Nginx 的依赖也极为严重。每次切换项目时，沟通成本都是极大的。于是笔者和另一位优秀的前端架构师张代应共同产生了融合 HTTP 代理和 Nginx 反向代理的想法，这样就有了现在的 hiproxy。

在前端开发中，我们通常会遇到下面这样的问题。

- 调试线上页面问题时，需要在本地进行开发的同时运行后端项目（Node.js 或 Java 项目），此时如果前端工程师在本地搭建一套后端环境，代价可能会比较大。
- 如果有多个前端工程采用同一个域名，那么部分工程需要请求线上资源，部分工程需要请求本地资源。

- 为了解决跨域等问题，本地开发时需要修改响应头部信息。
- 本地开发 HTTPS 站点时，证书不受信任。
- 系统修改 host 后，不会立即生效。

我们一般会使用 Nginx 来解决上面的问题。Nginx 的功能很强大，对于前端开发工程师来说是一个很好的辅助工具。Nginx 的配置文件风格非常直观，编写配置效率也很高。

但是，使用 Nginx 时同时需要使用 host 将相关请求发送到本地的 Nginx 服务。此外，在大部分情况下，Nginx 的配置文件并不会被提交到代码仓库，所以团队中的其他开发者会互相复制配置文件。但这样做的效率比较低，而且一个人修改了配置文件，其他人的配置文件不会随之更新。对于配置多个域名的情况，也都是将这些域名放到一个统一的目录中，然后在主配置里面通过 include 来连接，这种做法其实也不太方便。

hiproxy 的用法

hiproxy 是一个 Node.js 二进制模块，需要使用 npm 进行全局安装，命令如下。

```
$ npm install -g hiproxy
```

启动服务的方法如下。

```
$ hiproxy start -p 5525 --debug --workspace <path-to-your-workspace>
```

配置浏览器代理的方法如下。

```
127.0.0.1:5525
```

注意：也可以在启动服务的时候添加选项--open [browser]，这样 hiproxy 会自动打开一个浏览器窗口并设置好代理。

当然，除了 CLI，我们也可以通过 Node.js API 来实现本地接口和线上接口的统一，代码如下。

```
var Server = require('hiproxy').Server;
var proxy = new Server(8848, 10086);

// 事件
proxy.on('request', function(req, res){
  req.someThing = 'some thing';
  console.log('new request =>', req.method, req.url);
```

```
});

proxy.on('data', function(data){
  console.log('on response =>', data.toString());
});

proxy.start().then(function (servers) {
  console.log('proxy server started at: 127.0.0.1:8848');
});

// 停止proxy server
// proxy.stop();

// 重启proxy server
// proxy.restart();
```

hiproxy 的意义

hiproxy 的意义远不止实现了一个 Node.js 代理模块这么简单，hiproxy 在整个前端开发过程中都起到了优化作用。以前大家都只通过 Node.js 来进行性能和架构优化，但 hiproxy 还可以对流程进行优化。通过统一 host 和 Nginx 类的反向代理功能，开发者能够专注于业务模块开发，大大提高开发效率。

有时看似很小的改进却能带来意想不到的效果，这是 hiproxy 带给我们的思考，相信 hiproxy 的未来会更好。

3.4　本章小结

通过本章的学习，你应该已经熟悉了 HTTP，并了解了 Node.js http 模块的源码。除了掌握 Node.js http 模块源码，你现在应该也了解了 HTTPS 原理和证书管理。本章用了较大的篇幅讲解代理，通过 mini-proxy 和 hiproxy 源码分析，相信你已经掌握了代理的原理。

在 Web 应用开发中，HTTP 是必知必会的内容。如果你能掌握本章的内容，相信你在前端和后端开发中都能更加得心应手！

第 4 章

Koa 练习

了解 HTTP 是必要的，在第 3 章中我们已经讲解了足够多的 HTTP 知识。Koa 是 Web 应用开发框架，有相当多的应用场景都和 HTTP 有关，接下来我们会结合常见的 HTTP 应用场景进行 Koa 专项练习。这里说的练习主要针对很常见的 3 个方面：GET、POST、文件上传。其中 POST 处理有一定的特殊性。本章还会介绍如何处理 HTTP 请求，比如各种参数的获取，头部信息及 HTTP 响应如何返回数据。当然，在开发过程中常用的 RESTful API 设计等内容也有涵盖。本章内容偏向实战，实用性较强，大家一定要多动手练习才能更好地理解技术的原理。

4.1 基础知识

在 Koa 源码 lib/request.js 中共有 30 个方法：headers、url、origin url、href、method、path、query、querystring、search、host、hostname、fresh、stale、idempotent、socket、charset、content length、accepts、acceptsEncodings、acceptsCharsets、acceptsLanguages、type、protocol、secure、ips、subdomains、is、get、inspect、toJSON。接下来我们采用分类讲解的方式对这 30 个方法进行梳理，以便读者更好地理解。

4.1.1 地址

在 RFC 3986 规范里，URL 地址的匹配方式如下。

```
     foo://cnodejs.org:3000/over/there?name=ferret#nose
     \_/   \______________/\_________/ \_________/ \__/
      |           |             |           |        |
   scheme     authority        path        query   fragment
```

在 Node.js 里有一个非常实用的模块 parseurl，它是专门用来解析 URL 地址的，示例如下。

```
function createReq (url, originalUrl) {
  return {
    originalUrl: originalUrl,
    url: url
  }
}

const req = createReq('https://127.0.0.1:8080/site/oneway_list.htm?a=1&b=2#abc')
const url = require('parseurl')(req)

console.log(url)
```

执行以上代码，结果如下。

```
$ node index.js
Url {
 protocol: 'https:',
 slashes: true,
 auth: null,
 host: '127.0.0.1:8080',
 port: '8080',
 hostname: '127.0.0.1',
 hash: '#abc',
 search: '?a=1&b=2',
 query: 'a=1&b=2',
 pathname: '/site/oneway_list.htm',
 path: '/site/oneway_list.htm?a=1&b=2',
 href: 'https://127.0.0.1:8080/site/oneway_list.htm?a=1&b=2#abc',
 _raw: 'https://127.0.0.1:8080/site/oneway_list.htm?a=1&b=2#abc' }
```

下面我们对结果进行说明，如表 4-1 所示。

表 4-1

名　称	描　述	对应的 Koa 获取方式
protocol	该 URL 的协议部分为“http:”，这代表网页使用的协议是 HTTP。在 Internet 中可以使用多种协议，如 HTTP、FTP 等，本例中使用的是 HTTP	ctx.protocol
slashes	用于判断是否使用“//”作为分隔符	无
auth	与授权相关，绝大部分时间不会用到	无
host	由 hostname 和 port 组成	ctx.host
port	服务器对应的端口号，默认为 80	无

续表

名　称	描　述	对应的 koa 获取方式
hostname	服务器对应的域名或 IP 地址	ctx.hostname
hash	字符串，URL 的锚部分（从#号开始的部分），对应 DOM 中的 location.hash	无
search	搜索部分（查询部分）。可以有多个参数，参数与参数之间通过“&”分隔	ctx.search
query	查询字符串	ctx.query
pathname	从域名的最后一个“/”开始到“？”为止，是文件名部分，文件名部分不是一个 URL 必须有的部分，如果省略该部分，则使用默认的文件名	无
path	由 pathname 和 search 组成	ctx.path
href	完整的 URL（上面能有的都包含）	ctx.href

以上 URL 地址中的组成部分，对应的 Koa 里的参数如下。

```
const Koa = require('koa')
const app = new Koa()

app.use(async ctx => {
  return ctx.body = {
    href: ctx.href
    ,path  : ctx.path
    ,url  : ctx.url
    ,query  : ctx.query
    ,querystring  : ctx.querystring
    ,search  : ctx.search
    ,host  : ctx.host
    ,hostname  : ctx.hostname
    ,protocol  : ctx.protocol
    ,secure  : ctx.secure
    ,subdomains  : ctx.subdomains
    ,origin: ctx.origin
  }
})

app.listen(3000)
```

Koa 解析 http://127.0.0.1:3000/site/oneway_list.htm?a=1&b=2#abc 地址后，会将返回的结果赋值给 ctx 对象，具体说明如表 4-2 所示。

表 4-2

API	示 例 值
ctx.href	http://127.0.0.1:3000/site/oneway_list.htm?a=1&b=2
ctx.path	/site/oneway_list.htm
ctx.url	/site/oneway_list.htm?a=1&b=2
ctx.search	?a=1&b=2
ctx.querystring	a=1&b=2
ctx.query	{"a": "1","b": "2"}
ctx.origin	http://127.0.0.1:3000
ctx.host	127.0.0.1:3000
ctx.hostname	127.0.0.1
ctx.protocol	http
ctx.secure	false
ctx.subdomainsl	[]

很明显，像 hash、port 这样的可能用到的字段在 ctx.request 里都没有体现，如果需要使用 hash 或 port，可以通过 parseurl 模块对 URL 地址进行处理，并将处理结果绑定到 ctx 上。

4.1.2　HTTP 头部

HTTP 采用了请求/响应模型：浏览器或其他客户端发出请求，服务器端给予响应。网络资源传输的内容包括 message-header 和 message-body 两部分。首先传输的是 message-header，即 HTTP 头部消息。在 RFC 2616 中，HTTP 头部消息通常被分为 4 个部分：general header、request header、response header、entity header。

对于开发者而言，无论是使用，还是性能调优，都必须掌握头部信息的相关内容。因为，浏览器是依靠请求和响应中的头部信息来控制缓存的。

延续上一节的例子，我们来看一下网络请求在 Chrome 浏览器中的状态，如图 4-1 所示。

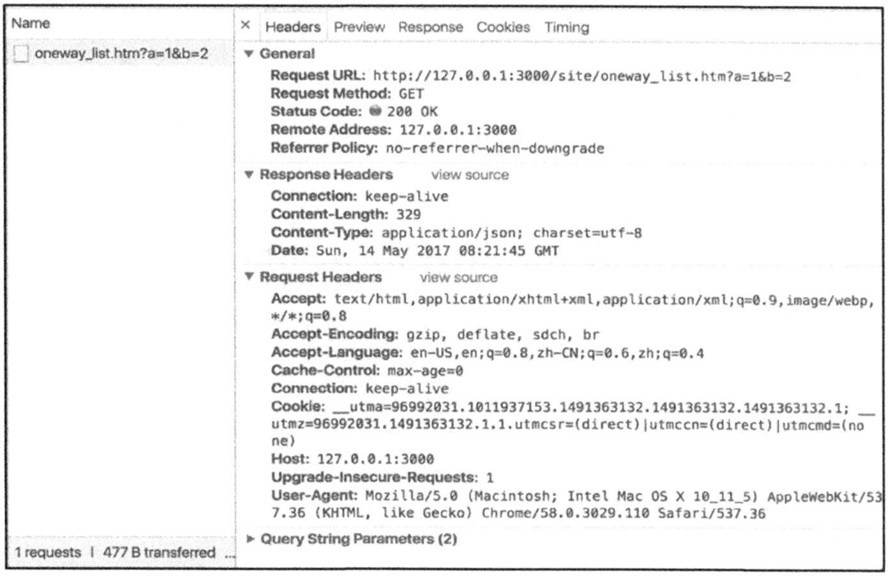

图 4-1

那么在 Koa 是如何处理 HTTP 头部信息的呢？具体如下。

- 设置：ctx.header（或 ctx.headers）中无参数，可用来获取所有的头部信息。
- 获取：ctx.get 用来获取特定的头部信息。

下面演示一下获取头部信息和获取某一个特定头部信息的方法。执行以下代码。

```
const Koa = require('koa')
const app = new Koa()

app.use(async ctx => {
  return ctx.body = {
    header: ctx.header,
    get_cache_control: ctx.get('Cache-Control')
  }
})

app.listen(3000)
```

执行结果如下。

```
{
  "header": {
    "host": "127.0.0.1:3000",
    "connection": "keep-alive",
```

```
    "cache-control": "max-age=0",
    "upgrade-insecure-requests": "1",
    "user-agent": "Mozilla/5.0 (Macintosh; Intel Mac OS X 10_11_5) AppleWebKit/537.36
(KHTML, like Gecko) Chrome/58.0.3029.110 Safari/537.36",
    "accept": "text/html,application/xhtml+xml,application/xml;q=0.9,image/webp,*/*;q=
0.8",
    "accept-encoding": "gzip, deflate, sdch, br",
    "accept-language": "en-US,en;q=0.8,zh-CN;q=0.6,zh;q=0.4",
    "cookie": "__utma=96992031.1011937153.1491363132.1491363132.1491363132.1; __utmz=9
6992031.1491363132.1.1.utmcsr=(direct)|utmccn=(direct)|utmcmd=(none)"
  },
  "get_cache_control": "max-age=0"
}
```

除了上面结果中的常见 HTTP 头部信息，还有很多其他不常见但也有实际应用场景的信息字段，如下。

- charset：用于获取字符集。
- length：用于获取 Content-Length 的长度。
- accepts：表示客户端可以接受的媒体类型。
- acceptsEncodings：表示支持的压缩算法。
- acceptsCharsets：表示支持的字符集。
- acceptsLanguages：表示支持的语言。
- is：用于判断请求中的 Content-Type 值与预期值是否一致。
- type：用于获取或设置 Content-Type 值。

HTTP 头部信息的实用价值非常高，尤其是在浏览器缓存方面有非常好的应用。浏览器会在第一次请求完服务器后得到响应，我们可以在服务器中设置相应的响应，从而在以后的请求中减少请求个数，甚至不再从服务器中获取资源。

那么浏览器缓存机制到底是什么原理呢？其核心其实就是把缓存的内容保存在浏览器本地，而不用每次都向服务器发送相同的请求。设想一下，每次打开相同的页面，在第一次打开时将下载的 CSS、图片等缓存到本地，以后每次请求该页面时都先从本地读取，效率是不是很高？

浏览器并非将完整的内容保存在本地，例如 Chrome 浏览器会把缓存的文件保存在一个名为 User Data 的文件夹下，服务器端会和客户端约定一个有效期（比如 1 天），并告诉客户端“1

天内不会更新服务器端文件，你可以放心地读取缓存”。

其实，整个浏览器缓存处理机制也是比较简单的。首先，使用 cache-control 判断是否有缓存，如果有缓存且缓存没有过期，就直接读取缓存并呈现。如果缓存已过期，就检测 Etag 值。响应头中的 Etag 表示资源的版本，浏览器在发送请求时会自动附带名为 If-None-Match 的请求头字段来询问 Web 服务器该资源版本是否仍然可用。如果服务器发现该资源的版本仍然是最新的，就返回 304 状态码指示浏览器继续使用缓存呈现，否则要返回 200 状态码并向 Web 服务器发起请求，协商缓存流程。如图 4-2 所示。

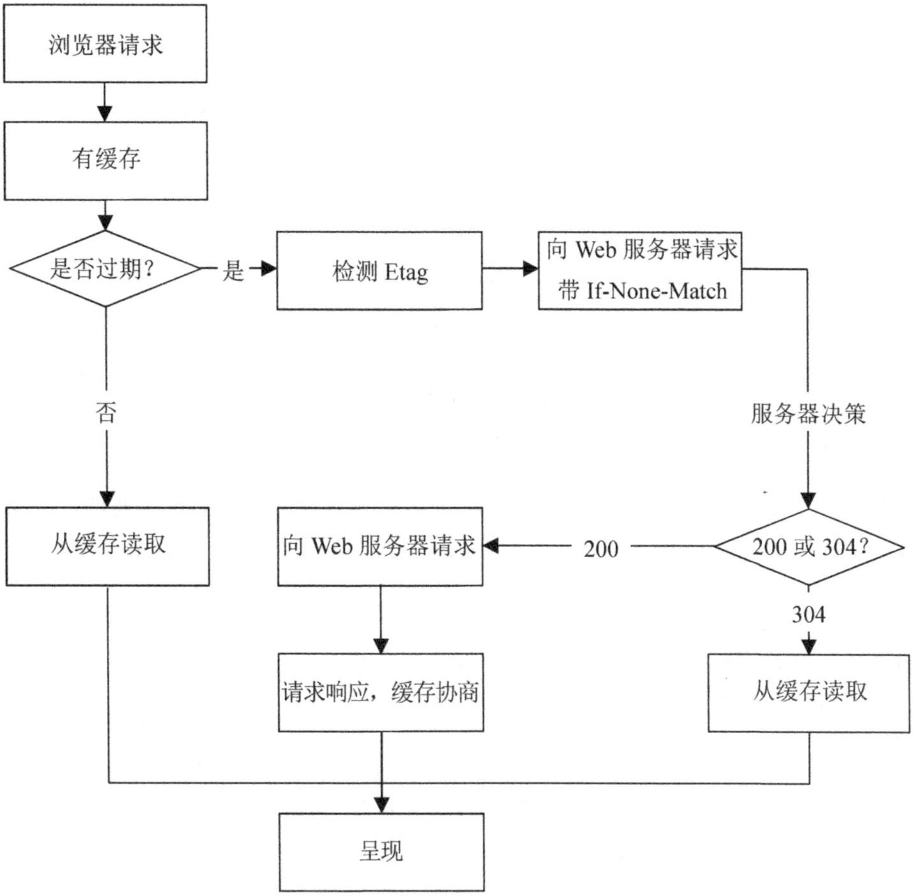

图 4-2

缓存控制手段 cache-control 和 Expires 可以通过头部信息非常容易地实现。这里以 CNode 社区的界面为例进行说明。CNode 社区界面简单地划分了 1、2、3、4 四个部分，如图 4-3 所示。每个部分在逻辑上都是相对独立的，它们使用不同的数据进行渲染。在代码组织上，每个部分由不同的视图文件来负责渲染。

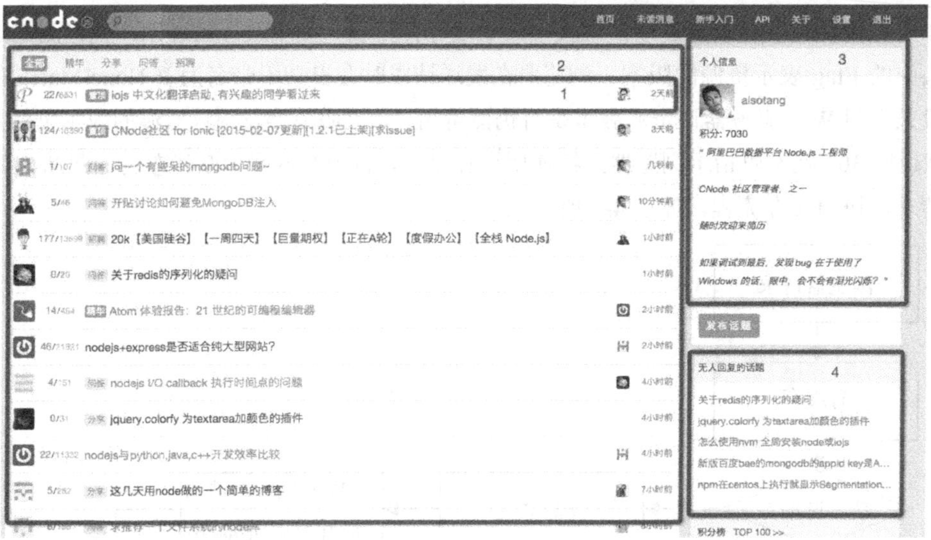

图 4-3

标号为 4 的部分就是我们所说的可以通过过期时间来管理的片段。这部分中的数据不是核心数据，即使 10min 更新一次也是没有问题的。

在标号为 3 的部分显示的是用户信息和用户签名，是使用 Markdown 编写的，渲染需要一点时间，但里面的数据是经常不变的。所以我们可以通过类似 user_profile + user.id + user.updated_at 的缓存 Key 来缓存这部分信息。

标号为 1 的部分中，不仅有帖子的标题，还有帖子的作者信息、帖子的最后回复者信息，至少涉及 3 条查询，如果能缓存起来，是非常有用的。

而标号为 2 的部分包含了所有 1 中的信息，也可以被缓存。但如果 1 中的信息发生了改变，那么 2 中的信息怎么办呢？所以在缓存 2 的信息时，可以将 1 中最新的帖子的更新时间作为 Key。当有帖子更新时，若更新时间和 1 中的更新时间不匹配，缓存就将"被动过期"。

对于大型站点来说，1 中的内容频繁改动会导致 2 中内容的缓存命中率很低。这时，我们需要结合业务实际进行判断。若主页的新鲜期可以在 5s 内不变，缓存策略就可以改为"最新帖子的更新时间离现在如果不超过 5s，则返回之前缓存的内容"。这样"被动过期"策略就变回"过期时间"策略了。

4.1.3　HTTP 动词

HTTP 动词这个概念的普及很大程度上要归功于 RESTful（标志性状态转移）架构，为了描述状态，HTTP 动词被真正地用起来了。

举个 Ruby on Rails 中关于 HTTP 动词的例子，如下。

```
$ rake routes
   Prefix Verb   URI Pattern               Controller#Action
    users GET    /users(.:format)          users#index
          POST   /users(.:format)          users#create
 new_user GET    /users/new(.:format)      users#new
edit_user GET    /users/:id/edit(.:format) users#edit
     user GET    /users/:id(.:format)      users#show
          PATCH  /users/:id(.:format)      users#update
          PUT    /users/:id(.:format)      users#update
          DELETE /users/:id(.:format)      users#destroy
```

以上示例中一共出现了 5 个 HTTP 动词，

- GET：用于获取、查询、展示资源等。
- POST：用于创建资源，多见于安全级别高的场景。
- PUT：用于更新资源。
- PATCH：用于更新资源，与 PUT 语义类似，但一般推荐使用 PATCH。
- DELETE：用于删除资源。

在 Koa 里可以通过 ctx.method 来获取 HTTP 动词，示例如下。

```
const Koa = require('koa')
const app = new Koa()

app.use(async ctx => {
  ctx.body = {
    method: ctx.method
  }
})

app.listen(3000)
```

我们可以在终端里通过 curl 命令来测试 GET 和 POST 这两个动词。

使用 GET 方式，代码如下。

```
$ curl http://127.0.0.1:3000/
{"method":"GET"}
```

使用 POST 方式，代码如下。

```
$ curl -d "" http://127.0.0.1:3000/
{"method":"POST"}
```

了解了在 Koa 里如何获取 HTTP 动词，那么仿照 Ruby on Rails 里路由的写法，我们可以探索 Koa 版本的路由写法。以下是笔者编写的示例。

```
"use strict";

var router = koa_router()

// 控制器
var $ = $controllers.books_controller;

/**
 * Auto generate RESTful url routes.
 *
 * URL routes:
 *
 *  GET    /books[/]        => book.list()
 *  GET    /books/new       => book.new()
 *  GET    /books/:id       => book.show()
 *  GET    /books/:id/edit  => book.edit()
 *  POST   /books[/]        => book.create()
 *  PATCH  /books/:id       => book.update()
 *  DELETE /books/:id       => book.destroy()
 *
 */

router.get('/new', $.new);

router.get('/:id/edit', $.edit);

router.get('/', $.list);

router.post('/', $.create);

router.get('/:id', $.show);

router.patch('/:id', $.update);

router.delete('/:id', $.destroy);

// -- custom routes

module.exports = router;
```

要想了解更多 Node.js 里的 HTTP 动词的实现方法，可以参考网络上的学习资料。

4.1.4 HTTP 状态码

HTTP 状态码是响应返回给浏览器的状态，客户端可以根据状态码及 Content-Type 值来进行渲染，网络请求部分会显示对应的状态码，如果状态码是 4xx 和 5xx 则会标红。在 AJAX 里情况也是一样的，状态码为 200 时将触发调用成功的回调函数。

在 Koa 里，可以采用以下方式获取状态码并对其赋值。

```
ctx.status = ctx.response.status
```

应用到具体示例中，代码如下。

```
const Koa = require('koa')
const app = new Koa()

app.use(async ctx => {
  ctx.status = 404;
  ctx.type = "html"
  ctx.body = "<h1>this is status demo</h1>"
})

app.listen(3000)
```

此段代码的要点如下。

- 将状态码赋值为 404。
- 设置 Content-Type 的返回值类型为 HTML 类型（完整的是 text/html; charset=utf-8）。
- 设置具体的返回 body 为一段 HTML 代码。

执行上述代码，运行结果如图 4-4 所示。

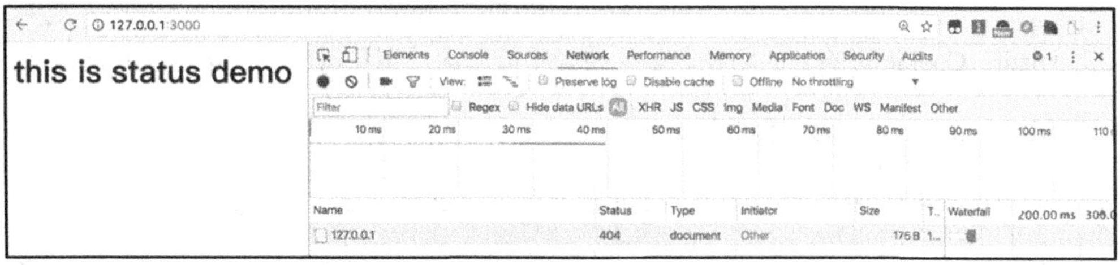

图 4-4

常用状态码如下。

- 500：Internal Server Error。
- 403：Forbidden。
- 404：Not Found。
- 304：Not Modified。
- 200：OK。

4.1.5 Cookie

Cookie 是在 HTTP 下，服务器或脚本维护客户工作站上存在的一种信息形式，是由 Web 服务器保存在用户浏览器（客户端）上的小文本文件，它可以包含有关用户的信息。无论何时，只要用户连接到服务器，Web 站点就可以访问 Cookie 信息。

Cookie 的处理过程是这样的：服务器端向客户端发送 Cookie，客户端的浏览器把 Cookie 保存起来，然后在每次请求浏览器时将 Cookie 发送到服务器端。在 HTML 文档被发送之前，Web 服务器会通过传送 HTTP 包头中的 Set-Cookie 消息把一个 Cookie 发送到用户的浏览器中，示例如下。

```
Set-Cookie: koa.sid=BypBuJromdMeagLH18TbFKh4nxvHoOah; path=/; expires=Wed, 24 Jan 2018
 06:44:28 GMT; httponly
```

Cookie 处理过程中涉及几个比较重要的属性，说明如下。

- name=value：在 Cookie 中可以用这种方式对内容赋值。
- maxAge：最大失效时间（ms）。
- signed：Cookie 值签名。
- path：Cookie 影响到的路径。如果路径不能匹配，浏览器就不发送这个 Cookie。
- domain：Cookie 影响到的域名。
- secure：值为 true 时，表示 Cookie 在 HTTP 中是无效的，在 HTTPS 中才有效。
- httpOnly：微软对 Cookie 做的扩展。如果在 Cookie 中设置了 httpOnly 属性，则将无法通过程序读取到 Cookie 信息，这样可以防止 XSS 攻击产生。

- Expires：缓存失效时间（s）。

上述内容介绍了 Cookie 处理原理。在 Node.js 中，Cookie 是通过 response.writeHead 被写入的，代码如下。

```
// 设置过期时间为 1min
var today = new Date();
var time = today.getTime() + 60*1000;
var time2 = new Date(time);
var timeObj = time2.toGMTString();

response.writeHead({
  'Set-Cookie': 'myCookie="type=koa", "language=javascript";path="/";
  Expires=' + timeObj + ';httpOnly=true'
});
```

在 Koa 中写入 Cookie 则更简单，代码如下。

```
ctx.cookies.set('name', 'koajs', { signed: true });
```

如果查看源码，你会发现 Koa 和 Express 中都使用了 cookies 模块，示例如下。

```
const Cookies = require('cookies');
...
context.cookies = new Cookies(req, res, {
    keys: this.keys,
    secure: req.secure
});
```

注意，req.secure 的意思是采用安全协议，可以理解为 ctx.protocol 的值是 https。另外，app.keys 是用于让 Cookie 进行签名的，常见用法如下。

```
app.keys = ['im a newer secret', 'i like turtle'];
app.keys = new KeyGrip(['im a newer secret', 'i like turtle'], 'sha256');
```

4.2　获取不同参数的 3 种方法

Koa 和 Express 里的很多概念和中间件都是类似的，比如获取参数的方法也很接近，如表 4-3 所示。

表 4-3

参数名称	描述	Express 中的获取方法	Koa 中的获取方法	依赖模块
params	具名参数，比如/users/:id	req.params	ctx.params	Koa 需要依赖 koa-router，而 Express 中有内置路由，无须依赖
query	查询字符串	req.query	ctx.query	内置，无须依赖
body	请求体，带有 body 请求的 POST 类（POST 表单居多）中的 body 内容	req.body	ctx.request.body	Express 依赖 bodyparser 模块，Koa 依赖 koa-bodyparser 模块

下面分别介绍在 Koa 中获取不同类型参数的 3 种方法。

4.2.1 获取具名参数

带冒号的占位参数是具名参数 ，一般常用于 RESTful API 中，比如表达某个用户的资源，对应的地址通常是/users/:id/xxx。

Koa 的插件 koa-router 里内置了 ctx.params，使用它可以轻松获取具名参数，代码如下。

```
router.get('/:id', (ctx, next) => {
  ctx.body = 'show user id = ' + ctx.params.id
})
```

4.2.2 解析请求体

在 HTTP 请求中，POST、PUT 和 PATCH 类的请求方法中包含请求体，需要单独处理。在 Node.js 原生的 http 模块中，请求体要基于流的方式接收和解析。

body-parser 是一个 HTTP 请求体解析中间件，可用于解析 JSON、Raw、文本、URL-encoded 等格式的请求体，也是 Express 框架中的请求体解析中间件。在 Koa 中，body-parser 对应的中间件是 koa-bodyparser，且 koa-bodyparser 的用法更简单。如果包含 key-value 的数据是在请求体里被提交给服务器的，koa-bodyparser 的默认值就是 undefined，只有通过 bodyparser 进行解析才能正常使用。

下面来看一下 koa-bodyparser 和 ctx.request.body 的具体用法。

首先要引入 koa-bodyparser 模块，并在使用前将其加入中间件。一般这种通用性非常高的中间件都会被放到全局中间件里。

```
const bodyparser = require('koa-bodyparser')();

app.use(bodyparser);
```

ctx.request.body 的用法如下。

```
// POST http://127.0.0.1:3001/users/post
router.post('/post', (ctx, next) => {
    ctx.body = ctx.request.body
})
```

然后使用 curl 向 http://127.0.0.1:3000/users/post 发送 POST 请求，这样就能查看请求体中的内容，代码如下。

```
$ curl -d "a=1" http://127.0.0.1:3000/users/post
{
  "a": "1"
}
```

可以肯定的一点是，req.body 一定是 POST 类的请求，Koa 依赖的中间件里必须包含 koa-bodyparser，不然 ctx.request.body 是没有值的。

4.2.3　获取查询字符串

一般情况下，前端中讲的 query 是 querystring 的简写，指的是查询字符串。在 Koa 中，可以通过 ctx.query 来获取查询字符串对象，代码如下。

```
// GET /search?q=tobi+ferret
ctx.query.q
// => "tobi ferret"

// GET /shoes?order=desc&shoe[color]=blue&shoe[type]=converse
ctx.query.order
// => "desc"

ctx.query.shoe.color
// => "blue"

ctx.query.shoe.type
// => "converse"
```

值得注意的是，查询字符串在所有方法里都可以获取，并不局限于 GET 类型的请求。POST 类请求中也可以使用，代码如下。

```
// POST /search?q=tobi+ferret
{a:1,b:2}
ctx.query.q
// => "tobi ferret"
```

查询字符串的处理方式有很多种，对于不同模块，比如 querystring 和 qs，处理的方式也不尽相同。大家不妨多尝试几种！

4.3 body 解析

4.3.1 模块依赖

处理 body 流的模块非常多，这里我们以常用的 koa-bodyparser 模块为例，列出和它有依赖关系的模块，见表 4-4。

表 4-4

模　块	描　述
koa-bodyparser	Koa 框架中使用的模块，Koa 中间件，仅处理配置的类型，其他需求交由别的中间件处理
co-body	使用 co 封装，用于获取请求内的 body 内容，是 koa-bodyparser 的核心依赖模块，主要对 HTTP 里的 req 进行处理，所有框架都可以使用它，如果想定制特殊功能，使用 co-body 模块是非常好的选择
stream-utils、raw-body	从请求中获取 raw body，是 co-body 的依赖模块

除此之外，通用模块还有 node-formidable、busboy，当然它们也有对应的 Koa 中间件版本的封装，不过用的人不多，因此这里不做过多介绍。如果大家需要扩展相关功能，可以考虑基于这些模块来实现。

4.3.2 原理

在 HTTP 的请求头里，有些 HTTP 动词会带有 message-body，比如 POST、PATCH、DELETE 等。针对使用这些动词的请求，我们需要根据不同的 Content-Type 来返回 body。常用的处理方式如表 4-5 所示。

表 4-5

表单提交类型	Content-Type	说　明
JSON 数据	application/json、application/json-patch+json、application/vnd.api+json、application/csp-report	使用 RESTful JSON API 接口设计
form 表单	application/x-www-form-urlencoded	常见的表单交互方式
text 文本	text/plain	不常用，特定场景会用

前面讲过，Koa 通过 ctx.body 向浏览器写入响应，而 ctx 上用了 body 关键字，所以只能通过 ctx.request.body 来处理请求体。

4.3.3　常见的 POST

相对于 GET 请求，POST 有两个明显的好处：传输的数据量比 GET 大，具体可以传输多少数据要看 Web 服务器的配置；安全性相对更高，毕竟不是明文传输。

正是因为存在这两个明显的好处，所以在进行表单数据处理时大多使用 POST。下面我们来看一下 3 种不同类型的 GET 请求在 Koa 框架里如何使用。

JSON 类型

JSON API 几乎是 API 开发的一套最佳实践。API 开发是移动开发中的一种主流开发项目。除了各种自定义 API，可使用的各种 Hack 方式方法也是极其丰富的。但这些 API 都没有在构建合理响应格式方面给出更好的解决方案。如果你和你的团队曾争论过使用什么方式构建合理的 JSON 响应格式，那么选择 JSON API 就对了。

遵循共同的约定可以提高我们的开发效率，利用更普遍的工具可以使我们更加专注于开发应用程序的重点部分。基于 JSON API 开发的客户端能够充分利用缓存，提升性能，有时甚至完全不需要网络请求。

koa-bodyparser 中的默认配置是启动 JSON 支持，所以只要在请求处理之前添加 koa-bodyparser 这个中间件就可以了。

路由定义如下。

```
router.post('/post/jsonapi/', (ctx, next) => {
    ctx.body = ctx.request.body
})
```

定义好路由并启动服务器之后就可以进行测试了。此时，在终端里使用 curl 命令进行测试，返回结果如下。

```
$ curl -i \
    -X "POST" "http://127.0.0.1:3000/users/post/jsonapi" \
    -H "Content-Type: application/vnd.api+json" \
    -d $'{
        "data": {
          "type": "posts",
          "attributes": {
            "message": "My name is Catbug!"
          },
          "relationships": {
            "author": {
              "data": {"id": 5, "type": "users"}
            }
          }
        }
      }'
```

关于 curl 命令参数，有以下几点说明。

- 指定了 Content-Type 值：application/vnd.api+json。
- 发送的数据是 JSON 结构数据。

服务器端返回的测试结果如下。

```
HTTP/1.1 200 OK
Content-Type: application/json; charset=utf-8
Content-Length: 233
Date: Thu, 25 May 2017 00:11:19 GMT
Connection: keep-alive

{
  "data": {
    "type": "posts",
    "attributes": {
      "message": "My name is Catbug!"
    },
    "relationships": {
      "author": {
        "data": {
          "id": 5,
          "type": "users"
        }
      }
```

```
    }
  }
}
```

JSON API 规范对返回值做了很多约定，只有团队都遵守同样的约定才能提高开发效率。在 Node.js 里，有专门的模块支持 JSON API，比如 fortune 模块可以帮助我们制定许多规则，比使用 Express 或 Koa 自定义相应的支持模块要简单。

表单类型

请求表单是我们在工作中最常用到的，以 POST 为例，它通常会用于进行 3 种处理：通用表单处理、普通表单处理、文件上传。

1. 通用表单处理

通用表单指的是 form-data，其主要依赖两个模块，如下。

```
$ npm install --save koa-bodyparser // 解析 body 内容
$ npm install --save koa-multer      // 文件上传
```

在 app.js 中启用 bodyparser 的可用类型，这种情况下默认支持 form，且在一般的表单场景中足够用。当然也可以配置更多的 enableTypes，代码如下。

```
// 中间件
app.use(bodyparser({
  enableTypes:['json', 'form']
}))
```

koa-multer 是一个非常便于使用的文件上传模块，使用 koa-multer 可以解析 body 中的流，并将其保存成文件，使用方法如下。

```
const multer = require('koa-multer');
const upload = multer({ dest: 'uploads/' });
```

koa-multer 的用法非常简单，只需要把 upload 内置的中间件挂载到路由上即可，这里使用 upload.any()方法，不限制表单字段，具体做法如下。

```
router.post('/post/formdata', upload.any(), (ctx) => {
    console.log(ctx.req.files)
    ctx.body = {
        status: {
            code: 0,
            msg: 'upload sucess'
```

```
        },
        data: {
            body: ctx.req.body,
            files: ctx.req.files
        }
    }
})
```

重要提示：koa-multer 不会处理 multipart/form-data 以外的任何表单，更多内容请查看 multer 官方文档。

我们可以使用 Chrome 浏览器上安装的 Postman 插件来测试 HTTP 请求，结果如图 4-5 所示，很明显，返回的结果和我们期望的是一致的。

图 4-5

文件上传有两种方式：调用 CDN 的 SDK 将文件直接从前端上传到 CDN 上；采用常规上传方式，先将文件上传到 Node.js 服务器，再由 Node.js 服务器转存到 CDN。二者的差别在于是否需要通过服务器对文件进行定制，如果没有这样的需求，直接上传就是很不错的方式。

2. 普通表单

普通表单对应的 Content-Type 是 x-www-form-urlencoded，在这种情况下，在 Koa 里解析请求体非常简单，代码如下。

```
router.post('/post', (ctx, next) => {
    console.log(ctx.request.body)
```

```
    ctx.body = ctx.request.body
})
```

来看一下如何通过 jQuery 的$.post 方法提交普通表单数据来验证上述服务返回的结果，代码如下。

```
    <script>
    $(function(){
        $.ajaxSetup({
          contentType: "application/x-www-form-urlencoded; charset=utf-8"
        });

        $.post("/users/post", { name: "i5a6", time: "2pm" },
           function(data){
             console.log(data);
           }, "json");

    });
    </script>
```

同样地，我们使用 Postman 来进行测试，结果如图 4-6 所示，表明使用普通表单提交的数据和返回的结果是一致的。

图 4-6

3．文件上传

在 Express 中有一个名为 multer 的中间件，其功能是进行文件上传，用起来非常方便。在

Koa 中也有一个类似的 koa-multer 中间件，其具体用法如下。

```
const router = require('koa-router')()
const multer = require('koa-multer');
const upload = multer({ dest: 'uploads/' });

router.prefix('/upload')

router.post('/', upload.any(), (ctx) => {
    ctx.body = {
        status: {
            code: 0,
            msg: 'upload sucess'
        },
        data: {
            body: ctx.req.files
        }
    }
})

module.exports = router
```

上面的代码实现了上传功能，其中的要点说明如下。

- 要想使用 Koa 的上传模块 koa-multer，需要预先安装它。
- 需要将 multer 的上传目录配置为根目录下的 uploads 目录。
- upload 变量上的函数有 array、singgle、fields 等，这些函数均可用来处理文件上传。
- multer 的原始做法是通过 ctx.req.files 来获取上传的文件，然后对 API 进行调整。

针对上面代码实现的文件上传功能，可以在终端中使用 curl 命令进行测试，具体如下。

```
$ curl -F 'avatar=@"test.png"' -F 'a=1' -F 'b=2'  http://127.0.0.1:3000/upload/
```

和 ctx.req.files 类似，如果想获取表单里的其他内容，可以通过 ctx.req.body 来实现。

文本类型

koa-bodyparser 默认只支持 form 和 JSON 两种格式的解析，当出现 Content-Type: "text/plain" 的时候是无法进行处理的，所以这时需要在 koa-bodyparser 中开启 text 支持。

下面给出 app.js 中的一个代码片段。

```
app.use(bodyparser({
  enableTypes:['json', 'form', 'text']
}))
```

接着我们在 routes/user.js 里写一个/post/raw 路由，其用法和普通表单解析请求体的用法一样，通过 ctx.request.body 来访问请求体，代码如下。

```
router.post('/post/raw', (ctx, next) => {
    ctx.body = ctx.request.body
})
```

使用 Postman 进行测试，注意所选类型为 raw，测试结果如图 4-7 所示，表明使用普通表单提交的数据和返回的结果是一致的。

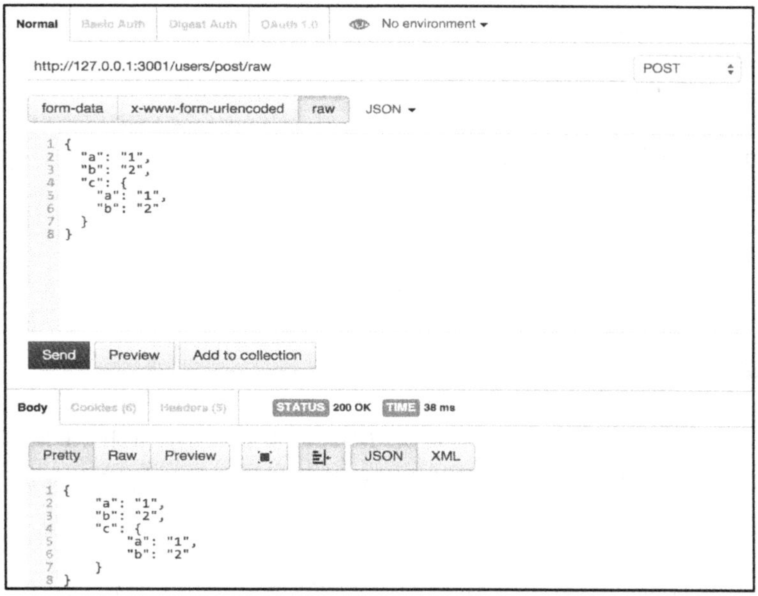

图 4-7

4.4 请求的几种方式

HTTP 是标准协议，常见的 HTTP 请求方式有很多种。通过各种方式，我们不仅能够发送 HTTP 请求，还可以做很多事情，比如实现爬虫、代码测试等，本节将详细介绍。

4.4.1 表单

与服务器交换数据时，我们最常使用表单，通过表单可以提交各种请求，比如下面的代码就是一个非常典型的上传文件的表单。

```
<form method="post" action="/users/post/formdata" enctype="multipart/form-data">
    <input type="text" name="desc">
    <input type="file" name="pic">
    <input type="submit" value="提交">
    <input type="reset" value="重置">
</form>
```

这段代码具有一定代表性，包含了表单中的常见内容，具体如下。

- 通过 form 标签定义表单。
- method 指明了 HTTP 动词，一般 GET 和 POST 用得比较多。
- action 表示要请求的 URL 地址。
- 表单字段通过 input 标签定义。
- 表单提交和重置由 input 标签里的 type 来控制。

4.4.2 AJAX

表单虽好，但它有一个最大的问题：提交后页面会跳转。所以 Web 1.0 时代的页面总是跳来跳去的，用户体验特别不好。2005 年左右，Web 2.0 崛起，其中的代表性技术就是，通过 AJAX 改进了用户体验。

AJAX 即 Asynchronous Javascript And XML，异步 JavaScript 和 XML，是一种创建交互式网页应用的网页开发技术。其核心部分是基于 XMLHttpRequest（XHR）对象实现的，XHR 是由微软首先提出的，从 IE5 阶段开始引入，其他浏览器提供商后来都提供了相同的实现。XHR 为向服务器发送请求和解析服务器响应提供了流畅的接口，能够以异步方式从服务器中获取更多信息，这意味着用户执行单击操作后，可以在不刷新页面的情况下获取新数据。

AJAX 技术的实现包括 4 个步骤：创建 AJAX 对象，发出 HTTP 请求，接收服务器传回的数据，更新网页数据。示例如下。

```
function testpost(){
    // 打开连接
```

```
    xhr.open('POST', '/users/post', true);

    // 根据状态和状态码处理回调
    xhr.onreadystatechange = function(){
        if (this.readyState == 4 && this.status == 200) {
            alert(this.responseText);
        }
    }

    // 因为是 POST 操作，所以要设置 Content-Type
    xhr.setRequestHeader('Content-Type','application/x-www-form-urlencoded');

     // 发送请求，参数是执行 POST 操作时发送的表单键值对
    xhr.send('username=i5ting&password=000000');
}
```

在以上代码中，this.readyState == 4 表示响应已完成，this.status == 200 表示请求成功。

原始的 AJAX 代码写起来非常麻烦，所以一般要借助现有的 AJAX 模块，比如 jQuery 中的 AJAX 请求的写法如下。

```
<script>
$(function(){
     $.ajaxSetup({
       contentType: "application/x-www-form-urlencoded; charset=utf-8"
     });

     $.post("/users/post", { name: "i5a6", time: "2pm" },
         function(data){
           console.log(data);
         }, "json");

});
</script>
```

在 jQuery 里，与 AJAX 相关的函数除了$.ajax，还有$.get、$.post、$.load、$.getJSON、$.getScript 等，其功能非常齐全、强大。

4.4.3　命令行

对于程序员来说，在终端进行操作是最高效的方式之一，尤其是在 macOS 和 Linux 系统的终端下。在终端下测试 HTTP 服务也有非常便捷的方式，比如使用 curl 命令，代码如下。

```
#! /bin/bash
```

```
echo -n "post common"
curl -d "a=1&b=2" http://127.0.0.1:3001/users/post

echo -n 'post formdata'
curl -F 'pic=@"img/post-common.png"' -F 'a=1' -F 'b=2'  http://127.0.0.1:3001/users/po
st/formdata

echo -n 'post raw json'

curl -d "{"a":"1","b":"2","c":{"a":"1","b":"2"}}" http://127.0.0.1:3001/users/post
```

上面的例子演示了表单处理的 3 种方法：通用表单处理、普通表单处理、文件上传。这 3 种方法只在参数上存在差异，原理基本相同。通过 curl -i 来查看具体请求信息是非常方便的。如果不清楚各个选项的含义，可在终端中键入 man curl 命令进行查询。

4.4.4 HTTP 模块

Node.js 的 SDK 提供了对 HTTP 客户端请求的支持，通用的做法是使用 http.request 函数，它的底层是 http.ClientRequest，就是客户端请求，下面举一个处理 POST 请求的例子。

book-source/koa-practice/request-demo/http/http.js 中的代码如下。

```
const querystring = require('querystring')
const http = require('http')

// 定义请求数据
const data = querystring.stringify({
  username: "yourUsername",
  password: "yourPassword"
})

// 定义 HTTP 请求选项
const options = {
  host: '127.0.0.1',
  path: '/users/post',
  port: '3000',
  method: 'POST',
  headers: {
    'Content-Type': 'application/x-www-form-urlencoded',
    'Content-Length': Buffer.byteLength(data)
  }
}

// 定义 HTTP 请求回调函数
const callback = function(response) {
```

```
  let str = ''
  response.on('data', function (chunk) {
    str += chunk
  })

  response.on('end', function () {
    console.log(str)
  })
}

// 定义 HTTP 请求
const req = http.request(options, callback)

// 写入表单数据
req.write(data)

// 发送请求
req.end()
```

处理 POST 请求的代码有点多，那么有没有更简单的做法呢？如表 4-6 所示，这里推荐 5 个通用的 HTTP 请求模块，借助这些模块，我们可以简化请求处理流程。

表 4-6

模块名称	是否支持浏览器	描述
request	否	Node.js 里使用最广泛的模块之一
superagent	是（IE10 及以上版本，若使用 IE9 则需要打补丁）	Node.js 里最好用的模块，其 API 使用起来最便捷，而且为 supertest 的核心模块
got	否	极简模块，可以满足绝大部分场景需求
node-fetch	否，但有对应的浏览器版本的 fetch 实现，规范相同	尤其适合 API 请求，在 axios 之前，React 等都是使用 fetch 模块的
axios	是	同时支持浏览器和 Node.js 的模块，和 fetch 一样尤其适用 API 请求，目前在 React 和 Vue 中使用极其广泛

下面我们一一介绍这 5 个通用 HTTP 请求模块，尤其是 fetch 和 axios 这种在前端也可以使用的模块，它们对于前端开发也是极其友好的。

request

request 是一个 Node.js 模块，它是一个 HTTP 客户端，虽然使用起来很简单，但功能却十分强大。我们可以用它来实现 HTTP 响应流的转接、模拟表单提交、支持 HTTP 认证、实现 OAuth 登录、自定义请求头等。

为了使用 request 模块，我们需要先通过 npm 安装依赖，命令如下。

```
$ npm i -S request
```

book-source/koa-practice/request-demo/http/request.js 中的代码如下。

```
const request = require('request')

request.post({
  url:'http://127.0.0.1:3000/users/post',
  form: {
    username: "yourUsername",
    password: "yourPassword"
  }
}, (err, httpResponse, body) => {
  if (err) console.log(err)
  console.log(body)
})
```

request 最早是由 Mikeal Rogers 开发的。Mikeal Rogers 是 Node.js 基金会的社区经理，笔者有幸在 2015 年“Node.js Live 北京站”与他见过一面，他是一位非常友好的外国人。request-promise 是一个支持 Promise 的 request 模块，也是非常不错的请求模块。

superagent

superagent 是一个轻量级 Node.js 模块，它可读性好，学习曲线平缓。在所有的 Node.js 请求模块中，superagent 的 API 设计得最人性化，其中有大量可用插件，笔者非常喜欢它！

为了使用 superagent 模块，我们同样需要先通过 npm 安装依赖，命令如下。

```
$npm i -S superagent
```

使用 superagent 的示例代码如下。

```
const request = require('superagent')

request
  .post('http://127.0.0.1:3000/users/post')
  .send({
    username: 'yourUsername',
    password: 'yourPassword'
  })
  .end(function(err, res){
    console.log(res.body)
  });
```

superagent 也是著名的测试模块 supertest 的基础模块，是一个值得学习的模块。

got

任何具有通用性的技术都会随着其成熟度的增加而变得越来越复杂。Sindre Sorhus 认为 request 模块过于臃肿，所以就开发了 got 这个更简单易用的模块。

使用 got 前，我们要在终端中通过 npm 安装依赖，命令如下。

```
$ npm i -S got
```

使用 got 的示例代码如下。

```
const got = require('got')

got.post('http://127.0.0.1:3000/users/post', {
    body: {
   username: 'yourUsername',
   password: 'yourPassword'
  },
  form: true
}).then(response => {
  console.log(response.body)
  //=> '<!doctype html> ...'
})
.catch(error => {
  console.log(error.response.body)
  //=> 'Internal server error ...'
})
```

got 能满足绝大部分的场景需求，和 form-data 模块搭配使用效果也不错，虽然其不具备较强的通用性，但胜在小巧，适合有“代码洁癖”的人使用。

node-fetch

Fetch API 是 XMLHttpRequest 的替代技术，是 W3C 的正式标准，是一个简单、标准化的 JavaScript 的 AJAX API。Fetch API 提供了一个 window.fetch()方法，它被定义在 BOM 的 window 对象中，我们可以用它来发起对远程资源的请求。该方法返回的是一个 Promise 对象，我们可以对请求的返回结果进行检索。Chrome 和 Firefox 浏览器已经可以使用该方法，如果需要兼容其他浏览器，可以使用 fetch polyfill。fetch 的用法如下。

```
fetch('/url').then(res => {}).catch(err => {})
```

前端开发人员几乎都对 Node.js 十分熟悉，前端领域广泛使用的模块也支持在 Node.js 中使用，node-fetch 就是其中最具代表性的模块之一。node-fetch 可以说是最轻量的模块之一，没有过度的设计，其简单性类似于 got 模块。

使用 node-fetch 前，需要先在终端中通过 npm 安装依赖。

```
$ npm i -S node-fetch
```

使用 node-fetch 的示例代码如下。

```
const fetch = require('node-fetch')

fetch('http://127.0.0.1:3000/users/post', {
  method: 'POST',
  body: JSON.stringify({
    username: 'yourUsername',
    password: 'yourPassword'
  }),
  headers: {
    'Content-Type': 'application/json'
  }
}).then(function(res) {
    return res.json();
  }).then(function(json) {
    console.log(json);
  })
```

在不同的 JavaScript 环境中使用一致的 API 能带来更好的开发体验，更别说是使用如此优雅的 Fetch API 了。cross-runtime 的应用使用 isomorphic-fetch 可以同时兼容 Node.js 和 Browser 这两种环境。

axios

axios 和 fetch 类似，是一个基于 Promise 的 HTTP 模块，可以同时用在浏览器和 Node.js 中。目前主流的 React、Vue 项目都选择用 axios 来完成 AJAX 请求，下面具体介绍。

使用 axios 前，需要在终端中通过 npm 安装依赖，命令如下。

```
$ npm i -S axios
```

使用 axios 的示例代码如下。

```
const axios = require('axios')

axios.defaults.baseURL = 'http://127.0.0.1:3000'
```

```
axios.post('/users/post', {
  username: 'yourUsername',
  password: 'yourPassword'
})
.then(function (response) {
  console.log(response.data)
})
.catch(function (error) {
  console.log(error)
})
```

4.4.5 工具软件

前面介绍的可视化操作都是基于一款 Chrome 插件 Postman 来实现的。Postman 是一款非常经典的工具，它的知名度很高，功能强大，而且是免费的，因此它是开发的必备利器之一。

新版 Postman 的界面如图 4-8 所示。

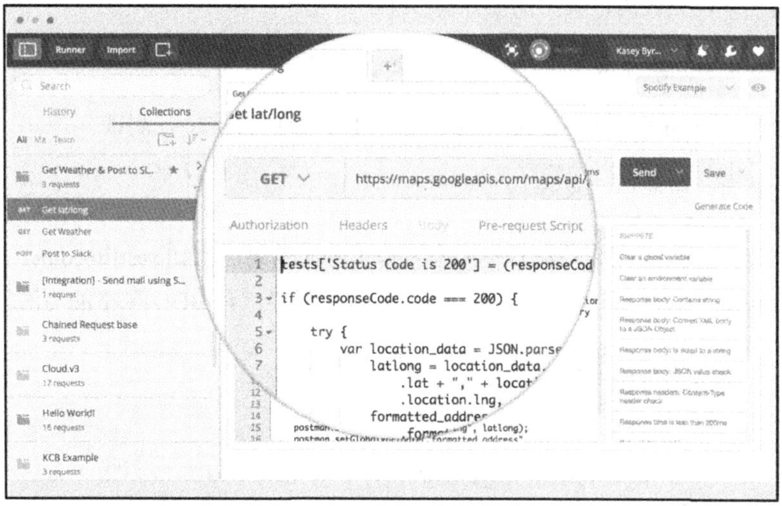

图 4-8

另外，Insomnia 也很不错，它是基于 Electron 打包的跨平台工具，除了安装包略大，其他方面都非常棒，值得推荐。

4.4.6 测试

supertest 是著名的用于测试 Node.js HTTP 服务的模块，它是基于 superagent 模块升级而成的，对测试 App 和断言的过程进行了很好的优化，其用法如下。

```
const request = require('supertest')
const express = require('express')

const app = express()

app.get('/user', function(req, res) {
  res.status(200).json({ name: 'tobi' });
})

request(app)
  .get('/user')
  .expect('Content-Type', /json/)
  .expect('Content-Length', '15')
  .expect(200)
  .end(function(err, res) {
    if (err) throw err;
  })
```

简单解读一下以上代码，其中的要点有 3 个。

- supertest 的参数非常简单，只要传入 app 对象即可。
- 用于测试 Web 框架时无须启动 Web 服务器，可以直接进行测试。
- 内置断言，更简单、友好。

将测试框架和 supertest 模块组合使用会获得更好的效果，比如 restful-router 是一个结合测试框架使用 supertest 的例子，它使用 Mocha 作为测试框架，其 BDD 风格的写法如下。

```
describe('restful-router.test.js', function () {
   it('should get /users/:id => user.show', function (done) {
    request(app)
    .get('/users/123')
    .expect('GET /users/:id => show, query: {}, params: {"id":"123"}')
    .expect(200, done)
  })
})
```

supertest 也可以结合本书中推荐的 AVA 测试框架一起使用，示例如下。

```
test('async superkoa()', async (t) => {
  let res = await request(app)
    .get('/')

  t.is(200, res.status)
```

```
  t.is(res.text, 'Hello Koa', 'res.text == Hello Koa')
})
```

4.5 API 开发

在移动互联网时代，API 的作用被放大了，以前只有 Web 端和 PC 端，所以大家几乎不太在意 API 的写法。但是由于移动互联网出现并普及开来，开发者不得不面临多端（iOS、Android、PC Web、HTML5、微信小程序等）API 调用问题。很明显，API 必须要复用，因此 API 开发变成了 Web 应用里最常见的需求。

我们知道 API 是纯 I/O 应用，这是 Node.js 擅长的场景。如果 API 是从异构服务中获得并组装的，那么 API 组装部分使用 Node.js 来编写也是非常合适的。前面讲过的 BFF（Backend For Frontend）和 API Proxy 完全可以体现。

4.5.1 API 的简单写法

一般情况下，我们需要对 API 响应结果进行封装，将响应的状态和具体的响应数据进行分离，示例代码如下。

```
{
  "status": {
    "code": 10000,
    "message": 'Success'
  },
  "response": {
    ...results...
  }
}
```

其实，这种 API 封装方式就是一种约定。通过响应状态这样的元数据，我们更容易处理 API 调用端，比如统一 iOS、Android、AJAX 调用库的使用方式，这样极大地提升了开发效率。

当然，如果想要在语义上做到更加易懂，可以将 data 和 status 分开，代码如下。

```
{
  "status": {
    "code": 10000,
    "message": 'Success'
  },
  "data": {
    ...results...
```

```
  }
}
```

实际上，很多大公司的 API 都是类似的。这里给出一个简单的基于通用约定实现的模块：koa.res.api。在使用之前，我们需要安装模块，命令如下。

```
npm install --save koa.res.api
```

koa.res.api 是一个 Koa 中间件，要将它挂载在 app 对象上，方法如下。

```
var Koa     = require('koa');
var app     = new Koa();
var res_api = require('koa.res.api');

app.use(res_api());
```

koa.res.api 中间件支持多种 API 调用方式，下面一一说明。

方式 1：直接返回 API 接口，示例如下。

```
ctx.api(404 , err, {
 code : 1,
 msg  : 'delete failed!'
});

the response header is :
HTTP/1.1 404 Not Found
X-Powered-By: Express
Access-Control-Allow-Origin: *
Access-Control-Allow-Methods: GET, POST
Access-Control-Allow-Headers: X-Requested-With,content-type, Authorization
Content-Type: application/json; charset=utf-8
Content-Length: 239
ETag: W/"ef-6e66e2da"
set-cookie: connect.sid=s%3ApwL-xMS2tCh3qgqp_wyIqukbUKFeJv6S.2EB4449yTlxRWZrRyBXRc9J6
Pv%2BNz4M7j35VLIlxE6M; Path=/; Expires=Wed, 17 Jun 2015 15:11:28 GMT; HttpOnly
Date: Wed, 17 Jun 2015 14:41:28 GMT
Connection: keep-alive

response json data

{
  "data": {
    "message": "Cast to ObjectId failed for value \"557a3e326221681d474cf078sdsds\" at
path \"_id\"",
    "name": "CastError",
    "kind": "ObjectId",
    "value": "557a3e326221681d474cf078sdsds",
```

```
    "path": "_id"
  },
  "status": {
    "code": 1,
    "msg": "delete failed!"
  }
}
```

方式 2：返回带有状态的 JSON 数据，示例如下。

```
ctx.api(data, {
  code : 1,
  msg  : 'delete failed!'
});
the response header is :
HTTP/1.1 200 Ok
X-Powered-By: Express
Access-Control-Allow-Origin: *
Access-Control-Allow-Methods: GET, POST
Access-Control-Allow-Headers: X-Requested-With,content-type, Authorization
Content-Type: application/json; charset=utf-8
Content-Length: 239
ETag: W/"ef-6e66e2da"
set-cookie: connect.sid=s%3ApwL-xMS2tCh3qgqp_wyIqukbUKFeJv6S.2EB4449yTlxRWZrRyBXRc9J6
Pv%2BNz4M7j35VLIlxE6M; Path=/; Expires=Wed, 17 Jun 2015 15:11:28 GMT; HttpOnly
Date: Wed, 17 Jun 2015 14:41:28 GMT
Connection: keep-alive
response json data

{
  "data": {
    "message": "Cast to ObjectId failed for value \"557a3e326221681d474cf078sdsds\" at
path \"_id\"",
    "name": "CastError",
    "kind": "ObjectId",
    "value": "557a3e326221681d474cf078sdsds",
    "path": "_id"
  },
  "status": {
    "code": 1,
    "msg": "delete failed!"
  }
}
```

方式 3：返回 JSON API，示例如下。

```
ctx.api(data);
the response header is :
```

```
HTTP/1.1 200 Ok
X-Powered-By: Express
Access-Control-Allow-Origin: *
Access-Control-Allow-Methods: GET, POST
Access-Control-Allow-Headers: X-Requested-With,content-type, Authorization
Content-Type: application/json; charset=utf-8
Content-Length: 239
ETag: W/"ef-6e66e2da"
set-cookie: connect.sid=s%3ApwL-xMS2tCh3qgqp_wyIqukbUKFeJv6S.2EB4449yTlxRWZrRyBXRc9J6
Pv%2BNz4M7j35VLIlxE6M; Path=/; Expires=Wed, 17 Jun 2015 15:11:28 GMT; HttpOnly
Date: Wed, 17 Jun 2015 14:41:28 GMT
Connection: keep-alive

response json data
{
  "data": {
    "message": "Cast to ObjectId failed for value \"557a3e326221681d474cf078sdsds\" at
path \"_id\"",
    "name": "CastError",
    "kind": "ObjectId",
    "value": "557a3e326221681d474cf078sdsds",
    "path": "_id"
  },
  "status": {
    "code": 0,
    "msg": "request success!"
  }
}
```

方式 4：异常情况下返回错误结果，示例如下。

```
ctx.api_error(err);
the response header is :
    HTTP/1.1 200 Ok
    X-Powered-By: Express
    Access-Control-Allow-Origin: *
    Access-Control-Allow-Methods: GET, POST
    Access-Control-Allow-Headers: X-Requested-With,content-type, Authorization
    Content-Type: application/json; charset=utf-8
    Content-Length: 239
    ETag: W/"ef-6e66e2da"
    set-cookie: connect.sid=s%3ApwL-xMS2tCh3qgqp_wyIqukbUKFeJv6S.2EB4449yTlxRWZrRyBXRc
9J6Pv%2BNz4M7j35VLIlxE6M; Path=/; Expires=Wed, 17 Jun 2015 15:11:28 GMT; HttpOnly
    Date: Wed, 17 Jun 2015 14:41:28 GMT
    Connection: keep-alive
response json data
    {
      "data": {
```

```
        "message": "Cast to ObjectId failed for value \"557a3e326221681d474cf078sdsds\"
at path \"_id\"",
        "name": "CastError",
        "kind": "ObjectId",
        "value": "557a3e326221681d474cf078sdsds",
        "path": "_id"
      },
      "status": {
        "code": -1,
        "msg": "api error"
      }
    }
```

4.5.2　响应处理

API 定义是简单的，但对于响应结果的处理却是很麻烦的。这其实和 JavaScript 语言有直接关系，动态语言经常会抛出 Uncaught TypeError 类的异常，外加各式各样的数据结构也会增加响应处理的难度。因此在保证业务准确和可读的前提下做好响应处理是一件很有挑战性的事。

除了前端请求需要做响应处理，使用 Node.js 进行 API 聚合也需要进行响应处理，所以响应处理是 Node.js 开发中相当重要的内容。下面看一下有哪些好的处理方式。

比较常见的是使用 Lodash 的_.get 方法，根据对象路径获取值。如果获取的值是 undefined，则会赋予解析结果以默认值，有效减少异常处理。示例如下。

```
const _ = require('lodash')
const object = { a: [{ b: { c: 3 } }] };
const c = _.get(object, 'a[0].b.c', 1);
console.log(c) //结果是默认值 3
const d = _.get(object, 'a[0].b.d', 1);
console.log(d) //结果是默认值 1
```

另一种更好的方式是使用 TypeScript。TypeScript 作为一门静态类型语言，提前了类型检查的时机。在 TypeScript 里，接口的作用是为这些类型命名及为代码定义契约。根据接口信息，我们可以对值所具有的结构进行类型检查。开启--strictNullChecks 选项会启用新的严格空值检查模式，示例如下。

```
interface User {
  name: string;
  age?: number;
}
function printUserInfo(user: User) {
```

```
  console.log('${user.name}, ${user.age.toString()}')
  // => error TS2532: Object is possibly 'undefined'.
  console.log('${user.name}, ${user.age!.toString()}')
  // => OK, you confirm that you're sure user.age is non-null.
  if (user.age != null) {
    console.log('${user.name}, ${user.age.toString()}')
  }
  // => OK, the if-condition checked that user.age is non-null.
  console.log(user.name + ', ' + user.age != null ? user.age.toString() : 'age unknown
');
  // => Unfortunately TypeScript can't infer that age is non-null here.
}
```

还有一些其他的用于响应处理的方法，各有特点，大家可以自行了解，这里就不一一介绍了。

4.5.3 RESTful API

2000 年，Roy Thomas Fielding 博士在他的博士论文 *Architectural Styles and the Design of Network-based Software Architectures*（《架构风格与基于网络的软件架构设计》）中提出了几种软件应用的架构风格，REST 作为其中的一种架构风格在这篇论文的第 5 章中被概括介绍。REST 是 REpresentational State Transfer 的缩写，可以翻译成“表现状态转换”，但在绝大多数场合中我们只说 REST。

符合 REST 设计标准的 API，即 RESTful API。REST 架构设计遵循的各项标准和准则就是 HTTP 的表现，换句话说，HTTP 就是满足 REST 架构的协议模式。要想深入理解 REST，就要理解 REST 的 5 个关键词：资源（Resource）、表述（Representation）、状态转移（State Transfer）、统一接口（Uniform Interface）、超文本驱动（Hypertext Driven），在《RESTful Web APIs 中文版》一书中对这 5 个关键词有详细描述，感兴趣的读者可以查阅。

我们知道 URL（Uniform Resource Locator）的意思是统一资源定位符，用于描述 Web 资源所在的位置。RESTful API 是以 HTTP 为依托的，还原了 URL 的本质。也就是说，一个 URL 应该就是一个资源，用于表示状态的变化，不包含其他任何动作。在 Koa 中，常见的 RESTful API 路由的写法如下。

```
"use strict";

const router = require('koa-router')();
```

```
const $middlewares  = require('mount-middlewares')(__dirname);

// 控制器
const $ = require('mount-controllers')(__dirname).users_controller;

/**
 * Auto generate RESTful url routes.
 *
 * URL routes:
 *
 *  GET    /users[/]        => student2.list()
 *  GET    /users/new       => student2.new()
 *  GET    /users/:id       => student2.show()
 *  GET    /users/:id/edit  => student2.edit()
 *  POST   /users[/]        => student2.create()
 *  PATCH  /users/:id       => student2.update()
 *  DELETE /users/:id       => student2.destroy()
 *
 */

router.get('/new', $.new);
router.get('/:id/edit', $.edit);
router.get('/', $.list);
router.post('/', $.create);
router.get('/:id', $.show);
router.patch('/:id', $.update);
router.delete('/:id', $.destroy);

// -- custom routes

module.exports = router;
```

比如获取所有用户的路径就是'/users'，而获取某个用户的路径则是'/users/:id'。可以根据 URL 中的状态转换来获取想要的资源。除了需要注意 URL 路径，我们还要注意 HTTP 动词的运用。这里采用 POST 进行创建，使用 PATCH 进行更新，删除则使用的是 DELETE，这些都是基本约定。当然，过滤筛选、分页、排序等也可以正常使用，这些和唯一资源的概念并不冲突。

这样做的另一个好处是可以对路由和控制器进行分离，使各自的职责更加清晰。路由只负责定义 API 写法，比如想在创建的接口前增加用户权限校验，只要将 checkout_auth_middleware 中间件放到具体的$.create 实现之前即可，非常简单，示例如下。

```
router.post('/', checkout_auth_middleware, $.create);
```

按照 REST 的要求，我们必须通过统一的接口来对资源执行各种操作，并且对每个资源只能执行一组有限的操作。以 HTTP/1.1 为例，HTTP/1.1 定义了一个操作资源的统一接口，主要包括以下内容。

- 7 个 HTTP 方法：GET、POST、PUT、DELETE、PATCH、HEAD、OPTIONS。
- HTTP 头部信息（可自定义）。
- HTTP 响应状态代码（可自定义）。
- 一套标准的内容协商机制。
- 一套标准的缓存机制。
- 一套标准的客户端身份认证机制。

REST 还要求，对于资源执行操作，其操作语义必须由 HTTP 消息体之前的部分完全表达，不能将操作语义封装在 HTTP 消息体内部。这样做是为了提高交互的可见性，以便通信链的中间件实现缓存、安全审计等功能。

唯一要说明的是，RESTful API 和上面所谓的简单 API 是有差异的。RESTful API 相对来说更标准一些，对于开发来说是极其方便的。但 RESTful API 的学习成本比简单 API 要高很多，这里简单对比一下，见表 4-7。

表 4-7

API 方式	说　明	难　度	例　子
简单 API	直接返回 JSON 数据，只对返回数据结构做约定，遵循基本的接口规范，开发更随意一些	小	非常多，不具体举例
RESTful API	遵循统一的标准，非常容易量产和验收	大	GitHub 开放 API 的 v3 版本
GraphQL	Facebook 提出的应用层查询语言，类似 API 中间层，可以模拟 API，也可以借助 Apollo 实现一些服务器端功能	大	GitHub 开放 API 的 v3 版本

理论上，GraphQL 和 RESTful API 是更好的 API，不过国内的使用情况却不尽如人意，还是希望大家在追求开发速度的同时，也能适当地规范 API 写法。

4.5.4 API 访问鉴权

前面已经讲过了 API 的重要性，那么如何保证 API 接口的安全呢？传统的 Web 站点可以通过登录来解决用户鉴权问题，那么 API 接口呢？

在保障 API 接口的安全性上，需要遵循如下原则。

- 有调用者身份。
- 请求具有唯一性。
- 请求的参数不能被篡改。
- 请求有效时间，即 API 对应的令牌（Token）的有效期要长一些。

目前流行的鉴权方式有两种：JSON Web Tokens（JWT）、OAuth。

OAuth 中包含两个方法：加密生成令牌、解密获取用户信息。在加密的时候，可以把过期时间加进去，如果对安全性要求特别高，可以把过期时间设置得短一些。如果想增加安全性，也可以叠加鉴权。

OAuth 比 JWT 要复杂一点，所以很多人直接使用 JWT 进行鉴权。通过 JWT 的原始 API 进行签名和校验的示例如下。

```
const jwt = require('jsonwebtoken')

const secret = '17koa.com'

var token = jwt.sign({
    data: {
        user_id: 100000,
        user_name: 'i5ting',
        user_email: 'i5ting@126.com'
    }
}, secret, { expiresIn: '1h' });

// invalid token - synchronous
try {
    var decoded = jwt.verify(token, secret);
    console.log(decoded)
} catch (err) {
    // err
}
```

对以上代码的说明如下。

- 客户端申请令牌时，使用 jwt.sign 进行签名，并将签名结果返回客户端。
- 签名体（payload）会包含用户的必要信息，以便通过 jwt.verify 进行校验时能获得该信息，作为后面的查询依据。
- 当 API 请求携带令牌时，需要先使用 jwt.verify 进行校验，成功后才能根据用户信息查询并返回数据。

那么客户端该怎样将令牌传给服务器呢？下面给出一种实现方法。

```
//检查 POST 的信息、URL 查询参数、头部信息
const token = ctx.request.body.token || ctx.query.token || ctx.headers['x-access-token'];
```

以上代码是获取令牌的命令，其逻辑具体如下。

- 如果 POST 请求里携带了令牌信息，则优先获取。
- 其次使用查询参数里的令牌。
- 最后使用头部信息里的 x-access-token。

在 Koa 中，还有更好用的 koa-jwt 模块，示例如下。

```
const jwt = require('koa-jwt');

router.get('/api', jwt({ secret: 'shared-secret' }), (ctx, next) => {
  // ctx.router available
});
```

介绍了这么多，让我们来思考一下 JWT 的使用场景：API 开发使用 JWT 是非常合适的，这一点毋庸置疑。除此之外，在 Node.js 服务器端和其他服务器通信时，也可以使用 JWT 进行鉴权。

4.5.5　OAuth 鉴权

OAuth 是一个开放标准，允许第三方应用访问该用户在某一网站上存储的私密资源（如照片、视频、联系人列表），而无须将用户名和密码提供给第三方应用。目前主流版本是 2.0 版本。

OAuth 2.0 是 OAuth 协议的下一版本，但不兼容 OAuth 1.0。OAuth 2.0 关注客户端开发的简易性，同时为 Web 应用、桌面应用、手机和起居室设备提供了专门的认证流程。2012 年 10 月，OAuth 2.0 正式发布，并成为 RFC 6749 文件。

支持 OAuth 协议的 API 有很多，比如微博 API、Twitter、Facebook、GitHub、微信等。

OAuth 2.0 的运行流程如图 4-9 所示。

```
+--------+                               +---------------+
|        |--(A)- Authorization Request ->|   Resource    |
|        |                               |     Owner     |
|        |<-(B)-- Authorization Grant ---|               |
|        |                               +---------------+
|        |
|        |                               +---------------+
|        |--(C)-- Authorization Grant -->| Authorization |
| Client |                               |     Server    |
|        |<-(D)----- Access Token -------|               |
|        |                               +---------------+
|        |
|        |                               +---------------+
|        |--(E)----- Access Token ------>|    Resource   |
|        |                               |     Server    |
|        |<-(F)--- Protected Resource ---|               |
+--------+                               +---------------+
```

图 4-9

OAuth 2.0 的运行步骤如下。

- 用户打开客户端以后，客户端要求用户给予授权。
- 用户同意给予客户端授权。
- 客户端使用上一步获得的授权，向认证服务器申请令牌。
- 认证服务器对客户端进行认证以后，确认无误，同意发放令牌。
- 客户端使用令牌，向资源服务器申请获取资源。
- 资源服务器确认令牌无误，同意向客户端开放资源。

其核心在于获取令牌，然后以令牌作为凭证去获取资源。显然，自己实现 OAuth 流程需要写不少代码，且每增加一个 API Provider，过程就要重复一遍。这时应该借助合适的框架。

比如 CNode 论坛就是采用 GitHub 进行 OAuth 鉴权后才能访问的，它的 package.json 里有两个依赖。我们可以通过 oauth2-server 模块来完成 OAuth 鉴权过程，几乎不需要修改各端 SDK 就可以使用。

4.6 常用中间件

本节将介绍 4 个有特色的常见中间件，分别是会话、ETag、验证码和限制访问频率。掌握这些中间件的相关知识，大家可以动手练习，更好地实践。

- 会话是最常见的，用来保持客户端和服务器端的状态。
- ETag 是 Web 缓存优化的常见中间件。
- 验证码是采用 OTP 封装的中间件。
- 限制访问频率是对抗暴力破解的有效手段。

4.6.1 会话

HTTP 本身是无状态协议，但有时我们需要记录用户的状态，比如购物车状态、用户登录状态等，这时我们需要了解会话。会话是一种记录客户状态的机制，和 Cookie 类似，不同的是 Cookie 保存在客户端浏览器中，而会话保存在服务器上。

当客户端浏览器访问服务器的时候，服务器会将把客户端信息以某种形式记录下来，这就是会话。当客户端浏览器再次访问服务器时，只需要从该会话中查找用户的状态即可。

Koa 中有很多与会话相关的模块，这里列举一下。

- koa-session：基于 Cookie 的简单会话实现。
- koa-generic-session：Session Store 的抽象层，目标是让会话能够存储在 Redis 或 MongoDB 等自定义持久化存储中。它内置了 Memory Store，即内存存储。例如，koa-redis 是基于 Redis 存储的，koa-generic-session-mongo 是基于 MongoDB 存储的。

基于 Redis 的会话的实现代码如下。

```
const Koa = require('koa')
const session = require('koa-generic-session')
const RedisStore = require('koa-redis')

const app = new Koa()
app.keys = ['keys', 'keykeys']

// 加入全局中间件
app.use(session({
   store: new RedisStore(),
   ttl: 30 * 60 * 1000 // 半小时
}))

// 在路由中可以直接通过 ctx.session 对后面的中间件进行操作
app.use(ctx => {
   switch (ctx.path) {
```

```
        case '/get':
            ctx.session.user = { name: 'i5ting' }
            ctx.body = ctx.session.user
            break
        case '/remove':
            ctx.session = null
            ctx.body = "removed"
            break
    }
})

app.listen(8080)
```

以上代码中有 3 个要点。

- 依赖 Redis，因此需要先启动 Redis 服务器。
- 通过 ctx.session 进行会话信息处理。
- TTL 是 Session Store 的超时时间，参考 JavaEE 服务器 Tomcat 的会话超时，这个值一般是 30min。

为了验证 Redis 中的会话数据，可以使用 Redis 客户端进行查询，界面如图 4-10 所示。

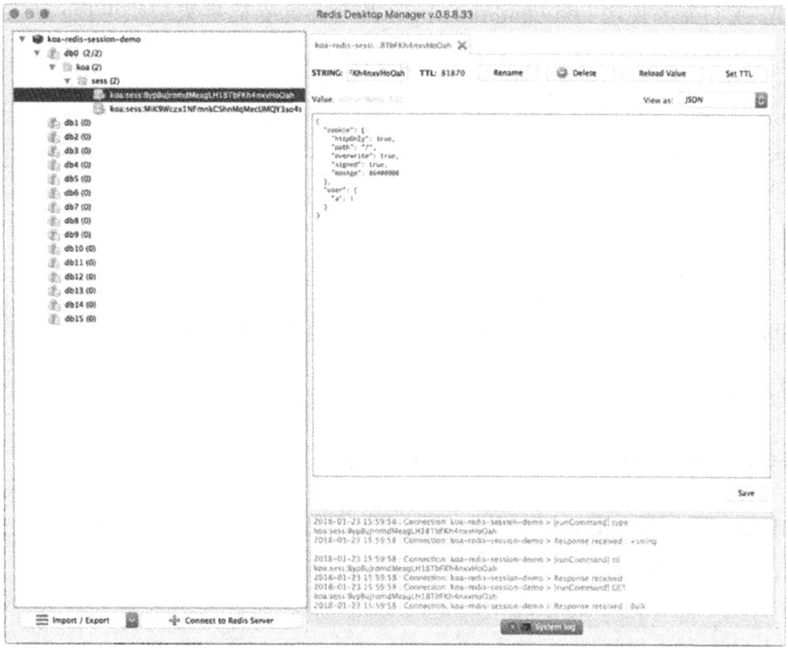

图 4-10

Session Store 其实就是将会话存储在不同持久化存储中以后抽象出来的通用层，其基本的存、取和销毁操作如下。

- get(sid)：根据 sid 来获取会话信息。
- set(sid, sess, ttl)：通过 sid 设置会话信息，ttl 指的是会话可存活时间（ms）。
- destroy(sid)：根据 sid 销毁会话。

此外，用于持久化存储连接管理的 API 有 connect 和 disconnect，大家可以自行学习。

4.6.2 ETag

ETag 是前端缓存优化的重要部分。ETag 在服务器端生成后，客户端将通过 If-Match 或 If-None-Match 条件判断请求来验证资源是否被修改，其中比较常用的是 If-None-Match。如果资源没有被修改则返回 304 状态码，如果被修改则返回正常值。

一般的静态 HTTP 服务器都会根据文件内容来判断文件是否被修改，进而决定是否需要给客户端返回新内容。

在 Koa 里，我们需要使用 koa-conditional-get 和 koa-etag 插件来提供 ETag 功能，示例如下。

```
var conditional = require('koa-conditional-get');
var etag = require('koa-etag');

// etag 模块通常和 conditional-get 模块一起使用
app.use(conditional());
app.use(etag());
```

关于以上代码，说明如下。

- 这里定义的变量 etag 就是在 Koa 中用于生成 ETag 的中间件。
- ETag 缓存是通过 conditional-get 拦截才能生效的。
- koa-conditional-get 一定要放在 koa-etag 前面。

ETag 的核心实现就是 koa-etag 模块。首先要获取 entity，一般是 ctx.body 的内容，然后 etag 模块会计算出 ETag 的值，并将这个值赋给 ctx.response.etag。

```
var calculate = require('etag');
...
ctx.response.etag = calculate(entity, options);
```

4.6.3 验证码

大家或许都用过网上银行，部分网上银行有一个动态口令验证码，一般为 6 位数字。这个原理较为简单，即银行方保留了一个密钥（Key），同时使动态口令生成器中的 Key 与银行方保持一致，通过 OPT 等协议算法生成 6 位数字。这个过程很难被逆转及破解，因为只要将 Key 设置得足够复杂，验证码就几乎不可能被破解，同时基于时间策略，更难破解。

OTP 的全称为 One-time Password，也称动态口令，是根据专门的算法每隔 60s 生成的一个与时间相关的、不可预测的随机数字组合（即口令），每个口令只能使用一次，每天可以产生 43200 个口令。

OTP 分两种，HOTP 和 TOTP。HOTP 是基于加法计数器和静态对称密钥的算法。TOTP 是基于时间的一次性密码算法，是支持将时间作为动态因素的，基于 HMAC 一次性密码算法的扩展算法。

对于生成短信验证码这种需求，使用以上哪种动态口令都可以，如果是 60s 内不允许重新生成，则使用 TOTP 即可。

OTP 实现步骤如下。

- 在一定时间范围（一般为 60s）内生成有效且复杂的字符串。
- 对字符串进行散列计算。
- 将结果转换为 6 位整数。
- 让服务器与客户端保持时间、算法、Key 同步一致。

下面给出 OTP 的具体实现。

```
var notp = require('notp');

var opt = {
    window : 0,
};

var app = {
  encode: function(key) {
    return notp.totp.gen(key, opt);
  },
  decode: function(key, token) {
    var login = notp.totp.verify(token, key, opt);
```

```
    if (!login) {
      console.log('Token invalid');
      return false;
    }

    return true;
  }
}

module.exports = app;
```

以上代码中包含 encode 方法和 decode 方法，即采用 TOTP 进行加密解密，核心参数是 key。那么 key 参数怎么能保证唯一呢？其实很简单，因为我们的业务都是与手机号或用户名进行绑定的，通过手机号绑定可以保证唯一性。

对以上代码稍做封装，即可得到 koa-otp 中间件的代码，如下。

```
module.exports = function (key) {
  return {
    encode: function (cb) {
      return function (ctx, next) {
        var token = app.encode(key)
        ctx.otp_token = token
        if (cb) {
          cb(ctx, next)
        } else {
          return next()
        }
      }
    },
    decode: function (token, cb) {
      return function (ctx, next) {
        ctx.otp_valid = app.decode(key, token)
        if (cb) {
          cb(ctx, next)
        } else {
          return next()
        }
      }
    }
  }
}
```

获取 otp_token 的代码如下。

```
var otp = require('koa-opt')("jkjldsfsfsdf")

app.use(otp.encode(function (ctx, next) {
  ctx.body = {
    token: ctx.otp_token,
    valid: ctx.otp_valid
  }
}))
```

OTP 唯一的问题是，每天最多产生 43200 个密码，而对于某些应用来说这个数量是不够的，因此需要自己再设计一套机制，将密码和相关的服务器进行绑定，将服务器和访问次数进行绑定。当然也可以利用 Redis 和 MongoDB 的 TTL 特性来实现。

4.6.4　限制访问频率

限制访问频率是对抗暴力破解的有效手段，比如限制用户发短信的时间间隔。由于短信发送是按条收费的，发多了成本也高，所以会有各种限制，比如常见的 60s 之后可以再发一次、每次验证码的有效期是 10min 等。那么这些规则怎么实现更好呢？

最简单也最好的办法是利用 Redis 的 expire 命令。其实使用 MongoDB 也可以，MongoDB 可以通过 TTL 的索引特性实现 TTL 集合，TTL 可以通过一个后台线程读取索引中的值，然后清除过期的集合。

接着说 expire 命令，它的原理是在 Redis 里设置 Key 的值，经过一定的时间之后，这个值就会被删除。这样做的好处是，Redis 是内存数据库，读写非常快，另外 Key 过期就被删除，非常节省空间。

设置缓存的方法如下。

```
function cache_expire(k, v){
 console.log('============= cache_expire ==============');
 if(client){
   client.set(k, v, redis.print);
   // 60s 后过期
   client.expire(k, 1*60);
 }else{
   console.log('redis client instance is not exist.');
 }
}
```

每次请求来到时，都需要先从缓存中查询一下，如果相应的 Key 存在就不做任何处理，如果不存在就发送短信，并将此 Key 保存到缓存中。

```
// 首先检测缓存中是否有 tel 的 Key
  client.get(tel, function (err, reply) {
      if(reply) {
          console.log('已存在：不做任何处理' + reply.toString());
      } else {
          console.log('不存在，发送短信');

          cache_expire(tel, a);
      }
  });
```

以上代码主要对 Redis 进行了操作，其中的要点如下。

- cache_expire 可以设置 Redis 的 Key。
- client.get 可以检测缓存里是否有 tel 的 Key，如果有就不做任何处理，如果没有就发送短信。

如果需要保存发送历史记录，可以通过日志保存，也可以通过库表保存，其他逻辑与此类似，需要自己实现。

当然，还有更简单的限制访问频率的方式，比如使用 ratelimiter 模块，可以通过限制用户的连接频率来防止暴力破解类的攻击，代码如下。

```
var email = req.body.email;
var db = require('ioredis').createClient();

var limit = new Limiter({ id: email, db: db });

limit.get(function(err, limit) {

});
```

我们可以将 ratelimiter 封装成一个中间件以供应用使用，而且 ratelimiter 中本身也有 koa-ratelimiter 这个现成的中间件，代码如下。

```
var ratelimit = require('koa-ratelimit');
var redis = require('redis');
var Koa = require('koa');
var app = new Koa();

var email = ratelimit({
  db: new Redis(),
  duration: 60000,
  errorMessage: 'Sometimes You Just Have to Slow Down.',
  id: (ctx) => ctx.email,
```

```
  headers: {
    remaining: 'Rate-Limit-Remaining',
    reset: 'Rate-Limit-Reset',
    total: 'Rate-Limit-Total'
  },
  max: 10
})

var ip = ratelimit({
  db: new Redis(),
  duration: 60000,
  errorMessage: 'Sometimes You Just Have to Slow Down.',
  id: (ctx) => ctx.ip,
  headers: {
    remaining: 'Rate-Limit-Remaining',
    reset: 'Rate-Limit-Reset',
    total: 'Rate-Limit-Total'
  },
  max: 100
})

app.post('/login', ip, email, function(ctx, next){...});
```

这里我们所做的，就是限制了在一段给定时间内用户可以尝试登录的次数，通过 IP 地址和 E-mail 这两个维度进行限制可以降低用户密码被暴力破解的风险。当然，以上只是示例代码，在实际项目中，我们需要根据真实情景来确定方案。

4.7　本章小结

通过本章的学习，你应该已经对 Koa 的常见用法有了更深的了解，尤其是 HTTP、获取参数的 3 种方式、body 解析、请求的几种方式等。当然，API 开发也是极其重要的部分，本章讲了两种常见的 API 开发方式，以及两种常见的 API 鉴权方式。

有了上面这些知识，你应该可以处理 Web 应用场景中的各种常见问题了。如果大家想以实践的方式了解 HTTP，可以参考网络上的优秀实践项目。

第 5 章

数据库基础

Node.js Web 编程有 4 个核心内容：异步流程控制、Web 框架、数据库和模板引擎。异步流程控制和 Web 框架在前面的章节中讲过，本章和下一章将详细讲解 Web 开发过程中必须掌握的“数据库”相关技能。

在 Web 应用中最常见的就是 I/O 操作，而只要涉及业务处理及数据持久化，就需要使用数据库。因此，数据库是整个 Web 应用开发中至关重要的部分。本书主要讲 Node.js，所以在数据库选型上也会结合 Node.js 来考虑，选用 MongoDB 或 MySQL 都行。Node.js 模块里的 Mongoose 和 Sequelize、Bookshelf、TypeOrm 等也都非常不错，所以本章会以 MongoDB 和 Mongoose 为主进行讲解。

5.1 入门

本节简要介绍数据库的发展和选型，然后讲解模型（Model）层在 MVC 里的作用，这样我们就能知道代码是如何编写与测试的了。接下来，我们会花很大的篇幅讲解具体模块的用法，以便读者能够更好地理解和应用它们。

5.1.1 选择哪个数据库

关系型数据库（RDB）在近几十年里都可谓企业应用程序的基础。MySQL 也属于关系型数据库，自 1994 年发布以来便迅速获得了用户的认可，著名的 LAMP（Linux + Apache + MySQL + PHP）技术标准中的“M”就是指 MySQL。MySQL 开源、免费、功能强大，毫无疑问已经成为主流的数据库。在著名的淘宝“去 IOE”事件里，“O”指的是 Oracle 数据库，取而代之的就是 MySQL。

近年来，随着应用场景和数据量不断激增，非关系型数据库（NoSQL），如 MongoDB、Redis 等应运而生，满足了新的应用需求。其中 MongoDB 使用非常广泛，与关系型数据库最为相似。鉴于用户习惯及其性能优势，很多新的应用程序都采用 MongoDB 进行开发。甚至有人总结 LAMP 之后的架构是 MEAN（MongoDB + Express + Angular + Node.js），其中的“M”指的就是 MongoDB。

关系型数据库的基础是关系代数，主要处理结构化数据，表连接在一起时会产生一个笛卡儿乘积。关系型数据库主要采用 SQL（Structured Query Language，结构化查询语言）。可以说从 1970 年至今，软件开发领域变化最小的就是关系型数据库，会 SQL 的人几乎可以靠它“吃”半辈子。

而非关系型数据库主要用于解决 4 个问题：数据的高并发读/写、数据的高可用、海量数据的存储、实时分析。所以，数据采用键值对（Key/Value）形式存储，和 NoSQL 的起源有关。缓存的好处是极其明显的，最初的缓存设计都采用键值对形式，比如 Memcache 等。

从上面这些简单的描述中，大家应该可以理解关系型数据库与非关系型数据库的异同。在做数据库选型时，业务场景决定技术选型。从 Java、PHP、Ruby 等开发语言的应用普遍性和 MySQL 的性能来看，绝大部分场景选用 MySQL 是足够的。那么，为什么讲 Node.js 的书很少介绍 MySQL 呢？原因大概是 MySQL 太常见，后端开发人员几乎都会，而且市面上的图书、教程也极多吧。

关于 MySQL，值得说明的是，如今互联网的流量，或者说中国互联网的流量，已经完全超出了关系型数据库的能力范围。互联网颠覆了很多软件方法论，比如关系型数据库理论里的三范式，比如主/外键、关联关系等。为了达到高并发的目的，很多公司都要求开发人员不能使用 join 实现表关联，而且要将 MySQL 只用来进行数据收集，把所有的关联逻辑放到后面处理。无论是采用 SQL、消息队列，还是其他 ETL 手段，包括分库/分表、加缓存等，其实都是以分拆（分而治之）的思路来应对高并发问题的。

为什么要推荐 Node.js 和 MongoDB 这种搭配呢？MongoDB 是一个介于关系型数据库和非关系型数据库之间的产品，是 NoSQL 中功能最丰富、最像关系型数据库的。它支持的数据结构非常松散，是类似于 JSON 的 BSON 格式，因此可以存储比较复杂的数据类型。MongoDB 最大的特点是它的查询语言功能非常强大，其语法有点类似于面向对象的查询语言，几乎可以实现类似关系型数据库单表查询的绝大部分功能，而且还支持对数据建立索引。另外，选用 Node.js 的开发人员对运维可能不是特别熟悉，因此，当希望以最低的成本和最高的效率开发软件功能时，选择 MongoDB 就是顺理成章的事情。

表 5-1 对 SQL 与 MongoDB 中的术语和概念做了简单的对比，可以看到二者的概念重合度相当高。本书会以 MongoDB 为主，从实践角度来讲解如何通过 Node.js 操作 MongoDB。

表 5-1

术语/概念	SQL	MongoDB
数据库	Database	Database
表	Table	Collection
行	Row	Document 或 BSON Document
列	Column	Field
索引	Index	Index
表关联	Table Joins	$lookup 或内嵌 Documents
主键	Primary Key	Primary Key，默认为_id
聚合运算	Aggregation	Aggregation Pipeline

5.1.2 了解 MVC 里的模型

MVC（Model View Controller）是一种设计模式，其中 Model 表示模型，View 表示视图，Controller 表示控制器。这种模式采用一种业务逻辑、数据与界面显示分离的方法来组织代码，将业务逻辑聚合到一个控制器里，可以改进界面及用户交互（UI，User Interaction），并进行个性化定制，而且不需要重新编写业务逻辑。MVC 起源自 Java GUI 编程，但没有流行起来，后来却无心插柳地在 Java Web 开发领域火得一塌糊涂，并成为程序员默认的基本设计模式。

下面给出 Node.js 的 Koa 项目里最常用的 MVC 架构示意图，见图 5-1。

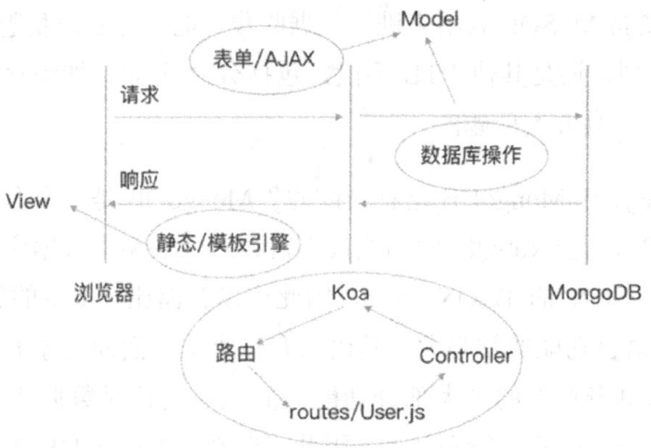

图 5-1

视图和控制器的职责一目了然，但视图和控制器之间，以及控制器和数据库之间如何解耦呢？这时就需要用到模型了，模型能够让业务逻辑独立且清晰。

控制器的主要工作是访问 MongoDB 数据库，完成业务逻辑编写工作，然后将处理结果返回浏览器。所以，核心的数据存取工作都是在 MongoDB，即经典三层架构里的数据访问层中完成的。

模型又分为领域模型和视图模型，控制器和数据库之间的是领域模型，视图和控制器之间的是视图模型。说得直白一点，模型和数据库表是一一对应的，在设计模型时，除了要考虑数据库表的结构，还需要考虑 UI 渲染因素。当然，设计表结构的时候，也是要考虑用户交互（UI）和用户体验（UE）的。

模型还有一种分类方法：充血模型与贫血模型。贫血模型把“行为”（也称为逻辑、过程）和“状态”（可理解为数据）分离到不同的对象中。只有状态的对象就是所谓的贫血对象（Value Object，VO），而只有行为的对象就是我们常见的 N 层结构中的 Logic 层、Service 层、Manager 层。其实适用场景是一样的，充血模型因为属于面向对象编程范畴，所以有更丰富的语义、更合理的组织和更强的可维护性。当然，贫血模型搭配 DAO（Data Access Object）和 Logic 层、Service 层、Manager 层也是不错的，是目前 JavaEE 架构中最常用的搭配。在 Node.js 世界里，以前不常用到面向对象思想，因此贫血模型就用得比较多。但随着 ES6 和 TypeScript 开始支持面向对象，未来 Node.js 应该会倾向于采用充血模型。

模型设计是数据库开发的核心，往往也是整个软件开发过程的先行部分。下面看一下如何编写模型代码。

5.1.3　模型的代码

领域模型和视图模型都是简单的有状态的类，主要通过属性来描述，可提供简单的 set 或 get 方法。充血模型和贫血模型对模型上的行为的支持程度是有差异的。贫血模型搭配 DAO 是常见的用法。与 Ruby on Rails 里的 ActiveRecord 类似的充血模型性能更好，能提供所需操作的所有行为，但对于 JavaScript 这种语言来说，不太容易实现。

JavaBean 是用 Java 语言编写的可重用组件。为写成 JavaBean，类必须是具体的、公共的、有无参数的构造器。JavaBean 通过提供符合一致性设计模式的公共方法，将内部私有属性暴露为公开属性，通过 set 和 get 方法来完成获取或设置属性的行为。只要属性名称遵守约定，其他 Java 类就可以通过反射机制发现和操作这些 JavaBean 属性。

下面看一个简单的 JavaBean 示例，该模型中只包含用户名和密码。

```
public class User {
   private String username;// 用户名
   private String password;// 密码

   public User(){

   }

   public String getUsername() {
      return username;
   }

   public void setUsername(String username) {
      this.username = username;
   }

   public String getPassword() {
      return password;
   }

   public void setPassword(String password) {
      this.password = password;
   }
}
```

将上面的代码改用 ES6 实现，提供构造器，使用 set 和 get 方法获取属性，示例代码如下。

```
class User {
   constructor() {

   }

   get username() {
      return str ;
   }

   set username(username) {
      str = value;
   }

   get password() {
      return str ;
   }

   set password(username) {
      str = value;
```

```
    }
}
```

给出上面这个简单的模型代码示例是为了说明模型具有通用意义。除了与数据库相关的领域模型外，只要是紧耦合的场景，抽取出一个模型层，都会让代码更具可读性。下面举例说明。

使用 Sequelize 模块定义的模型代码 User.js 如下。

```
module.exports = sequelize.define('user', {
  username: Sequelize.STRING,
  password: Sequelize.STRING
});
```

上面的代码和使用 Mongoose 模块定义模型的代码是非常相似的，下面来看一下 Mongoose 示例代码。

```
module.exports = Mongoose.model('user', {
    username: String,
    password: String
});
```

Sequelize 和 Mongoose 的用法几乎一模一样，读者只要精通一种，便可举一反三。

5.1.4　代码组织结构

现在你应该了解了模型的基本概念，那么在代码里如何使用它呢？很多程序员都很看重目录结构和命名，这是好事，这里推荐一种比较经典的做法。先来看一看图 5-2。

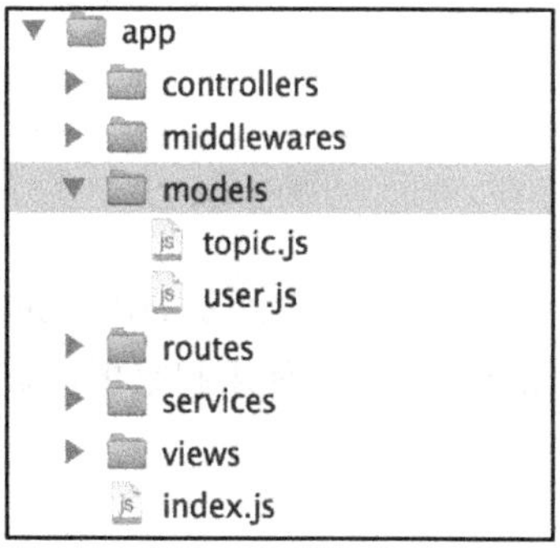

图 5-2

图 5-2 展示的是一个参照 Ruby on Rails 而形成的目录结构。首先，将项目中可变的内容放到 app 目录下，也就是说在开发时关注这个目录即可。这个目录结构还有以下几点值得参考。

- 采用典型的 MVC 结构，包含 models、views 和 controllers 这 3 个目录。
- 包含 routes 目录，这是因为 Express 和 Koa 框架的路由都是独立的，大家都习惯采用这种写法。
- 包含 services 目录，这一点参考了 Java 项目，表示在控制器层和模型层之间增加了 Service 层。

这里梳理一下图 5-2 所示的目录结构下的请求响应过程，如图 5-3 所示。

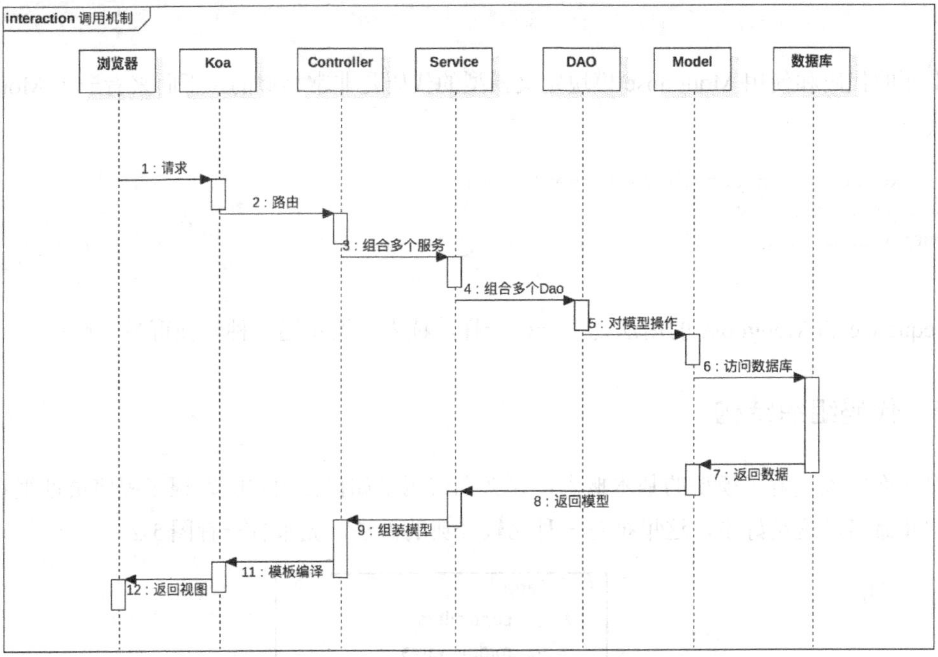

图 5-3

在 Java 的世界里，大家都习惯按照图 5-3 所示的流程完成请求响应，在 Node.js 的世界里，其实也可以采取类似的方式。虽然分层以后使用起来更复杂，但对于大型项目来说，分层确实是必需的。

5.2 MongoDB 的安装与部署

MongoDB 是一个基于分布式文件存储的数据库，用 C++语言编写而成。MongoDB 性能高，部署和运维简单，而且使用方式与关系型数据库相似，因而非常流行。它的部署和运维简单是相对于 MySQL 或 Oracle 等数据库而言的，即使是非专业的运维人员，也能够轻松搞定大部分应用场景，所以 MongoDB 能流行开来是必然的。

5.2.1　安装与部署的方式

MongoDB 的安装和部署方式主要有如下两种。

采用复制集（Replica Set）

采用复制集是 MongoDB 的部署方式之一，复制集通常由三个对等的节点构成，有 primary 和 secondary 等多种角色。primary 负责读/写请求，secondary 负责读请求（由配置决定），secondary 紧跟 primary 并应用写操作。如果 primary 失效，则集群进行"多数派"选举，选举出新的 primary。复制集是 MongoDB 垂直扩展的最小部署单位，解决了单点故障问题。分片集群中每个 shard 节点也可以使用复制集提高数据的可用性。但复制集也有缺点，主要在于集群数据的容量受限于单个节点的磁盘大小，如果数据量不断增加，对数据库进行扩容将是非常痛苦的事情。

采用分片集群（Sharding Cluster）

为了解决上述复制集的问题，我们需要采用分片模式。将整个集合（Collection）中的数据根据分片键（sharding key）分别存储到多个 MongoDB 节点上，即让每个节点持有集合的一部分数据，集群持有全部数据。这样一来，原则上分片可以支撑 TB 级的数据。这种方式应对高并发、超大数据量场景时，效果是非常好的。

在对系统进行配置时需要注意以下几点。

- 建议将 MongoDB 部署在 Linux 系统上，选择较高的版本，以及合适的底层文件系统（Ext4），开启合适的 Swap 空间。
- 无论是采用 MMAPv1 还是 WiredTiger 引擎，较大的内存总能带来直接的好处。
- 关闭数据存储文件的 atime 选项（表示文件最近被访问的时间，每次访问文件时这个时间都会更改），可以提升文件访问效率。
- 调整 ulimit 参数。在基于网络 I/O 或者磁盘 I/O 进行操作的应用中，通常要调整这个参数，主要是为了上调系统允许打开的文件个数。

推荐以复制集为单位进行部署，简单高效。搭建分片集群是非常麻烦的，需要首先了解路由、分片、配置服务器等概念，因此不推荐非专业的运维人员使用这种部署方式。

5.2.2 在 macOS 上安装

在 macOS 上安装 MongoDB 最简单的方式是借助 Homebrew 这个方便的包管理工具。具体方法如下。

```
# Update Homebrew's package database
$ brew update

# Install MongoDB
$ brew install mongodb

# Create the data directory
$ sudo mkdir -p /data/db

# Set permissions for the data directory
$ sudo chown -R 'whoami' /data/db

# Run MongoDB Server
$ mongod
```

5.2.3 在 Ubuntu 上安装

在 Ubuntu 上安装 MongoDB 和在 macOS 上安装类似，通过 apt-get 包管理器即可完成。具体方法如下。

```
# Import the public key used by the package management system
$ sudo apt-key adv --keyserver hkp://keyserver.ubuntu.com:80 --recv EA312927

# Create a source list file for MongoDB
$ echo "deb http://repo.mongodb.org/apt/ubuntu trusty/mongodb-org/3.2 multiverse" | s
udo tee /etc/apt/sources.list.d/mongodb-org-3.2.list

# Update the repository
$ sudo apt-get update

# Install the latest stable version of MongoDB
$ sudo apt-get install -y mongodb-org

# Start MongoDB service
$ sudo service mongod start
```

5.2.4　在 Windows 上安装

在 Windows 上安装 MongoDB 是最简单的，直接安装.exe 文件即可。下载安装包然后配置环境变量，对于多个 MongoDB 版本并存的情况，以及后续的测试和开发都是有好处的，因此这是最为推荐的方式。

5.2.5　更好的启动方式

通过命令启动 MongoDB 有点麻烦，代码如下。

```
#! /bin/bash

mkdir -p tmp/db
mkdir -p tmp/pids
mkdir -p tmp/logs


# remove lock file
[ -f tmp/db/mongod.lock ] && rm -rf tmp/db/mongod.lock

touch tmp/pids/mongodb.pid

# 启动
nohup mongod --bind_ip 127.0.0.1 --port 27017 --dbpath tmp/db --logpath tmp/logs/mongod
b.log --pidfilepath tmp/pids/mongodb.pid >mongod.log 2>&1 &
```

上面的 shell 脚本完成了如下 4 项内容。

- 创建目录 db、pids 和 logs。
- 如果有锁文件，则需要移除。
- 创建进程 id 文件。
- 通过 mongod 命令启动服务器，指定目录、IP 地址、日志、进程号等。

很明显，这些步骤是不太好记的，即便写成 shell 脚本也比较麻烦。更好的办法是将 shell 脚本嵌入 npm，以二进制模块的方式进行全局安装。mh 就是这样的启动模块。

```
$ npm i -g mh
$ mh
```

mh 中内置了两条命令，具体如下。

- 当 mh 在当前目录下启动时，数据独立。
- 当 mhg 在用户主目录下启动时，数据共享。

对于日常开发来说，推荐使用跨平台 MongoDB 管理客户端 Robo 3T（之前叫作 Robomongo），Robo 3T 拥有可视化界面，操作起来非常方便。

至此，相信你已经可以让 MongoDB 运行起来了。

5.3　Mongoose 基础

MongoDB 是一个开源的非关系型数据库，与 MySQL 那样的关系型数据库相比，它显得更轻巧、灵活，非常适合在数据规模很大、事务性不强的场景下使用。同时 MongoDB 也是一个对象数据库，其中没有表、行等概念，也没有固定的模式和结构，所有的数据以文档的形式存储。所谓文档，就是一个关联数组式的对象，由属性组成，一个属性对应的值可能是一个数、字符串、日期、数组，甚至是一个嵌套的文档。MongoDB 存储的数据格式是类似 JSON 的 BSON 格式。

假定你已经完成了 MongoDB 的基本安装，本节将介绍 Node.js 里的 Mongoose 模块。

5.3.1　简介

Mongoose 是 MongoDB 的一个对象模型工具，是基于 Node-MongoDB-Native 开发的 MongoDB 的 Node.js 驱动，可以在 Node.js 异步环境下执行。同时，它也是一个针对 MongoDB 操作的对象模型库，封装了 MongoDB 对文档操作的常用方法，让开发者可以高效地使用 MongoDB。

我们可以把 Mongoose 理解为简易版的 ORM（Object-Relation-Mapping，对象关系映射），Mongoose 提供了类似 Schema 表结构的定义，以及 Hook、Plugin、Virtual、Populate 等机制，可以使 Node.js 对 MongoDB 的操作变得特别简单！

Mongoose 是 WordPress 的母公司 Automattic 发布的开源项目，之所以开发 Mongoose，是因为他们经常要编写对 MongoDB 进行操作的业务逻辑（比如校验、类型转换等）并为此感到十分厌烦，毕竟偏底层的 MongoDB API 是非常难用的。除了著名的 Mongoose 模块，Automattic 公司还开发了很多其他非常好的开源 Node.js 模块。在 Automattic 公司中，业务和开源项目都大量使用 Node.js，他们可谓一支低调做事但能力强大的 Node.js 团队。

一般的 Node.js 书往往直接给出例子，其中混杂着各种库和代码，然后才介绍 Mongoose，这样很容易把人弄晕。笔者一直认为这样做是不合适的。为什么只有掌握这么多其他的知识后才能学好 Mongoose 呢？它仅仅是一个 Node.js 模块而已。

5.3.2 入门

回顾一下前面的知识点，MongoDB 是一个面向文档的非关系型数据库，用来存储数据；而 Mongoose 是一个封装了 MongoDB 操作的对象模型库，是用来操作这些数据的。下面介绍如何通过 Mongoose 来操作 MongoDB。

准备阶段

安装 Mongoose 的命令如下。

```
$ npm install --save mongoose
```

引用 Mongoose 的命令如下。

```
const Mongoose = require("mongoose");
```

使用 Mongoose 连接数据库的命令如下。

```
const db = Mongoose.connect("mongodb://user:pass@ip:port/database");
```

关于以上的数据库连接命令，配置说明如下。

- user 是 MongoDB 里的用户名。
- pass 是 MongoDB 里该用户对应的密码。
- ip 是 MongoDB 服务器可以访问的 IP 地址，比如本地 IP 地址为 127.0.0.1。
- port 是 MongoDB 服务器可以访问的端口，默认是 27017。

连接 MySQL 和连接 MongoDB 本质上都是 TCP 连接，所以配置信息也大同小异。

测试

执行下面的代码，检查数据库 db_helloworld，看看是否能成功连接。

```
const Mongoose = require("mongoose");

const db = Mongoose.connect("mongodb://127.0.0.1:27017/db_helloworld");

db.connection.on("error", function (error) {
  console.log("数据库连接失败：" + error);
});

db.connection.on("open", function () {
  console.log("数据库连接成功");
});
```

执行结果如下。

```
$ node book-source/db/helloworld/connect.js
数据库连接成功
```

要是 MongoDB 没有启动，系统就会报错。如果出现如下问题，执行 mhg 命令启动 MongoDB 即可。

```
$ node book-source/db/helloworld/connect.js
数据库连接失败：MongoError: connect ECONNREFUSED 127.0.0.1:27017
```

最小示例

这里给出一个 Mongoose 官方文档中的示例，讲解 Mongoose 从连接数据库到对数据库进行操作的完整过程，帮助大家了解核心原理，代码如下。

```
// 1. 引入Mongoose模块
const Mongoose = require('Mongoose');

// 2. 通过Mongoose.connect连接MongoDB数据库
Mongoose.connect('mongodb://127.0.0.1/db_helloworld');

// 3. 通过Mongoose.model定义模型
const Cat = Mongoose.model('Cat', { name: String });

// 4. 通过关键字new实例化Cat模型，参数是{ name: 'Zildjian' }，创建kitty对象
const kitty = new Cat({ name: 'Zildjian' });

// 5. 执行kitty.save，将模型数据保存到数据库
kitty.save(function (err) {
  if (err) {
    console.log('save error:' + err);
  }
```

```
  console.log('save sucess');
});
```

上述示例中有 3 个核心步骤。

- 定义模型。
- 通过关键字 new 实例化 Cat 模型，创建 kitty 对象。
- 执行 kitty.save 方法，将模型数据保存到数据库。

总结一下 Mongoose 最常见的用法：首先约定 Schema，即在定义模型时指定字段和字段类型，避免出现乱用 schema-free 的问题；然后，对实例化模型创建的对象进行操作，完成常见的增删改查功能。定义模型即定义对象，对对象进行操作即对数据库进行操作。

执行上面代码，如无错误日志出现，即代表数据保存成功。此时，打开 Robo 3T（后面统一简称为 Robo） MongoDB 客户端即可查看数据保存情况。

在使用 Robo 之前，我们需要先创建 Robo 客户端连接，在菜单栏选择创建连接，进入如图 5-4 所示的界面。

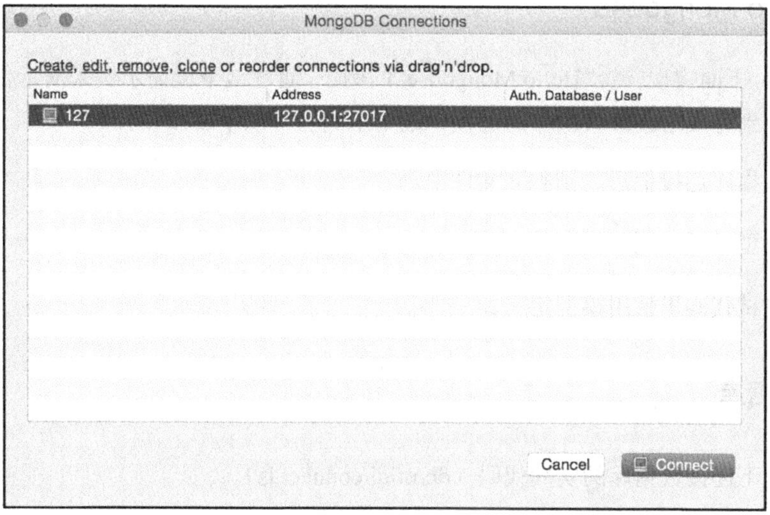

图 5-4

配置连接成功后，我们会看到如图 5-5 所示的界面，然后就可以查看 Cat 数据了。

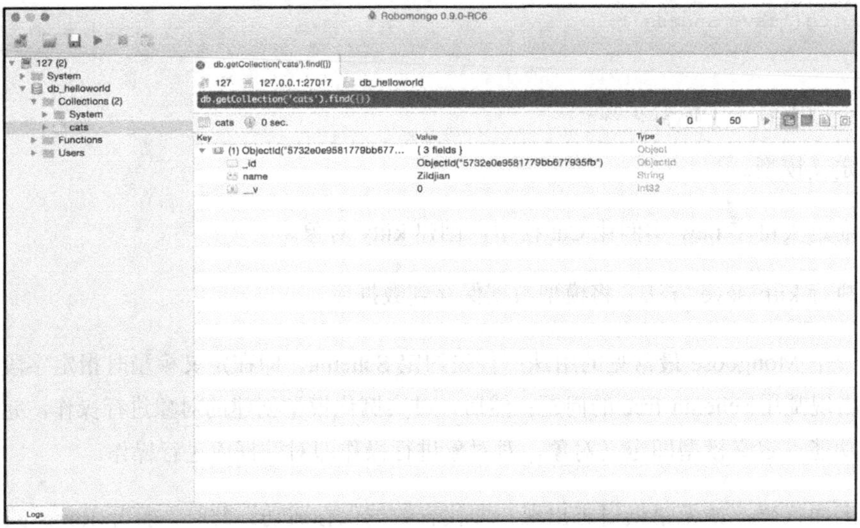

图 5-5

如果其中含有{ name: 'Zildjian' }记录，就表示一切正常。

5.3.3 Hello Mongoose

按照惯例，下面实现一个"Hello Mongoose"的例子，通过这个极简示例来演示使用 Mongoose 从连接数据库到完成增删改查操作的过程。这个示例包含以下 3 个步骤。

- 将数据库连接信息放到独立文件中。
- 将模型定义放到独立文件中。
- 在测试代码里使用模型定义。

连接数据库

先来看一下连接数据库的实际代码（db/mini/connect.js）。

```
const Mongoose = require("mongoose");

const db = Mongoose.connect("mongodb://127.0.0.1:27017/db_helloworld");

db.connection.on("error", function (error) {
  console.log("数据库连接失败：" + error);
});
```

```
db.connection.on("open", function () {
  console.log("数据库连接成功");
});
```

一般在项目里，所有模型都共用一个数据库连接信息，把连接数据库的代码抽取到 connect.js 文件里，然后在应用入口（一般是 app.js）引用，这样整个应用里就只存在一个数据库连接了。

定义模型

以下是实际的定义模型的代码（db/mini/user.js）。

```
const Mongoose = require('mongoose');

// 定义 Schema
UserSchema = new Mongoose.Schema({
  username: { // 用户名
    type: String,
    required: true
  },
  password: { // 密码
    type: String,
    required: true
  }
});

// 定义模型
const UserModel = Mongoose.model('User', UserSchema);

// 暴露接口
module.exports = UserModel;
```

这是 MVC 的模型层中最常见的代码，没有连接信息，也没有其他额外不相干的代码。一看 user.js 文件，就能理解它在数据库里对应的表结构，以及字段类型、约束等信息。一般来说，代码写得越干净，可读性就越好。

这里定义的 User 模型里只有 username 和 password 这两个字段，它们必须有值（因为程序中设置了 required: true），也就是说当创建用户的时候，没有密码或用户名是无法成功的。

测试代码

看一下实际的测试代码（db/mini/test.js）。

```
// 1. 引入数据库连接
require('./connect');

// 2. 引入模型定义文件
var User = require('./user');

// 3. 实例化模型
var user = new User({
  username: 'i5ting',
  password: '0123456789'
});

// 4. 对数据库进行操作
user.save(function(err, doc){
  if (err) {
    console.log('save error:' + err);
  }

  console.log('save sucess \n' + doc);
})
```

上述示例中的核心步骤如下。

- 引入数据库连接，保证 MongoDB 已经连接成功。
- 引入模型定义文件，即完成文档（表）结构的定义。
- 实例化 User 模型，创建 user 实体。
- 通过 user 实体对数据库进行操作，完成用户注册。

这是数据访问层中常见的代码，也是真正对数据库进行操作的代码，所以一般会出现在 Controller 层或 Service 层。

执行测试代码，结果如下。

```
$ node db/mini/test.js
数据库连接成功
save sucess
{ _id: 57341fc54d97ee0249082a1d,
  password: '0123456789',
```

```
  username: 'i5ting',
  __v: 0 }
```

5.3.4 核心概念

本节将结合前面的示例介绍 Mongoose 里的 4 个核心概念——对象关系映射、Schema、模型、实体，以便于读者更好地理解数据库开发相关知识。另外，关于 Mongoose，读者需要掌握以下 4 项核心内容。

- 了解对象关系映射的基本概念，弄清楚表和类之间的关系。
- 学会定义类（表）的属性描述，即掌握 Schema 定义。
- 学会对持久类对象进行增删改查（CRUD）操作，即进行实体上的方法调用，这也是最常用的数据库操作方法。
- 学会定义类，掌握类属性的查询方法。

对象关系映射

面向对象是在软件工程基本原则（如耦合、聚合、封装）的基础上发展起来的，而关系型数据库则是从数学理论中发展而来的，两套理论存在显著区别。为了解决二者不匹配的问题，对象关系映射技术应运而生。

对象关系映射（Object Relational Mapping，简称 ORM，或 O/RM，或 O/R Mapping）是一种程序设计技术，用于实现面向对象编程语言里不同类型系统数据之间的转换。从效果上说，它实际上创建了一个可以在编程语言里使用的“虚拟对象数据库”。

让我们从 OR 开始介绍。字母“O”代表 Object（对象），而“R”则代表 Relational（关系）。几乎所有的程序里都存在对象和关系型数据库，在业务逻辑层和用户界面层中，推荐使用面向对象的写法。当对象信息发生变化的时候，我们需要把对象信息保存到关系型数据库中。

ORM 提供了概念性的、易于理解的模型化数据的方法。对于 MongoDB 这种基于文档的非关系型数据库来说，与 ORM 对应的概念是 ODM（Object-Document Mapper），即对象文档映射。对这几个概念最简单的理解就是，ORM 是关系型数据库的对象关系映射工具，ODM 是 MongoDB 特有的对象文档映射工具，而 Mongoose 是 ORM 工具。

Schema

Schema 是一种以文件形式存储的数据库模型骨架，并不直接连接数据库，也就是说它不具备对数据库进行操作的能力，仅仅负责定义数据库模型在程序中的映射配置。可以说 Schema 是数据属性模型（传统意义上的表结构），或者“集合”的模型骨架。最简单的理解是，Schema 是对文档（表）结构的定义。

那么如何定义一个 Schema 呢？请看如下示例。

```
// 定义 Schema
UserSchema = new Mongoose.Schema({
  username: {// 用户名
    type: String,
    required: true
  },
  password: { // 密码
    type: String,
    required: true
  }
});
```

Schema 的基本属性类型有字符串、日期、数值、布尔值、null、数组、内嵌文档等，当然它还有更丰富的对字段进行校验约束的功能。

模型

模型是由 Schema 构造而成的，除了包含 Schema 定义的数据库骨架以外，还包含对数据库操作的行为，可以把它理解成操作 Schema 属性与行为的类。

如何通过 Schema 来创建模型呢？请看如下示例。

```
const db = Mongoose.connect("mongodb://127.0.0.1:27017/test");
// 创建模型
const TestModel = db.model("test1", TestSchema);

// 定义模型
const UserModel = Mongoose.model('User', UserSchema);
```

上例中，User 是模型名称，对应的 MongoDB 中的概念就是数据库中的集合名称，默认会转成复数，即 users。当我们对数据库添加数据时，如果 users 已经存在，则将数据保存到 users 集合中即可；如果 users 不存在，则需要创建 users 集合，然后保存数据。

拥有了模型，我们就拥有了操作数据库的金钥匙，在后面的内容中，我们会使用模型来执行增删改查操作，所以，一定要熟悉它的创建格式。如果想对某个集合进行操作，就交给模型来处理吧。要创建一个模型，需要指定集合名称及集合的 Schema 结构对象。

实体

实体是由模型创建的，它使用 save 方法来保存数据。模型和实体都能执行影响数据库的操作，但前者更具操作性。

使用模型创建实体的代码如下。

```
const user = new User({
  username: 'i5ting',
  password: '0123456789' // 此处是为了演示用法，密码没有经过处理
});

console.log(user.username); // i5ting
console.log(user.password); // 0123456789
```

创建成功之后，Schema 属性就变成了模型和实体的公共属性。

总结一下，Schema 是骨架，模型是根据 Schema 创建的模板类，也就是说 Schema 和模型是对数据库表的定义，而实体是模型实例化后的对象，是真正具有数据库操作能力的对象。

所以，我们会把数据库表的定义部分（Schema + 模型）和实体分开，此时定义是不变的。而通过实体对数据库进行操作时，数据是会产生变化的。所以在进行 MVC 分层的时候，模型层中实际上放的是定义部分，而 Controller 层里使用的是实体部分。

5.3.5 增删改查操作

增删改查（CRUD）是数据库中最常见的 4 种基本操作，CRUD 为 Create（增加）、Retrieve（读取）、Update（更新）和 Delete（删除）几个单词的首字母组合。Mongoose 提供了如下的 CRUD 方法。

- 增加：save
- 读取：find、findOne
- 更新：update、findByIdAndUpdate、findOneAndpdate

- 删除：remove

下面我们以 User 模型为例，给出具体的例子。

增加

关于 save 方法，Mongoose 官方文档中的说明如下。

```
Model#save(product,)

@description Saves this document.

Parameters:

- product, <function(err, > Number)} [fn] optional callback

Returns:
   <Promise> Promise
```

具体代码如下。

```
const user = new User({
  username: 'i5ting',
  password: '0123456789'
});

user.save((err, u) => {
   t.false(err);
   t.is(u.username, 'i5ting');
});
```

其实 save 还有一个别名，即 Model.create()。

读取

执行读取操作时有两个常用 API：find 和 findOne。其中，find 表示根据条件查询并返回数组；findOne 表示根据条件查询并返回一个数据对象。下面我们分别讲解。

1. find

find 表示根据条件查询，返回的是数组。文档说明如下。

```
Model.find(conditions, [fields], [options], [callback])
```

```
Finds documents

Parameters:

- conditions <Object>
- [fields] <Object> optional fields to select
- [options] <Object> optional
- [callback] <Function>

Returns:
   <Query>
```

具体代码如下。

```
User.find({}, (err, docs) => {
   t.false(err);
   t.is(docs.length, 1);
   t.is(docs[0].username, 'i5ting');
});
```

2. findOne

findOne 表示根据条件查询，返回的是一个数据对象。文档说明如下。

```
Model.findOne([conditions], [fields], [options], [callback])

Finds one document.

Parameters:

- [conditions] <Object>
- [fields] <Object> optional fields to select
- [options] <Object> optional
- [callback] <Function>

Returns:
   <Query>
```

具体代码如下。

```
User.findOne({username: 'i5ting'}, (err, doc) => {
   t.false(err);
   t.is(doc.length, 1);
   t.is(doc.username, 'i5ting');
});
```

其实还有 findOneAndUpdate、findAndModify、findByIdAndUpdate、findOneAndRemove、 findByIdAndRemove 等辅助方法，限于篇幅，就不一一讲解了。

更新

除了 update 方法，更新操作还可以通过很多其他方法来完成，比如 findByIdAndUpdate、findOneAndUpdate。下面我们逐一说明。

1. update

关于 update 方法，其文档说明如下。

```
Model.update(conditions, doc, [options], [callback])

Updates documents in the database without returning them.

Parameters:

- conditions <Object>
- doc <Object>
- [options] <Object>
- [callback] <Function>

Returns:
  <Query>
```

更新一条数据的代码如下。

```
MyModel.update({ age: { $gt: 18 } }, { oldEnough: true }, fn);
```

更新多条数据的代码如下。

```
MyModel.update({ name: 'i5ting' }, { ferret: true }, { multi: true }, function (err, nu
mberAffected, raw) {
  if (err) return handleError(err);
  console.log('The number of updated documents was %d', numberAffected);
  console.log('The raw response from Mongo was ', raw);
});
```

2. findByIdAndUpdate

根据 ID 查找并更新，文档说明如下。

```
Model.findByIdAndUpdate(id, [update], [options], [callback])

Issues a mongodb findAndModify update command by a documents id.
```

```
show code

Parameters:

- id <ObjectId, HexId> an ObjectId or string that can be cast to one.
- [update] <Object>
- [options] <Object>
- [callback] <Function>

Returns:

   <Query>
```

具体代码如下。

```
User.findByIdAndUpdate(u._id, {
   username: 'sang',
}, (err, user) => {
   t.false(err);
   t.is(user.username, 'sang');
});
```

3. findOneAndUpdate

根据查询条件查找并更新，文档说明如下。

```
Model.findOneAndUpdate([conditions], [update], [options], [callback])

Issues a mongodb findAndModify update command.

Parameters:

- [conditions] <Object>
- [update] <Object>
- [options] <Object>
- [callback] <Function>

Returns:
   <Query>
```

具体代码如下。

```
User.findOneAndUpdate({
   username: 'i5ting for update 2',
}, {
   username: 'sang',
}, (err, user) => {
```

```
    t.false(err);
    t.is(user.username, 'sang');
});
```

删除

关于删除操作，Mongoose 官方文档说明如下。

```
Model.remove(conditions, [callback])

Removes documents from the collection.

Parameters:

- conditions <Object>
- [callback] <Function>

Returns:
    <Promise> Promise
```

具体代码如下。

```
User.remove({username: 'i5ting for delete'}, (err, doc) => {
    t.false(err);
    t.is(doc.result.ok, 1);
    t.is(doc.result.n, 1);
});
```

以上的 Mongoose API 可以通过 Dash 等离线文档工具查看，非常方便。Dash 也是开发时的必备工具之一。

测试代码

mongodb-memory-server 是为了快速测试 MongoDB 而被编写的 Node.js 模块。它可以将数据存储在内存中，而非 MongoDB 的持久化存储里。使用 mongodb-memory-server 启动的 mongod 最多分配 7 MB 内存来存储数据，用来测试是足够的，而且 mongodb-memory-server 还可以与各种 ODM 一起使用。这里就不多讲了，直接来看一个具体的测试示例。

```
import test from 'ava'
import MongodbMemoryServer from 'mongodb-memory-server'
import mongoose from 'mongoose'

mongoose.Promise = require('bluebird')
```

```
// 定义 Schema
const UserSchema = new mongoose.Schema({
  username: {// 用户名
    type: String,
    required: true
  },
  password: { // 密码
    type: String,
    required: true
  }
});

// 定义 User 模型
const User = mongoose.model('User', UserSchema);

// 定义 user 实体
let user = new User({
  username: 'i5ting',
  password: '0123456789'
})

// 启动 MongoDB 实例
const mongod = new MongodbMemoryServer()

// 在运行测试用例之前，需要创建数据库连接
test.before(async () => {
  const uri = await mongod.getConnectionString()
  await mongoose.connect(uri, {
    useMongoClient: true,
    autoIndex: false,
    reconnectTries: Number.MAX_VALUE,
    reconnectInterval: 500,
    poolSize: 10,
    bufferMaxEntries: 0
  })
})

test.beforeEach(async () => {
  user = await user.save()
})

test.after(() => User.remove())

test.serial('#find() return array', async (t) => {
  const users = await User.find({})
  t.true(users instanceof Array)
```

```
  const _user1 = await User.findOne({ username: 'i5ting' })
  t.true(_user1.username === 'i5ting')
})

test.serial('#findById() return one', async t => {
  try {
    const _user1 = await User.findOne({ username: 'i5ting' })

    const _user = await User.findById(_user1._id)

    t.is(_user.username, 'i5ting')
  } catch (error) {
    t.ifError(error)
  }
})

test.serial('#findOneAndUpdate()', async t => {
  try {
    const result = await user.update({ username: 'i5ting for update' })
    const _user = await User.findById(user._id)
    t.is(_user.username, 'i5ting for update')
  } catch (error) {
    t.ifError(error)
  }
})

test.serial('#remove() return array', async (t) => {
  await User.remove({})
  const _user1 = await User.findOne({ username: 'i5ting' })

  t.true(_user1 === null)
})
```

执行测试代码，结果如下。

```
$ npm test
> ava crud -v

  ✔ #find() return array
  ✔ #findById() return one
  ✔ #findOneAndUpdate()
  ✔ #remove() return array

  4 tests passed
```

在测试代码里，我们不需要真的调用数据库的具体方法，一般使用 Sinon 这样的库来模拟操作即可。比如，给 UserModel 增加一个 save 方法，代码如下。

```
const sinon = require('sinon')

sinon.stub(UserModel, 'save', function(cb){
  cb("fake error", null)
})
```

这段代码的意思是为 UserModel 伪造 save 方法。如果测试的目的是看 save 方法有没有被调用，那么这是最简单的方式。

调试模式

调试模式是 Mongoose 提供的一个非常实用的功能，用于查看 Mongoose 模块对 MongoDB 操作的日志。一般我们在进行开发时会打开此功能，以便更好地优化对 MongoDB 的操作。

打开调试模式的核心代码是将 debug 的值设置为 true，代码如下。

```
const Mongoose = require("Mongoose");

// 核心代码，开启调试模式
Mongoose.set('debug', true);

const db = Mongoose.connect("mongodb://127.0.0.1:27017/db_helloworld");

db.connection.on("error", function (error) {
  console.log("数据库连接失败：" + error);
});

db.connection.on("open", function () {
  console.log("数据库连接成功");
});
```

执行测试代码，结果如下。

```
$ cd db
$ npm test

> koa-db@1.0.0 test /Users/sang/workspace/17koa/book-source/db
> ava crud -v


数据库连接成功
Mongoose: users.remove({}) {}
  ✔ #save()
  ✔ #find() return array
  ✔ #findById() return array
```

```
  ✔ #findOne() return user obj
  ✔ #remove()
  ✔ #findByIdAndUpdate()
  ✔ #findOneAndUpdate()
Mongoose: users.insert({ username: 'i5ting', password: '0123456789', _id: ObjectId("57
34490640caa6d36906b8d4"), __v: 0 })
Mongoose: users.find({}) { fields: undefined }
Mongoose: users.findOne({ username: 'i5ting' }) { fields: undefined }
Mongoose: users.insert({ username: 'i5ting for delete', password: '0123456789', _id: Ob
jectId("5734490640caa6d36906b8d5"), __v: 0 })
Mongoose: users.insert({ username: 'i5ting for update 1', password: '0123456789', _id:
ObjectId("5734490640caa6d36906b8d6"), __v: 0 })
Mongoose: users.insert({ username: 'i5ting for update 2', password: '0123456789', _id:
ObjectId("5734490640caa6d36906b8d7"), __v: 0 })
Mongoose: users.remove({ username: 'i5ting for delete' }) {}
Mongoose: users.findAndModify({ _id: ObjectId("5734490640caa6d36906b8d6") }) [] { '$se
t': { username: 'sang' } } { new: false, upsert: false }
Mongoose: users.findAndModify({ username: 'i5ting for update 2' }) [] { '$set': { usern
ame: 'sang' } } { new: false, upsert: false }

  6 tests passed
```

5.3.6　Schema 的类型

Schema 和数据库表里的列是一个意思，所以在 Mongoose 里，Schema 有很多种类型，主要用于描述字段，比如默认值，再比如字段校验、字段设置和获取字段值的方法等。下面我们通过以下代码来查看 Mongoose 到底支持哪些 Schema 类型。

```
var Mongoose = require('mongoose');

for (var k in Mongoose.Schema.Types) {
  console.log(k)
}
```

执行以上代码，可知 Mongoose 支持的 Schema 类型如下。

```
$ node Mongoose/types.js
String
Number
Boolean
DocumentArray
Embedded
Array
Buffer
Date
ObjectId
```

```
Mixed
Oid
Object
Bool
```

下面用一个更完整的示例来帮助大家了解有哪些 Schema 类型，以及在具体项目里如何按照实际需求设置合理的 Schema 类型。代码如下。

```
var schema = new Schema({
  name:    String,
  binary:  Buffer,
  living:  Boolean,
  updated: { type: Date, default: Date.now },
  age:     { type: Number, min: 18, max: 65 },
  mixed:   Schema.Types.Mixed,
  _someId: Schema.Types.ObjectId,
  array:      [],
  ofString:   [String],
  ofNumber:   [Number],
  ofDates:    [Date],
  ofBuffer:   [Buffer],
  ofBoolean:  [Boolean],
  ofMixed:    [Schema.Types.Mixed],
  ofObjectId: [Schema.Types.ObjectId],
  nested: {
    stuff: { type: String, lowercase: true, trim: true }
  }
})

// 定义模型
var Thing = Mongoose.model('Thing', schema)

var m = new Thing
m.name = 'Statue of Liberty'
m.age = 125
m.updated = new Date
m.binary = new Buffer(0)
m.living = false
m.mixed = { any: { thing: 'i want' } }
m.markModified('mixed')
m._someId = new Mongoose.Types.ObjectId
m.array.push(1)
m.ofString.push("strings!")
m.ofNumber.unshift(1,2,3,4)
m.ofDates.addToSet(new Date)
m.ofBuffer.pop()
m.ofMixed = [1, [], 'three', { four: 5 }]
```

```
m.nested.stuff = 'good'
m.save(callback)
```

前面讲了 Mongoose 是什么，如何使用 Mongoose，Mongoose 的核心概念（对象关系映射、Schema、模型和实体），还介绍了 CRUD 操作，希望读者能够认真体会其中的真谛。

5.4 Mongoose 进阶

掌握了基本的 Mongoose 概念，理论上就可以完成所有 Web 应用开发工作了。但每个数据库操作模块都有自己的使用方式，只有掌握更好的用法，才能把数据库用得更极致。

Mongoose 有很多很有趣的用法，比如模型扩展、虚拟属性、回调钩子、插件机制等。作为一个成熟的模块，它几乎实现了我们能想到的所有功能，可见其成熟度是很高的。

5.4.1 模型扩展

前面讲过，模型有充血模型和贫血模型之分。对于充血模型，最简单的理解就是，模型自身带有行为。在 MVC 模式里，模型层和业务层之间的职责要做好区分，适当地将业务行为下沉到模型层，代码会更加清晰，可维护性也更高。

下面我们看一下为什么要扩展 Mongoose 模型。一般情况下，我们要对业务进行如下的分层处理。

Service 层（多模型操作）→ DAO 层（单一模型操作） → 模型层（模型定义）

我们需要在 DAO 层封装很多单一模型的数据库操作方法。但是，如果业务非常复杂，比如有一个超级查询方法，还有各种具体业务的定义方法，难道要将这些全部写在 DAO 层吗？

事实上，DAO 层只提供暴露给 Service 层的方法，而具有一定业务约定的方法是要封装到模型层的。如果把 DAO 层的很多底层方法下沉到模型层，就可以让这两个分层的职责更加清晰。所以，我们需要利用 Mongoose 的模型扩展来重新定义分层，扩展后的分层情况如下。

Service 层（多模型操作）→ DAO 层（单一模型操作）→ 模型层（模型定义+扩展方法）

Mongoose 提供的模型扩展方法有两种，具体如下。

- statics：类上扩展。
- methods：对象上扩展。

首先要根据业务需求来确定是调用类方法，还是调用实体对象上的方法，然后根据对应业务写出相应的 Mongoose 扩展模型。下面分别讲解两种模型扩展方法的差别。

类上扩展

假设有这样一个需求：根据用户名查找用户。那么这个查找用户的行为到底是放到类的静态方法上，还是放到实例方法上呢？

对于这种明显不属于某个用户的具体行为，在类上扩展会更好，代码如下。

```
UserSchema.statics.find_by_username = function(username, cb) {
  return this.findOne({
    username: username
  }, cb);
};
```

by_username 是 User 模型的静态方法，调用方法如下。

```
User.find_by_username(openid, cb)
```

对象上扩展

如果是用户的具体行为，在对象上扩展会更具有可读性。在对象上扩展行为时，需根据当前模型已有的属性进行扩展，再结合查询进行完善，这样实现的功能会非常强大。比如判断某个用户是否存在，这就是典型的用户的具体行为。在对象上扩展的示例代码如下。

```
UserSchema.methods.is_exist = function(cb) {
  var query;
  query = {
    username: this.username,
    password: this.password
  };
  return this.model('UserModel').findOne(query, cb);
};
```

我们需要创建一个 User 对象，这样才能调用 is_exist 方法。

```
var user = new User({});
user.is_exist(cb)
```

测试代码如下。

```
import test from 'ava';

// 1. 引入Mongoose connect
require('./connect');

// 2. 引入User模型
const User = require('./user');

// 3. 定义user实体
const user = new User({
 username: 'i5ting',
 password: '0123456789',
 openid  : 'xxxxxx1'
});

const user2 = new User({
 username: 'i5ting for is_exist',
 password: '0123456789',
 openid  : 'xxxxxx2'
});

test('#find_by_username()', t => {
 user.save((err, u) => {
   t.ifError(err)

   User.find_by_username('i5ting', (err, user) => {
     t.not(err)
     t.not(user)
     t.is(user.username, 'i5ting');
     t.is(user.password, '0123456789');
   })
 });
});

test('#is_exist()', t => {
 user2.save((err, u) => {
   t.ifError(err)
   // console.log(user)
   var is_exist = u.is_exist();
   t.true(is_exist)
 });
});

test.after(t => {
 User.remove({}, (err, result) => {

 })
})
```

执行测试代码，结果如下。

```
$ cd db
$ npm run extend

> koa-db@1.0.0 extend /Users/sang/workspace/17koa/book-source/db
> ava -v extend/test.js


数据库连接成功
  ✔ #find_by_username()

  1 test passed
```

5.4.2 虚拟属性

在 Mongoose 里，模型属性分为两种：Schema 定义的属性和虚拟属性。

虚拟属性是指原来 Schema 定义里不存在的，后来通过 virtual 方法赋予的属性。可以这样理解，Schema 定义的属性是要保存到数据库里的，而虚拟属性基于数据库里的已有属性进行了二次定义，这样可以提供更好的语义上的处理，尤其是对枚举型属性而言。

下面用两个实例来讲解虚拟属性。

实例 1

假设有这样的需求：根据手机号和邀请码来判断用户是否为有效用户，进而完成之后的操作。现在数据库里只有 phone_number（手机号）和 invite_code（邀请码）两个字段，我们该怎么做呢？

最简单的办法是，把状态保存在数据库里，再加一个字段。这种方法很好，但对于一个“代码洁癖者”来说是无法忍受的，phone_number 和 invite_code 明明已经可以表达字段含义，为什么还要多加一个字段呢？

更好的做法是使用虚拟属性，既增加属性，但不产生字段冗余，代码如下。

```
UserSchema.virtual('is_valid').get(function(){
  if(this.phone_number == undefined | this.invite_code == undefined){
    return false;
  }
```

```
  return this.invite_code.length >= 2 && this.phone_number > 10000000
});
```

下面来看一下测试代码，主要针对同时有 invite_code 和 phone_number 字段，以及只有 phone_number 字段这两种情况。

```
const user_with_invite_code = new User({
  username: 'i5ting',
  password: '0123456789',
  invite_code  : 'xxxx',
  phone_number: 18611112222
});

const user_with_no_invite_code = new User({
  username: 'i5ting',
  password: '0123456789',
  phone_number: 18611112222
});

test('#is_valid() === true if user_with_invite_code', t => {
  user_with_invite_code.save((err, u) => {
    t.true(u.is_valid)
  })
});

test('#is_valid() === false if user_with_no_invite_code', t => {
  user_with_no_invite_code.save((err, u) => {
    t.false(user.is_valid)
  })
});
```

实例 2

本例中，我们将给模型增加一个 address 字段，即用户的地址。用户的地址信息一般包含 4 部分：省、市、区（县）及街道详细信息。假设它们是以“-”来分隔的（有时候保存的数据未必是这样的格式），此时如果要从 address 字段里获取任意省或市信息，应该怎么做呢？

把表拆了重写？太不划算了。好的做法是使用虚拟属性对字段进行二次加工、转换、格式化等操作，代码如下。

```
function _sp (str) {
  return str.replace(/\n/g,'').trim().split('-');
}

UserSchema.virtual('province').get(function () {
```

```
  var array = _sp(this.address);
  return array[0];
});

UserSchema.virtual('city').get(function () {
  var array = _sp(this.address);
  return array[1];
});

UserSchema.virtual('county').get(function () {
  var array = _sp(this.address);
  return array[2];
});

UserSchema.virtual('detail_address').get(function () {
  var array = _sp(this.address);
  return array[2];
});
```

这样就可以在不改变表结构的情况下增加 province、city、county、detail_address 字段了，做法非常简单，而且无侵入性操作。

测试代码如下。

```
const user = new User({
  username: 'i5ting',
  password: '0123456789',
  address  : '天津-天津-东丽区-空港商务园'
});

test.before.cb(t => {
  User.remove({}, (err, result) => {
    t.end()
  })
})

test('#province city county detail_address', t => {
  user.save((err, u) => {
    t.is(u.province, '天津')
    t.is(u.city, '天津')
    t.is(u.county, '东丽区')
    t.is(u.detail_address, '空港商务园')
  })
});
```

5.4.3 回调钩子

增删改查是数据库的基本操作，可是如果保存数据之前需要完成一些操作该怎么做呢？当模型数据创建完成之后，如果需要增加监控类日志操作该怎么做呢？

假设当前操作是 b，那么对于 b 之前的操作 a 及 b 之后的操作 c，若想按照 a、b、c 的顺序执行操作，可以这样硬编码。

```
a()
b()
c()
```

其实也可以采用生命周期类的写法，代码如下。

```
pre_b()
b()
post_b()
```

上例中的生命周期类似于设计模式中的模板模式，若实现了 pre_b 或 post_b 方法，在调用 b 的时候，pre_b 或 post_b 方法就会被调用，如果没有重写该方法，就执行默认操作。

Mongoose 其实也提供了类似的机制，称为钩子（Hook），简单来说就是给数据库操作方法增加 pre 和 post 回调。当数据库完成某些操作的时候，该机制会自动触发前置或后置行为，最典型的例子是创建用户（包含密码字段）。出于安全性的考虑，数据库里是不能明文存储密码的，采用 MD5 加密保存是一种方式，但有一定的风险，更好的办法是采用加盐哈希方法，这样可以有效防范彩虹表等破译手段。

注册钩子

在用户注册并保存密码的时候，标准做法是先将 password 字段通过加盐处理生成哈希密码，并赋值给最终的 password。此时是最适合使用钩子的场景，见以下代码示例。

```
UserSchema.pre('save', function (next) {
  var that = this;

  bcrypt.genSalt(this._salt_bounds, function(err, salt) {
    if (err) {
      console.log(err);
      return next();
    }

    bcrypt.hash(that.password, salt, function(error, hash) {
```

```
    if (error) {
      console.log(error);
    }

    // console.log(this.password + ' \n ' + hash);
    // 生成密码
    that.password = hash;

    return next();
   });
  });
})
```

在保存用户信息之前，上面代码中的钩子会被自动调用。所以，用户信息保存成功后的密码应该是加密后的密码。这样做的好处是，我们只需要负责保存密码的行为，而不需要关注保存前后的具体行为，这对于保持代码整洁是非常有帮助的。

测试代码如下。

```
var user = new User({
  name :'i5ting',
  password: '000000'
});

user.save((err, u) => {
  console.log(u.password) // 此时是加密后的密码
})
```

登录

用户注册时，我们对密码进行了加密处理，那么在用户登录时，要进行何种操作呢？具体可遵循如下步骤。

1. 先根据用户名进行查询。

2. 如果用户存在，就通过 bcrypt.compare 来比对当前的密码和数据库里保存的密码是否一致。

3. 如果密码一致，则鉴权成功。

用户登录时的具体代码如下。

```
UserSchema.statics.login = function(username, password, cb) {
  this.findOne({
```

```
    username: username
  }, function (err, user) {
    if (err || !user) {
      if (err)
        console.log(err);
      // 如果用户名不存在，返回{code: -1}
      return cb(err, {
        code: -1,
        msg : username + ' is not exist!'
      });
    }

    bcrypt.compare(password, user.password, function(error, res) {
      if (error) {// 如果密码不正确，返回{code: -2}。
        console.log(error);
        return cb(err, {
          code: -2,
          msg : 'password is incorrect, please check it again!'
        });
      }
      // 如果密码校验正确，返回用户的具体信息
      return cb(null, user);
    });
  });
};
```

由于登录代码是 User 类的静态方法，因此需要调用，方法如下。

```
User.login('i5ting for is_login_valid', '0123456789', function (err, result) {
  if (!err) {
    t.pass()
    t.end()
  }
})
```

测试代码如下（db/hook/test.js）。

```
import test from 'ava';

// 1. 引入数据库连接
require('../connect');

// 2. 引入 User 模型
const User = require('../user/hook/user');

// 3. 定义 user 实体
const user = new User({
  username: 'i5ting',
  password: '0123456789'
```

```
});

test.cb('#register()', t => {
  user.save((err, u) => {
    t.true(u.password.length > 50)
    t.end()
  })
});

test.cb('#User.login(username, password) sucess', t => {
  let _user = new User({
    username: 'i5ting for is_login_valid',
    password: '0123456789'
  });
  _user.save((err, u) => {
    User.login('i5ting for is_login_valid', '0123456789', function (err, result) {
      if (!err) {
        t.pass()
        t.end()
      }
    })
  })
});

test.cb('#User.login(username, password) fail with username is not exist', t => {
  let _user = new User({
    username: 'i5ting for is_login_valid',
    password: '0123456789'
  });
  _user.save((err, u) => {
    User.login('i5ting for is_login_valid not exist', '0123456789', function (err, resu
lt) {
      if (err) {
        console.log(err)
        t.pass()
        t.end()
      }

      if (result.code === -1) {
        t.pass()
        t.end()
      }
    })
  })
});

test.cb('#User.login(username, password) fail with password is incorrect', t => {
  let _user = new User({
```

```
    username: 'i5ting for is_login_valid fail with password is incorrect',
    password: '0123456789'
  });
  _user.save((err, u) => {
    User.login('i5ting for is_login_valid fail with password is incorrect', '0123456',
function (err, result) {
      if (err) {
        console.log(err)
        t.fail()
        t.end()
      }
      if (result) {
        t.is(result.username, _user.username)
        t.end()
      }
    })
  })
});
```

执行测试代码，结果如下。

```
$ npm run hook

> koa-db@1.0.0 hook /Users/sang/workspace/17koa/book-source/db
> ava -v hook/test.js


数据库连接成功
  ✔ #User.login(username, password) fail with username is not exist (214ms)
  ✔ #register() (248ms)
  ✔ #User.login(username, password) fail with password is incorrect (350ms)
  ✔ #User.login(username, password) sucess (372ms)

  4 tests passed
```

5.4.4 插件机制

Mongoose 模块有一个非常强大的扩展机制——插件机制。Schema 类似于对表结构的描述，它上面的属性扩展是可动态插拔的。插件机制正是基于 Schema 的动态扩展能力进行的封装，非常实用。

基本结构

对 Schema 进行扩展的插件的基本结构如下。

```
module.exports = exports = function (schema, options) {

}
```

其中，schema 是 Schema 的定义，options 为配置项。

插件的用法

在 Mongoose 里，Schema 实例对象可提供 plugin 函数，通过它可以简单地应用插件，具体用法如下。

```
const some_plugin = require('./some_plugin')
const Game = new Schema({ ... })
Game.plugin(some_plugin, { index: true })
```

其中，Game 是用户自己定义的 Schema，Game.plugin 是给 Game 增加的插件。Game.plugin 方法有两个参数：一个是插件对象 some_plugin；另一个是配置项{ index: true }。

插件示例

设计存储结构时，为了统计方便，最好给每个表都加上时间戳。但每个表都加上时间戳字段又显得不够优雅。在这种情况下，非常适合使用插件。下面我们通过编写插件，给所有的 MongoDB 集合增加 last-modified 字段。

1. 定义插件

插件的定义代码如下。

```
// lastMod.js
module.exports = exports = function lastModifiedPlugin (schema, options) {
  schema.add({ lastMod: Date })

  schema.pre('save', function (next) {
    this.lastMod = new Date
    next()
  })

  if (options && options.index) {
    schema.path('lastMod').index(options.index)
  }
}
```

以上代码的要点如下。

- 通过 schema.add 函数增加 lastMod 字段，类型为 Date。
- 通过 pre save 钩子实现对 lastMod 字段的赋值。
- 如果 options.index 配置了索引，就给该字段增加索引。

插件使用起来非常简单，3 行代码就可以搞定，如下。

```
// game-schema.js
const lastMod = require('./lastMod')
const Game = new Schema({ ... })
Game.plugin(lastMod, { index: true })
```

我们可以看出，Mongoose 的插件机制比较简单，就是通过约定参数（schema、options）在函数内部对 Schema 进行扩展。简单来说，就是在执行 Game.plugin(lastMod, { index: true });时增加 lastMod 插件，同时增加索引作为插件配置项。

2. 插件原理

插件之所以能够在 Mongoose 里对 Schema 进行变更，其实都是 schema.add 的功劳，参见如下代码。

```
const ToySchema = new Schema;
ToySchema.add({
   name: 'string',
   color: 'string',
   price: 'number'
});
```

我们获取某个 Schema，然后自己手动添加字段也是可以的，但要保证是在定义模式之前。

3. 配置项

配置项主要用于给 Schema 里的字段增加一些特性，便于开发者调用，比如增加索引，做一些较复杂的判断等。示例代码如下。

```
if (options && options.index) {
  schema.path('lastMod').index(options.index)
}
```

options 是插件的配置参数，此处首先使用 schema.path('lastMod')获得字段，然后通过 index 方法给该资源增加索引。这里的 options.index 为 true，即确实增加索引。

通用用户插件

通用用户插件包含用户登录和注册的功能，用户密码的加密解密可以说是最常见的需求，能不能利用插件机制完善这一需求处理呢？答案是可以的。

首先，我们观察一下用户模型的共同点，对用户密码的处理是通用的，通过 Mongoose 的钩子即可实现，无论是 pre 回调还是 statics 回调，它们都是对 UserSchema 进行的操作。

1．定义插件

从前面的定义插件的代码中可以看出，插件的第一个参数是 schema。很明显，插件上的操作都是对 schema 的操作，基于这一点，我们确定编写插件是可行的。

下面以编写插件 mongoose-base-user-plugin 为例，来看一下核心代码。

```
const Mongoose = require('Mongoose');
const bcrypt = require('bcrypt');

module.exports = exports = function baseUserPlugin (schema, options) {
  schema.add({
    username      : {// 真实姓名
      type: String,
      required: true
    },
    password      : { // 密码
      type: String,
      required: true
    },
    _salt_bounds: {
      type: Number,
      required: false,
      default : 10
    },
    created_at    : {
      type: Date,
      "default": Date.now
    }
  });

  schema.statics.login = function(username, password, cb) {
    this.findOne({
      username: username
    }, function (err, user) {
      if (err || !user) {
```

```
      if (err)
        console.log(err);

      return cb(err, {
        code: -1,
        msg : username + ' is not exist!'
      });
    }

    bcrypt.compare(password, user.password, function(error, res) {
      if (error) {
        console.log(error);
        return cb(err, {
          code: -2,
          msg : 'password is incorrect, please check it again!'
        });
      }

      return cb(null, user);
    });
  });
};

schema.pre('save', function (next) {
  var that = this;

  bcrypt.genSalt(this._salt_bounds, function(err, salt) {
    if (err) {
      console.log(err);
      return next();
    }

    bcrypt.hash(that.password, salt, function(error, hash) {
      if (error) {
        console.log(error);
      }

      // console.log(this.password + ' \n ' + hash);
      // 生成密文
      that.password = hash;

      return next();
    });
  });
});

}
```

2. 自定义用户模型

定义好插件之后，我们来定义模型，以验证插件的正确性。代码如下。

```
var Mongoose = require('mongoose');
var base_user = require('.')

var MyUserSchema = new Mongoose.Schema({
  invite_code   : String, // 邀请码
  phone_number  : Number, // 电话号码
  address      : String, // 地址
  unionid      : String,
  nickname     : String,// from 微信 昵称
  sex         : String,// from 微信 性别 0->女 1->男
  language     : String,// from 微信 语言
  city        : String,// from 微信 城市
  province     : String,// from 微信
  country      : String,// from 微信
  headimgurl    : String,// from 微信 头像路径
  privilege     : [],    // from 微信
  created_at    : {
    type: Date,
    "default": Date.now
  }
});

MyUserSchema.plugin(base_user);

// 定义模型
var MyUserModel = Mongoose.model('MyUser', MyUserSchema);

// 暴露接口
module.exports = MyUserModel;
```

除了用户名和密码，其他字段都是在开发微信公众号时需要存储的字段。我们通过插件封装，将密码的逻辑独立出来，这样可以实现复用，也可以使代码有更好的可读性。

3. 持续集成 Travis

一般来说，对通用Node.js模块进行持续集成的时候，直接使用Travis默认的集成方式即可。如果要用到数据库或缓存，需要单独在 Travis 里配置相应的服务。

首先在根目录下创建.travis.yml 文件，具体配置如下。

```
sudo: false
addons:
```

```
  apt:
    sources:
    - ubuntu-toolchain-r-test
    packages:
    - g++-4.8
env:
  - CXX=g++-4.8
language: node_js
node_js:
  - 6
  - 5
  - 4
script:
  - npm test
services:
  - mongodb
before_script:
  - mongo Mongoose-base-user-plugin --eval 'db.addUser("travis", "test");
```

对 travis.yml 文件的配置说明如下。

- addons：使用 apt 安装 g++依赖。
- env：定义 CXX 环境变量。
- services：指定 MongoDB 连接。
- before_script：测试启动之前执行的脚本，用于创建数据库和用户。

bcrypt 是 Node.js 的 C/C++ Addons 扩展，要用 g++来编译，所以需要安装 g++依赖。如果使用的是 macOS 系统，则需要先安装 Xcode。如果在项目代码里使用了 bcrypt 模块，部署的时候也需要先安装 g++。

密码存储

本章以 User 模型为例，展示了 Mongoose 的核心特性。用户表中最核心的密码字段的存储涉及信息安全问题，每年都会出现各种安全漏洞引发的事故，其中最低级的错误原因就是对密码明文存取。本节将介绍密码的存储实践。

1. 密码存储手段

下面列出了常用的密码存储手段（从不安全到安全）。

- 明文存储。
- 哈希存储，例如 MD5、SHA、SHA256。
- 加盐哈希存储。

如果直接对密码进行哈希存储，那么黑客可以对一个已知密码进行哈希处理，然后通过对比哈希值得到用户的密码。换句话说，虽然黑客不能获取某位特定用户的密码，但他可以知道使用特定密码的用户有哪些。

加盐处理可以在一定程度上解决上述问题。所谓加盐，就是加点“佐料”。其基本思路是这样的：当用户首次提供密码时（通常是在注册时），由系统自动往这个密码里加一些“佐料”，然后再进行哈希运算。而当用户登录时，系统要在用户输入的代码中加上同样的“佐料”，然后进行哈希运算得到哈希值，再将此哈希值与系统中保存的哈希值做比较，以确定用户输入的密码是否正确。

这里的“佐料”是指“Salt 值”，这个值是由系统随机生成的，并且只有系统知道。即便两个用户使用了同一个密码，由于系统为它们生成的 Salt 值不同，因此它们的哈希值也是不同的。黑客可以通过密码和生成的哈希值寻找使用特定密码的用户，但这个概率很小，只有他们使用的密码和 Salt 值与用户的都一样时才行。

下面详细介绍加盐哈希的过程。先强调一点，验证密码时要使用和最初进行哈希运算时“相同的”的 Salt 值，所以 Salt 值是要存放在数据库里的。

用户注册流程中的加盐哈希步骤如下。

1. 用户提供密码（及其他信息）。
2. 系统为用户生成 Salt 值。
3. 系统将 Salt 值和用户密码连接到一起。
4. 对连接后的值进行哈希运算，得到哈希值。
5. 将哈希值和 Salt 值分别存放到数据库中。

用户登录流程中的加盐哈希步骤如下。

1. 用户提供用户名和密码。

2．系统通过用户名找到与之对应的哈希值和 Salt 值。

3．系统将 Salt 值和用户提供的密码连接到一起。

4．对连接后的值进行哈希运算，得到另一个哈希值。

5．比较两个哈希值是否相等，若相等则表示密码正确，否则表示密码错误。

2．bcrypt

bcrypt 是专门为密码存储而设计的算法，基于 Blowfish 加密算法而来，由 Niels Provos 和 David Mazières 共同提出，并由 USENIX 于 1999 年发布。

bcrypt 最大的好处是拥有一个 work factor 参数可用于调整计算强度，而且 work factor 是包含在输出的摘要中的。随着攻击者计算能力的提高，使用者可以调整 work factor 逐步增加计算强度，而且不会影响已有用户的登录。

经过很多安全专家的仔细分析，bcrypt 的安全性得到了认可，以安全著称的 OpenBSD 就使用了 bcrypt。大家认为 bcrypt 比 PBKDF2 更能承受由于攻击者计算能力提高而带来的风险。bcrypt 也有广泛的函数库支持，因此建议使用这种方式存储密码。

首先在终端里安装 bcrypt 模块。

```
$ npm install --save bcrypt
```

下面看一下 crypto 和 bcrypt 的执行效率对比，具体如下。

```
$ node bcrypt.js
bcrypt: 87.910ms
$2a$10$l4USI5VI9a969Pj7RNIu9eARW8w28kV2zmsZzYf9uUOGqlKhtuWCq
$ node salt.js
2db8067936b89f9b8cfa7579b60ecd5b79b391bb4d0f6df67c88afa6ab7527c4be0046ffc8536fb7493bf
d1245bafc09ddf9039f2569b2934e4279655bdeb58e09cbcb17d9775ddc2711c454c1d4cefab177eee62b
e7c6c24c296f10e8c0773e0950f1b3bd6267cc26a5ed26db44cbaaec485294db648d076a2742e09cc9920
d
(node:38203) DeprecationWarning: crypto.pbkdf2 without specifying a digest is deprecat
ed. Please specify a digest
crypto: 45.506ms
5ea8b77329087f8c043eb3d8e960ab4140f5a28b533ea7290208f748486627989a4cc654177878a5e6dea
32009ddc38217ed90547f10cc120a119d3834404135a2512aec93f96b71fb9d5bfbf1375c1613436b61d1
7f8ba855a08978487fe5e34af2e2eb0e4c60afe43dd839bb0444ba789c1804c674849911a04b93fdbab1b
b4d6fd085406c38f9eceae136984588d316646533cd9a528b89725cf9d03b1bd901dda9e4f954e14c4e63
a62e3646b7cf56a418db816e1e981a1067389c86d6321c8dc2576cae6d7fd3cc04ffb27a117278ce4e841
```

```
e70e1f9b1109932ed7570d6f2605e1bb314dd8b382714d76d562547f08566ebb47e509cdadf70938db951
35
```

通过以上结果可知，crypto 的执行时间比 bcrypt 的执行时间几乎缩短一半。

使用 Node.js 进行加密解密十分耗时，请各位读者思考是否有解决办法。以下几个方面可供大家思考。

- 把加密解密操作独立成单独的 Node.js 服务是否会更好？
- 如果 CPU 密集操作和 I/O 密集操作混用，会不会导致 Eventloop 内出现阻塞？如何避免？
- 使用 Serverless（FaaS）是否更合适？

5.5　本章小结

通过本章的学习，你应该已经掌握了 Mongoose 的基础知识，清楚了 CRUD 操作的过程，并且学会了一些进阶技巧，如模型扩展、虚拟属性、回调钩子、插件机制等。

Mongoose 的功能非常强大，而且使用起来非常简单，对于代码优化、代码复用等有很明显的帮助。在实际项目里，使用 Mongoose 可以帮助我们更好地组织代码，要想通过 Node.js 操作数据库，Mongoose 是必须掌握的一个模块。

第 6 章

数据库进阶

上一章讲的是数据库基础知识，主要以 MongoDB 和 Mongoose 为主。掌握这些知识以后，应对后端数据库的增删改查操作是足够的，但如果要做后端开发还需要学习更多知识。本章会讲解一些数据库进阶内容，比如分页、关联查询、事务，以及性能调优。

6.1 分页

分页是后端开发中最常见的数据库操作。以典型的移动端列表 API 来说，对列表下拉刷新时读取最新的信息，然后从屏幕底部向上拉，当前表格组件便会发送请求加载下一页所需的数据。实现分页的一般做法是写两个 API。

- get_latest(model, count)
- get_with_page(number, size)

get_latest 一般会拉取最新的数据，常见的下拉刷新操作都用这样的 API。由于两次下拉之间的时间间隔可能非常长，所以取到的数据会把当前列表中的数据冲掉。

- 如果 *n* 秒（比如 30s）内有连续请求，就提示最近已更新数据，没必要再刷新或者直接返回当前数据。
- 如果取到了新数据，就将当前列表中的数据冲掉，以保证数据的一致性。

如何判断所获得的数据是最后一页的数据呢？首先取出数据总页数 all_count，用 all_count 除以一页内展示的数据总条数 pagesize（比如 pagesize=20），然后判断当前页是否等于总页数-1，如果等于，就不能再获取任何数据了。当数据量少的时候，查询不会很慢，如果数据量大，执行获取所有数据函数将是极慢的。

所以，比较好的做法是按照 id 进行查询。前端将比较 id 查询每次返回的当前 id 后面的数据条数与 pagesize，如果二者相等，意味着可以获取下一页数据；相反，如果取到的数据条数少于 pagesize，就知道没有什么数据可以取了，即到了尾页，此时只要让获取下一页数据的按钮不可点击，提示“已到尾页”即可。

常见的分页写法如下。

```
db.users.find().skip(pagesize*(n-1)).limit(pagesize)
```

更好的写法应该是这样的。

```
db.usermodels.find({'_id' :{
  "$gt" :ObjectId("55940ae59c39572851075bfd")}
}).limit(20).sort({_id:-1})
```

分页是必知必会的基本技能，因为不论是传统的 Web 端还是移动端 API，都面临同样的问题。比如 AJAX 的 get 操作有大小限制，不能一次返回所有数据，这迫使开发者在开发过程中不得不做分页处理。在 MongoDB 里实现分页很简单，本节将主要讲解 MongoDB 分页。

6.1.1　使用 skip 和 limit 实现分页

常见的 MongoDB 分页方法如下。

```
//第一页数据
db.users.find().limit (10)
//第二页数据
db.users.find().skip(10).limit(10)
//第三页数据
db.users.find().skip(20).limit(10)
...
```

也就是说，如果要检索第 *n* 页数据，代码应该是这样的。

```
db.users.find().skip(pagesize*(n-1)).limit(pagesize)
```

当然，这里有一个前提：在两次查询之间没有任何插入或删除数据的操作。但是你的系统能做到吗？显然，大部分 OLTP 系统无法确保没有数据更新，所以 skip 只是一个“玩具”，没有太大的作用。而且，skip + limit 只适合处理体量小的数据，数据一多就会卡顿，再怎么加索引、做优化，都没有办法解决。

因此，如果要处理大体量数据，就需要考虑别的方案。

6.1.2 使用 find 和 limit 实现分页

前面讲到使用 skip 方法无法处理大体量数据，所以要找到一个替代 skip 的方案。

在这个例子中，我们会利用“_id”来处理大体量数据（用时间戳也一样，主要看设计数据库表时有没有设置类似 created_at 这样的字段）。

_id 是 MongoDB 中的 ObjectID 类型数据，ObjectID 类型的数据占用 12 字节的存储空间，每个字节为两位十六进制数字，因此是一个 24 位的字符串，包括 timestamp、machinid、processid、counter 等内容。后面会有一节单独讲 ObjectID 的构成及它为什么是唯一的。

使用_id 实现分页的大致思路如下。

- 在当前页内查出最后一条记录的_id，记为 last_id。
- 将记下来的 last_id 作为查询条件，如果查出大于 last_id 的记录，就将这些记录作为下一页的内容。

原理是不是很简单？来看一下具体实现，代码如下。

```
//第一页
db.users.find().limit(pageSize);
//Find the id of the last document in this page
last_id = ...

//第二页
users = db.users.find({'_id' > last_id}). limit(10);
//Update the last id with the id of the last document in this page
last_id = ...
```

以上这些是示例代码，我们来看一下在 Robo 客户端里是如何编写的。

```
db.usermodels.find({'_id' :{
"$gt" :ObjectId("55940ae59c39572851075bfd")}
}).limit(20).sort({_id:-1})
```

根据上面的分页需求，我们需要实现如下两个 API。

- get_latest(model,count)
- get_next_page_with_last_id(last_id, size)

为了更好地理解根据_id 分页的原理，首先要了解 ObjectID 的组成。

6.1.3 ObjectID 的组成

前面说过，_id 是 ObjectID 类型数据，由 12 字节组成，具有唯一性。按照字节顺序，ObjectID 的前 4 字节表示时间戳（time），接下来的 3 字节是机器标识码（machine），紧跟着的 2 个字节为进程标识（pid），最后 3 字节是自增计数器（inc），如图 6-1 所示。

<table>
<tr><td>0</td><td>1</td><td>2</td><td>3</td><td>4</td><td>5</td><td>6</td><td>7</td><td>8</td><td>9</td><td>10</td><td>11</td></tr>
<tr><td colspan="4">time</td><td colspan="3">machine</td><td colspan="2">pid</td><td colspan="3">inc</td></tr>
</table>

图 6-1

翻查 mongodb-core 模块源码，生成 ObjectID 的代码如下。

```
ObjectID.prototype.generate = function(time) {
  if ('number' !== typeof time) {
    time = ~~(Date.now() / 1000);
  }

  // 使用进程标识
  var pid =
    (typeof process === 'undefined' || process.pid === 1
      ? Math.floor(Math.random() * 100000)
      : process.pid) % 0xffff;
  var inc = this.get_inc();
  // Buffer 声明
  var buffer = new Buffer(12);
  // 处理时间戳
  buffer[3] = time & 0xff;
  buffer[2] = (time >> 8) & 0xff;
  buffer[1] = (time >> 16) & 0xff;
  buffer[0] = (time >> 24) & 0xff;
  // 处理机器标识码
  buffer[6] = MACHINE_ID & 0xff;
  buffer[5] = (MACHINE_ID >> 8) & 0xff;
  buffer[4] = (MACHINE_ID >> 16) & 0xff;
  // 处理进程标识
  buffer[8] = pid & 0xff;
  buffer[7] = (pid >> 8) & 0xff;
  // 随机数
  buffer[11] = inc & 0xff;
  buffer[10] = (inc >> 8) & 0xff;
  buffer[9] = (inc >> 16) & 0xff;
  // 返回结果
```

```
  return buffer;
};
```

还要将生成的 ObjectID 转换成十六进制的字符串，代码如下。

```
ObjectID.prototype.toString = function(format) {
  if (this.id && this.id.copy) {
    return this.id.toString(typeof format === 'string' ? format:'hex');
  }

  // if(this.buffer )
  return this.toHexString();
};
```

1. 时间戳

ObjectID 的前 4 字节是一个 UNIX 时间戳，类型为 int 型。我们将上例中 ObjectID 的前 4 字节提取出来，然后将其由十六进制转换为十进制，这样就可以得到时间戳。

2. 机器标识码

时间戳后面的 3 字节是所在主机的唯一标识码，一般为机器主机名的哈希值，这样可以确保不同主机生成不同的哈希值，在分布式系统中不会产生冲突。这也是同一台机器生成的 ObjectID 的中间字符串一模一样的原因。以下是机器标识码的生成语句。

```
var MACHINE_ID = parseInt(Math.random() * 0xffffff, 10);
```

3. 进程标识

上面的 MACHINE_ID 是为了确保不同机器产生的 ObjectID 不冲突，而进程标识（pid）则是为了确保同一台机器上不同 MongoDB 进程产生的 ObjectID 不冲突。以下是进程标识的生成语句。

```
var pid =
(typeof process === 'undefined' || process.pid === 1
 ? Math.floor(Math.random() * 100000)
 : process.pid) % 0xffff;
```

4. 自增计数器

前面的 9 字节保证了在同一秒内不同机器、不同进程生成的 ObjectID 不冲突，而后面的 3 字节是一个自动增加的计数器，用来确保即使同一机器、同一进程在同一秒内产生的多个

ObjectID 之间也不会发生冲突。

源码里调用自增计数器的方式如下。

```
var inc = this.get_inc();
```

其中 this.get_inc 方法的代码具体如下。

```
ObjectID.prototype.get_inc = function() {
  return (ObjectID.index = (ObjectID.index + 1) % 0xffffff);
};
```

阅读源码能够了解实现原理。比如探索 ObjectID 时，可以查看 node-mongodb-native 的代码，了解 ObjectID 存在于依赖模块 mongodb-core 里。通过源码获得的经验能为日后的开发工作提供更多参考。同时，我们自己也能站在更高的层面从架构的角度审视模块设计的优缺点。

狼叔常说，学习有 3 个境界，跟人学最快，跟书学次之，自悟最慢。就算你有机会跟牛人一起学习，他们也不一定会一直教你。所以，最好的学习方式还是掌握阅读开源源码的方法，只要开源世界还在，你就可以随时随地进行学习。

6.1.4　客户端生成 ObjectID

通过 MongoDB 生成 ObjectID 还有一个更大的优势，就是 MongoDB 不仅可以通过自身的服务来生成 ObjectID，还可以通过客户端的驱动程序来生成 ObjectID。如果仔细看文档，就会感叹 MongoDB 的设计中体现出来的“用空间换时间”的思想。尽管 ObjectID 是轻量级的，但是通过服务器端来生成 ObjectID 也要消耗时间，所以这种能从服务器转移到客户端驱动程序来完成的事务就要尽量转移，将事务交由客户端驱动程序完成可以降低服务器端的开销。

6.2　关联查询

关系型数据库的设计是以笛卡儿积作为理论依据的。两个集合做交、并、补计算，其实可以理解为对两张表的数据进行匹配查询，所以在关系型数据库里，表关联是最常用的操作。使用关联查询，简单且直接。遵循数据库理论进行设计，配合 PowerDesigner、ERWin 等建模软件，可以满足所有软件开发需求。唯一的问题是在互联网快速发展的今天，关系型数据库如果完全遵守数据库设计三范式[1]，设计出来的软件就无法满足高并发的要求。

互联网公司中最常见的分库/分表做法是，将一个数据库切分成多个部分放到不同的数据库上，从而缓解单一数据库的单点性能不足问题。对于存放海量数据的数据库，如果其中的表很多（因而数据多），则适合使用垂直切分方式，即把关系紧密（比如同一模块）的表切分出来放在一个数据库上；如果表不多，但每张表中的数据非常多，则适合采用水平切分方式，即把表中的数据按某种规则切分到多个数据库上。当然，现实中更多的是这两种方法混杂在一起使用，这时需要根据实际情况做出选择，综合使用垂直切分与水平切分，将原有数据库切分成类似矩阵一样的可以无限扩充的数据库阵列。

当然，还要综合考虑系统架构和公司的实际情况，辩证地看待问题。如果应用还只是一个简单的单体应用，并且没有什么特别大的访问量和数据量，那就别着急进行分库/分表，否则投入产出比将会非常低，很难有好成效。

但是，无论是使用关系型数据库，还是使用 MongoDB 这样的非关系型数据库，关联查询是必须掌握的技能。本节将主要对比关系型数据库和非关系型数据库，讲解关联查询的核心知识点。

6.2.1 聚合函数

聚合函数是对一组数值执行计算并返回结果的函数，它经常与 SELECT 语句的 GROUP BY 子句一同使用。比如 count（计数）、sum（计算总和）、avg（求均值）、max（求最大值）、min（求最小值）等，都是平时在工作中经常用到的聚合函数。

一个典型的运用聚合函数的例子就是获取订单表中每个用户每天的消费总额。具体的做法是，根据唯一的用户标识 cust_id 和 ord_date 来分组，对 price（价格）字段求和。对应的 SQL 语句如下。

```
SELECT cust_id,
       ord_date,
       SUM(price) AS total
FROM orders
GROUP BY cust_id,
         ord_date
```

---

1 第一范式，要求有主键，并且要求每个字段都具有原子性，不可再分；第二范式，要求所有非主键字段完全依赖主键，不能产生部分依赖；第三范式，要求所有非主键字段和主键字段之间不能产生传递依赖。

其中，SELECT 和 FROM 是 SQL 中基本的表查询语句，而 SUM(price) AS total 表示用 sum 函数对 price 字段求和，GROUP BY cust_id, ord_date 的意思是按照 cust_id 和 ord_date 进行分组，这个子句一般与 SQL 中的聚合函数一起使用才有意义。

在 MongoDB 里，aggregate 函数可以实现类似查询的功能，见如下示例。

```
    db.orders.aggregate( [
  {
    $group: {
      _id: {
        cust_id: "$cust_id",
        ord_date: {
           month: { $month: "$ord_date" },
           day: { $dayOfMonth: "$ord_date" },
           year: { $year: "$ord_date"}
        }
      },
      total: { $sum: "$price" }
    }
  }
] )
```

6.2.2 聚合管道

对于简单操作而言，一段 SQL 语句就可以搞定，但如果是复杂业务，可能需要多条 SQL 语句才能搞定。在这种复杂场景下，使用 MongoDB 内置的聚合管道就非常合适。

在 UNIX 系统和 Linux 系统中，管道一般用于将当前命令的输出结果作为下一条命令的参数，和 Node.js 里的 Stream 机制类似。MongoDB 的聚合管道是一种数据处理方式，在一个管道处理完文档后将结果传递给下一个管道处理。管道操作是可以多次执行的，适用于复杂查询。管道表达式用于处理输入文档，由于它是无状态的，所以只能用于计算当前聚合管道的文档，不能处理其他文档。

MongoDB 的聚合操作会接受一个名为 pipeline 的参数和一个可选参数。pipeline 可以理解为流水线，一条流水线上可以有一道或多道工序。所以，MongoDB 的一次聚合操作就是对一个表进行多次加工，其中的每一道工序中都可以修改、增加和删除文档，最终产出我们需要的数据集合。

进入 MongoDB 命令行界面，假设我们有一个名为 orders 的表，表中的记录如下。

```
> db.orders.find()
{ "_id" : ObjectId("59sd4b33186987da5d8b4567"), "cust_id" : "A123", "amount" : 502, "st
atus" : "A" }
{ "_id" : ObjectId("59sd4b33186987da5d8b4568"), "cust_id" : "A123", "amount" : 500, "st
atus" : "B" }
{ "_id" : ObjectId("59sd4b33186987da5d8b4569"), "cust_id" : "A123", "amount" : 500, "st
atus" : "C" }
{ "_id" : ObjectId("59sd4b33186987da5d8b456a"), "cust_id" : "A123", "amount" : 500, "st
atus" : "D" }
{ "_id" : ObjectId("56dd4dad186888c36f8b4567"), "cust_id" : "A123", "amount" : 500, "st
atus" : "A" }
{ "_id" : ObjectId("56dd4dad186888c36f8b4568"), "cust_id" : "A123", "amount" : 500, "st
atus" : "B" }
{ "_id" : ObjectId("56dd4dad186888c36f8b4569"), "cust_id" : "A123", "amount" : 500, "st
atus" : "C" }
{ "_id" : ObjectId("56dd4dad186888c36f8b456a"), "cust_id" : "A123", "amount" : 500, "st
atus" : "D" }
```

如果需要按 status 字段统计 amount 总额，并且只统计 status 为 A、B、C 的记录，可以用聚合操作来实现。

首先从 orders 中找出 status 为 A、B、C 的记录。这是流水线的第一道工序，表达式如下。

```
{ $match: { status: { $in: ['A','B','C'] } } }
```

然后按 status 字段统计 amount 总额。这是流水线的第二道工序，表达式如下。

```
{ $group: { _id: '$status', totalAmount: { $sum: '$amount' } } }
```

最终的聚合操作的命令及结果如下。

```
> db.orders.aggregate([{ $match: { status: { $in: ['A','B','C'] } } }, { $group: { _id:
'$status', totalAmount: { $sum: '$amount' } } }])
{
  "result" : [
      {
          "_id" : "C",
          "totalAmount" : 1000
      },
      {
          "_id" : "B",
          "totalAmount" : 1000
      },
      {
          "_id" : "A",
          "totalAmount" : 1002
      }
  ],
```

```
    "ok" : 1
}
```

从上面的例子中可以看出，aggregate 函数的参数是可选的：如果只有一个参数，此时的参数就是对象类型；如果参数是数组，则为聚合管道。

聚合操作是针对一个 MongoDB 表进行的操作，在最坏的情况下需要进行全表扫描，如果表的记录很多，速度就会很慢，内存也会消耗很多。

为了提高性能，最好的策略是将筛选"工序"放到最前面，尽早排除不满足条件的记录，降低后面工序的工作量。如果在最前面的筛选工序中能够利用索引，则整个操作过程的效率将会提高。

6.2.3 MapReduce

如果使用 MongoDB 查询时返回的数据量很大，或者做一些比较复杂的统计和聚合操作时花费的时间很长，可以改用 MongoDB 中的 MapReduce 来替代原有方法。

MapReduce 是一个非常灵活和强大的数据聚合工具。它的好处是可以把一个聚合任务分解为多个小任务，并将这些小任务分配到多个服务器上并行处理。2010 年大数据技术流行时，行内人常将 Hadoop 挂在嘴边，其核心就是 MapReduce。MongoDB 也提供了对 MapReduce 的支持，所用的查询语言是 JavaScript。

在 MongoDB 中使用 MapReduce 的流程如下。

1. Map：把一个操作映射到集合中的每一个文档。

2. Shuffle：根据 Key 为文档分组，为每个不同的 Key 生成一系列值表（list of values）。

3. Reduce：处理值表中的元素，直到值表中只有一个元素。然后返回 Shuffle 阶段，循环处理，直到每个 Key 只对应一个值表，并且此值表中只有一个元素，这就是 MapReduce 的结果。

4. Finalize：此步骤不是必需的，只是为了在得到 MapReduce 的最终结果后再对数据进行一些"修剪"处理。

图 6-2 来自 MongoDB 官方文档，可以清楚地说明 MapReduce 的执行过程。

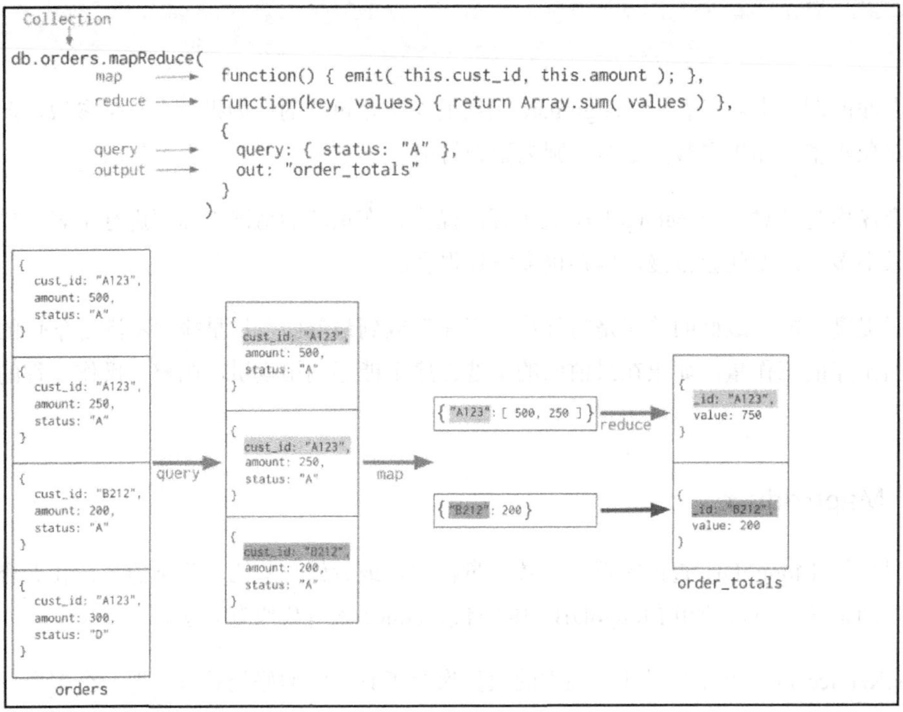

图 6-2

一般而言，业务数据（即 OLTP 型数据）和统计数据（即 OLAP 型数据）是分离的。MapReduce 多用于对统计数据进行分析，利用 MapReduce 思想可以对海量数据进行检索，当然利用 MapReduce 执行简单的统计操作也是非常高效的。

一般后台开发人员可能用不到 MapReduce，稍微了解一下就好。

6.2.4 关联关系

了解如何在 Mongoose 里实现关联关系（一对一、一对多、多对多）也是非常必要的，虽然在互联网公司的项目里不推荐使用表关联，但对于一些传统项目，比如微服务架构里的某些服务来说，适当使用表关联可以提高开发效率。

下面举一个实现一对多关系的例子。比如，一个用户有多个联系人，我们首先需要定义 UserSchema 和 contacts（对应联系人）字段。注意，contacts 字段的类型是数组。

```
UserSchema = new Schema({
  ...
```

```
    contacts:[]
});
```

定义 ContactSchema 时，联系人归属于哪个用户，需要通过 owner 字段来明确，具体如下。

```
ContactSchema = new Schema({
    ...
    owner: {
      type: Schema.ObjectId,
      required: true,
      index: true
    }
});
```

MongoDB 是非关系型数据库，无法使用 join 实现表关联和关联查询。Mongoose 封装了 populate 方法，在定义一个 Schema 时可以指定其中的字段（属性）是另一个 Schema 的引用，这样查询文档时就可以使用 populate 方法通过引用 Schema 和 id 找到关联的另一个文档或文档中的指定字段，代码如下。

```
ContactSchema = new Schema({
    ...
    owner: {
      type: Schema.ObjectId,
      ref: 'user'
    }
});

ContactSchema.find({}).populate('owner').exec(callback);
```

上面代码实现的是一对多的关联关系。可以这样理解：一个用户有多个联系人，而一个联系人仅属于一个用户。

多对多关系要复杂一些，例如，学生选课就是一个比较好的多对多关系的例子。为了便于处理多对多关系，需要建立中间关系表，如图 6-3 所示。

图 6-3

我们需要建立一个学生与课程的关系表，表中只存储学生 id 和课程 id，以及必要的快速检索字段。有了这些 id，在代码里使用 populate 方法就可以实现多对多关联了。多对多关系一般使用 M:N 来表示。

6.2.5 aggregation

调用模型实例的 aggregate 方法将会返回 aggregation 实例，aggregation 实例中又有以下方法和属性。

1．append 方法

append 方法只是一个针对管道表达式实现的简单封装，它会向 aggregate 管道里添加一个新的操作。比如，新增加一个 match 匹配方式的代码如下。

```
aggregate.append({ $project: { field: 1 }}, { $limit: 2 });

// 参数是数组
var pipeline = [{ $match: { daw: 'Logic Audio X' }} ];
aggregate.append(pipeline);
```

2．exec 方法

exec 方法用于执行当前 aggregate 管道里的表达式。和前面的 append 方法一样，exec 方法会传入一个回调函数，执行计算操作，这里不做过多介绍。

3．allowDiskUse 方法

allowDiskUse 方法是在 MongoDB 2.6 之后加入的，主要用于告诉 MongoDB 是否需要将本次汇总计算的结果通过硬盘进行持久化存储。

4．cursor 方法

cursor 方法用于批量设置游标大小。

5．group 方法

group 方法用于实现分组操作，表示对某些字段进行分组。比如，对 department 字段进行分组的命令如下。

```
aggregate.group({ _id: "$department" });
```

6．limit 方法

limit 方法表示限制返回的集合的大小，示例如下。

```
aggregate.limit(10);
```

7. match 方法

match 方法表示汇总计算的筛选条件，示例如下。这里表示根据表达式里的条件进行 group 分组汇总操作。

```
aggregate.match({ department: { $in: [ "sales", "engineering" ] } });
```

8. near 方法

near 方法在 LBS（Location-Based Service，基于位置的服务）应用中非常常见，主要用于查找附近的记录。例如下面的代码实现的功能就是根据经纬度和距离进行查询。

```
aggregate.near({
  near: [40.724, -73.997],
  distanceField: "dist.calculated",
  maxDistance: 0.008,
  query: { type: "public" },
  includeLocs: "dist.location",
  uniqueDocs: true,
  num: 5
});
```

9. read 方法

read 方法用于读取数据，进行查询汇总操作时一般会有不同的读取偏好，大家可以从以下这些选项中选择一个。

- ReadPreference.PRIMARY：从分布式部署的主节点读取数据，如果主节点不能访问则抛出异常，这是默认设置。
- ReadPreference.PRIMARY_PREFERRED：首选主节点，大多数情况下从主节点读数据，如果主节点不可用，比如故障转移，则在从节点读取数据。
- ReadPreference.SECONDARY：只在从节点读数据， 如果从节点不可用，则报错或者抛出异常。
- ReadPreference.SECONDARY_PREFERRED：首选从节点，大多数情况下在从节点读取数据，特殊情况（如单主节点架构）下在主节点读取数据。
- ReadPreference.NEAREST：从延迟最小的一个节点读取数据，可能是主节点，也可能是从节点。

10. skip 方法

skip 方法表示跳过若干条记录，例如下面的代码表示跳过 10 条记录。

```
aggregate.skip(10);
```

11. sort 方法

sort 方法用于对计算结果进行排序。下面给出升序排序的例子。

```
// 下面这些是等价的
aggregate.sort({ field: 'asc', test: -1 });
aggregate.sort('field -test');
```

12. unwind 方法

unwind 方法用于将输入的文档数组解构。我们来看一个例子，假设有如下文档数据。

```
{ "_id" : 1, "item" : "ABC1", sizes: [ "S", "M", "L"] }
```

通过 unwind 对它们进行解构操作，命令如下。

```
db.inventory.aggregate( [ { $unwind : "$sizes" } ] )
```

输出结果如下。

```
{ "_id" : 1, "item" : "ABC1", "sizes" : "S" }
{ "_id" : 1, "item" : "ABC1", "sizes" : "M" }
{ "_id" : 1, "item" : "ABC1", "sizes" : "L" }
```

13. 操作符

- $and：执行与操作。
- $or：执行或操作。
- $not：执行非操作。
- $setEquals：判断不同列中的对应值是否相同，如果相同就返回 true。

来看一个具体的示例，假设有如下数据。

```
{ "_id" : 1, "A" : [ "red", "blue" ], "B" : [ "red", "blue" ]}
{ "_id" : 2, "A" : [ "red", "blue" ], "B" : [ "blue", "red", "blue" ]}
{ "_id" : 3, "A" : [ "red", "blue" ], "B" : [ "red", "blue", "green" ]}
{ "_id" : 4, "A" : [ "red", "blue" ], "B" : [ "green", "red" ] }
{ "_id" : 5, "A" : [ "red", "blue" ], "B" : [ ]}
```

```
{ "_id" : 6, "A" : [ "red", "blue" ], "B" : [ [ "red" ], [ "blue" ] ]}
{ "_id" : 7, "A" : [ "red", "blue" ], "B" : [ [ "red", "blue" ] ]}
{ "_id" : 8, "A" : [ ], "B" : [ ]}
{ "_id" : 9, "A" : [ ], "B" : [ "red" ]}
```

我们对上述数据进行如下操作。

```
db.experiments.aggregate(
  [
    { $project: { A: 1, B: 1, sameElements: { $setEquals: [ "$A", "$B" ] }, _id: 0 } }
  ]
)
```

执行结果如下。

```
{ "A" : [ "red", "blue" ], "B" : [ "red", "blue" ], "sameElements" : true }
{ "A" : [ "red", "blue" ], "B" : [ "blue", "red", "blue" ], "sameElements" : true }
{ "A" : [ "red", "blue" ], "B" : [ "red", "blue", "green" ], "sameElements" : false }
{ "A" : [ "red", "blue" ], "B" : [ "green", "red" ], "sameElements" : false }
{ "A" : [ "red", "blue" ], "B" : [ ], "sameElements" : false }
{ "A" : [ "red", "blue" ], "B" : [ [ "red" ], [ "blue" ] ], "sameElements" : false }
{ "A" : [ "red", "blue" ], "B" : [ [ "red", "blue" ] ], "sameElements" : false }
{ "A" : [ ], "B" : [ ], "sameElements" : true }
{ "A" : [ ], "B" : [ "red" ], "sameElements" : false }
```

类似$and、$or、$not 这样的操作符还有很多，如表 6-1 所示。

表 6-1

操作符	作　用
$setIntersection	找出多个内嵌文档数组中的相同内容
$setUnion	找出多个内嵌文档数组中的非重复内容
$setDifference	找出多个内嵌文档数组中的不同内容
$setIsSubset	判断数组 A 中是否包含数组 B
$cmp	比较两个值的大小
$eq	判断两个值是否相等
$gt	判断两个值的关系，若第一个值大于第二个值，返回 true
$gte	判断两个值的关系，若第一个值大于或等于第二个值，返回 true
$lt	判断两个值的关系，若第一个值小于第二个值，返回 true
$lte	判断两个值的关系，若第一个值小于或等于第二个值，返回 true
$ne	判断两个值的关系，若第一个值不等于第二个值，返回 true

6.3 事务

数据库中的事务（transaction）是指单个逻辑工作单元执行的一系列操作，这些操作要么全部执行，要么全部不执行。事务必须要满足 4 个属性：原子性（Atomicity）、一致性（Consistency）、隔离性（Isolation）、持久性（Durability）。

可以说，事务处理是 MongoDB 这类非关系型数据库面临的最头痛的问题。我们知道单个集合是支持原子性事务的，但是如果要同时操作多个集合且要支持事务该怎么处理呢？这种场景是非常常见的，将一组相关操作组合为一个要么全部成功要么全部失败的操作，可以简化错误恢复过程并使应用程序更加可靠。所以，要辩证地看待事务处理。很多人对 MongoDB 事务处理有误解，因为多集合之间的事务处理非常麻烦且容易出错。笔者认为只要善于利用数据库自身的特性，还是有办法在 MongoDB 中实现对复杂事务的处理的。那么在 MongoDB 里，我们该怎么样应对事务处理呢？本节主要介绍两种方法。

6.3.1 二阶段提交法

在需要对多文档事务进行处理的场景中，可以采用二阶段提交法来满足需求。二阶段提交可以保证数据的一致性，如果发生错误，可以恢复到事务开始之前的状态。在事务执行的过程中，无论发生什么情况都可以将数据和数据库状态还原到其准备阶段。

下面以账户转账为例来讲解这个方法。为了实现账户转账功能，我们需要在 MongoDB 里新建一张表，记录交易的详细情况，于是就有了两张表：acounts（账户表）和 transactions（交易表）。

转账问题的核心在于，在交易表里记下转账记录时，还要对账户表中的数据进行增或减，所以这是非常典型的事务应用场景。下面来看一下具体做法。

初始化阶段（initialize）

首先在 accounts 表里分别插入 A 账户和 B 账户的一条记录，然后在 transcations 表中新建一条记录（给 A 账户和 B 账户添加一个状态控制字段 pendingTransactions，它实际上是一个数组），用于观察事务状况。

```
db.accounts.insert(
  [
```

```
    { _id: "A", balance: 1000, pendingTransactions: [] },
    { _id: "B", balance: 1000, pendingTransactions: [] }
  ]
)

db.transactions.insert(
   {
      _id: 1,
      source: "A",
      destination: "B",
      value: 100,
      state: "initial",
      lastModified: new Date()
   }
)
```

上面语句的意思是初始化转账状态，从 A 账户向 B 账户转账 100 元，同时修改 transcations 表中的记录，设置 state（状态）为 pending。

待处理阶段（pending）

在待处理阶段，首先要初始化 transactions 表里的状态，代码如下。

```
db.transactions.update(
   { _id: t._id, state: "initial" },
   {
     $set: { state: "pending" },
     $currentDate: { lastModified: true }
   }
)
```

然后，修改 A、B 账户中的金额。从 A 账户向 B 账户转账 100 元，即 A 账户中的金额要减少 100 元，B 账户中的金额增加 100 元。其中，$ne:t._id 的目的是防止某条记录被重复修改。

```
// A 账户减少 100 元
db.accounts.update(
  { _id: t.source, pendingTransactions: { $ne: t._id } },
  {
      $inc: {
         balance: -t.value
      },
      $push: {
         pendingTransactions: t._id
      }
   }
)
```

```
// B 账户增加 100 元
db.accounts.update(
  { _id: t.destination, pendingTransactions: { $ne: t._id } },
  {
      $inc: {
         balance: t.value
      },
      $push: {
         pendingTransactions: t._id
      }
  }
)
```

应用阶段（applied）

处理完账户金额的增减后，需要将 state 更新为 applied，即进入应用阶段，代码如下。

```
db.transactions.update(
  { _id: t._id, state: "pending" },
  {
    $set: { state: "applied" },
    $currentDate: { lastModified: true }
  }
)
```

此时，虽然 state 是 applied，但事务还没有处理完成，我们还要清理事务状态，修改 transcations 表，并将 A、B 账户中的 pendingTranscations 字段删去（本来就不存在该字段，是我们为了事务控制临时加上去的），具体代码如下。

```
db.accounts.update(
  { _id: t.source, pendingTransactions: t._id },
  { $pull: { pendingTransactions: t._id } }
)

db.accounts.update(
  { _id: t.destination, pendingTransactions: t._id },
  { $pull: { pendingTransactions: t._id } }
```

完成阶段（done）

经过应用阶段处理之后，我们还需要做最后的收尾工作，将 state 从 applied 改为 done，代码如下。当 state 值为 done 时，就意味着当前事务真的完成了。

```
db.transactions.update(
   { _id: t._id, state: "applied" },
   {
     $set: { state: "done" },
     $currentDate: { lastModified: true }
   }
)
```

transactions 表中的 state 经历了不同的几个阶段，如表 6-2 所示。

表 6-2

state	含　义	说　　明
initial	初始化	事务初始状态，无任何操作
pending	待处理	准备好数据，等待处理
apllied	应用	真正的业务逻辑处理阶段
done	完成	已完成，结束事务

上例中我们通过在 accounts 和 transactions 两张表上增加字段描述了事务状态。

- 在 accounts 里增加了 pendingTransactions 数组，在操作完成后移除了该数组。
- 在 transactions 里对 state 不断赋值，通过不同的 state 值记录元数据，这样一来出错后能够根据这些元数据进行回滚。

从本质上来说，二阶段提交法的原理是，利用单个集合具备事务的特性，适当地增加字段作为元数据来描述必要信息，以便执行回滚操作。

6.3.2　回滚操作

前面介绍过，一个事务最重要的属性是原子性（Atomicity）、一致性（Consistency）、隔离性（Isolation）、持久性（Durability），业内常称为 ACID。关于 ACID，简单理解就是同时操作多个表时，要么都成功，要么都失败，通过这种方式保证不会产生脏数据进而导致数据不一致。

采用二阶段提交法时，可以顺序执行事务并随时挂起回滚（有多种情况，本节会详细讲解）。我们仍然使用上一节的例子，将 lastModified 日期字段作为事务恢复的标志。如果事务状态为待处理或应用，即 state 值为 pending 或 applied，并且在 30min 内没有完成更新，则程序会检测这些需要恢复的事务。

我们再来看一个典型的例子。在更新真正的业务逻辑时，更新事务状态为待处理时出现异常，更新失败，此时 state 不是 applied。在这种情况下，我们要把这些数据继续处理完。具体操作如下。

```
var dateThreshold = new Date();
dateThreshold.setMinutes(dateThreshold.getMinutes() - 30);

var t = db.transactions.findOne({
   state: "pending",
   lastModified: { $lt: dateThreshold }
});
```

也就是说，查到这笔交易时，要继续完成对相关账户金额的增/减操作。同样地，当状态是 applied 时发生错误，也可以像上面这样处理。当然，如果 30min 内状态没有被处理，就只能进行数据清洗了，这里就不多介绍了。

值得说明的是，MongoDB 支持客户端灵活配置写入策略（writeConcern），以满足更多场景的需求。写入策略是 MongoDB 的写入安全机制，在客户端设置，用于控制写入安全的级别，描述了 MongoDB 写入 mongod 单实例、副本集及分片集群时何时应答客户端。默认情况下，对 MongoDB 文档的增删改操作都会等数据库响应（确认写入是否成功）后才继续执行。

上面讲的二阶段提交法，就是利用单个集合支持事务和状态机实现的，适用于状态复杂的场景。绝大部分场景是不需要使用这种处理方式的，对单个集合做宽表处理即可满足一般的业务场景需求。这种利用表的字段（字段支持多种类型）冗余来处理事务的方式，虽然有点“粗暴”，但行之有效，是最快、最简单的方式。

很多人都说 MongoDB 事务不好处理，可能是因为他们对 MongoDB 的特性了解得不够深入，也可能是因为没有变通地思考问题。除了上面提到的两种方式，我们还可以在架构上做调整。对于订单、记账这些对事务，处理时要做到极为严格，因此可以把它们做成独立的服务。在独立的服务里，你可以使用关系型数据库。

> MongoDB 4.0 引入的事务功能支持多文档事务特性，功能更强大。

6.4 性能调优

本节主要讲解 MongoDB 的性能调优，具体做法是通过 profile 定位到慢查询，再通过 explain 找到原因，进而调整相关的集合设置，实现最终目的。本节最后会介绍异步流程控制在 Mongoose 里的演进，这些知识对于编写代码有一定的帮助。

6.4.1 profile

在很多情况下，DBA 要对数据库性能进行分析，找出性能低的原因。MongoDB 里有一种分析工具可以检测并追踪影响性能的慢查询，即 profile。

profile 有 4 种设置项，具体如下。

- 0：不开启 profile。
- 1：记录慢查询，默认将耗时大于 100 ms 的查询定义为慢查询。
- 2：记录所有查询结果。
- 3：查询采样记录。

在 MongoDB 中开启 profile 可以使用下面的命令。

```
db.setProfilingLevel(2, 20)
```

如果想知道 profile 是否已开启，可以用下面的命令进行查询。

```
db['system.profile'].find()
```

当然，如果想要全局开启 profile，也可以在启动 mongod 时加上参数，命令如下。

```
$ mongod --profile 1 --slowms100          # 1 表示追踪级别，100 表示慢查询判定时间(ms)
```

6.4.2 explain

关系型数据库都提供了 SQL 剖析工具用来解决 SQL 效率低下的问题，explain 是最常用的一种技术手段。在 MongoDB 中也有类似的性能排查工具。MongoDB 提供了 db.collection.explain()、cursor.explain()两种 explain，都会返回查询执行的统计信息，这为我们诊断查询的性能问题提供了极大便利。

本节主要介绍 db.collection.explain()的用法。一个常见的场景是查询 id 比某个值大的所有用户数据，如 55940ae59c39572851075bfd。如果集合中有非常多的数据，可能会导致查询性能较低。具体的查询语句如下。

```
db.usermodels.find({
  '_id' :{
    "$gt" :ObjectId("55940ae59c39572851075bfd")
  }
}).explain()
```

执行结果里有很多内容，我们重点关注下面 4 项。

- stage：查询策略。
- nReturned：返回的文档行数。
- needTime：耗时（ms）。
- indexBounds：所用的索引。

这 4 项是我们排查问题的依据。举个例子，匹配文档和被扫描文档在数量上存在巨大差异意味着没有使用索引，要想提高效率，可以使用索引对该查询进行优化。

6.4.3 索引优化

数据库的索引与图书的目录功能类似。有了目录，我们就不需要翻遍整本书来查找内容，在数据库中道理也是一样的。需要查找文档时，首先在索引中查找，找到条目以后，就可以直接跳转到目标文档的位置，这种方式能使查询速度提高几个数量级。

不使用索引的查询称为“全表扫描”（这个术语来源于关系型数据库），也就是说，服务器必须查找整张表才能找到查询结果。这个过程跟我们在一本没有目录的书中查找信息很相似：从第一页开始翻，直到翻完整本书。通常来说，应该尽量避免全表扫描，因为对于数据量大的集合来说，全表扫描的效率非常低。

虽然 MongoDB 的索引在存储结构上都是一样的，但根据不同的应用层需求，还可以分成唯一索引（unique）、稀疏索引（sparse）、多值索引（multikey）等几种类型。

MongoDB 的索引几乎与关系型数据库的索引一模一样，所以关系型数据库的索引优化技巧也适用于 MongoDB，在这里就不多说了。

在 MongoDB 中创建索引

创建索引要使用 db.collectionName.ensureIndex()方法。下面我们来看几个创建不同类型索引的方法。

1. 创建普通索引

在 users 集合的 name 字段上创建一个 name_1 的索引，代码如下。

```
db.users.ensureIndex({"name":1})
```

{"name":1}说明创建的索引是升序的，如果是{"name":-1}，则说明创建的索引是降序的。

2. 创建普通复合索引

在 users 集合的 name 和 age 字段上创建一个 name_1_age_1 的索引，代码如下。

```
db.users.ensureIndex({"name":1,"age":1})
```

3. 创建唯一索引

唯一索引可以确保集合里的每一个文档指定的键都有唯一值。例如，如果想保证不同文档的 name 键拥有不同的值，创建一个唯一索引就可以了，代码如下。

```
> db.dept.ensureIndex({"name":1},{"unique":true})
```

创建唯一索引以后，如果想通过以下命令向 dept 集合中添加两个文档，你会发现只有第一个文档被成功添加，添加第二个文档时程序会抛出异常。

```
> db.dept.insert({ "_id" : 1, "name" : "ickes" })
> db.dept.insert({ "_id" : 2, "name" : "ickes" })
```

所以，我们可以使用唯一索引来应对偶尔可能出现的键重复的问题，而不是在运行时对重复键进行过滤。"_id"就是这种类型的索引，这个索引会在集合创建时自动被创建。

4. 创建复合唯一索引

创建复合唯一索引时，单个键的值可以相同，但是所有键的组合的值必须是唯一的。比如，下面的命令可以用来设置 name 和 age 二者组合的值是唯一的。

```
> db.users.ensureIndex({"name":1,"age":1},{"unique":true})
```

5. 创建唯一索引时去除重复的值

在已有的集合上创建唯一索引时可能会失败，因为集合中存在重复的值，如下所示。

```
> db.dept.find()
{ "_id" : 1, "name" : "ickes" }
{ "_id" : 2, "name" : "ickes" }
{ "_id" : 3, "name" : "ickes1" }
{ "_id" : 4, "name" : "eks" }
{ "_id" : 5, "name" : "eks" }
```

从上面的集合中可以看出 name 有大量重复值，因此创建唯一索引时程序会抛出异常。

```
> db.dept.ensureIndex({"name":1},{"unique":true})
{
        "createdCollectionAutomatically" : false,
        "numIndexesBefore" : 1,
        "ok" : 0,
        "errmsg" : "E11000 duplicate key error index: test.dept.$name_1  dup key
: { : \"eks\" }",
        "code" : 11000
}
```

在这种情况下，通常需要对已有的数据进行操作（可以使用聚合框架，后面会讲），找出重复的数据，然后想办法处理。

在极少数情况下，我们可能希望直接删除重复的值。基于这种想法，我们可以在创建索引时使用"dropDups"选项，如果有重复的值，则只有第一个值会被保留，之后的重复值都会被删除，代码如下。

```
>  db.dept.ensureIndex({"name":1},{"unique":true,"dropDups":true})
{
        "createdCollectionAutomatically" : false,
        "numIndexesBefore" : 1,
        "numIndexesAfter" : 2,
        "ok" : 1
}
```

"dropDups"会强制创建唯一索引，但是这个方式太“粗暴”了：你无法控制哪些文档会被保留，哪些文档会被删除（从上面打印的信息可以看出，如果文档被删除，MongoDB 也不会给出提示信息）。对于比较重要的数据，千万不要使用"dropDups"。

6. 创建稀疏索引

唯一索引会把 null 看作一个值，所以无法将缺少键的多个文档插入建立了唯一索引的集合中。然而，在某些情况下，我们可能希望唯一索引仅对包含相应键的文档起作用。如果有一个字段可能存在也可能不存在，那么该字段存在时就是唯一索引，不存时则无须理会，这时就可以将 unique 和 sparse 选项组合在一起使用。

使用 sparse 选项可以创建稀疏索引，例如，集合的结构如下。

```
> db.sparse.find()
{ "_id" : 1, "x" : 1 }
{ "_id" : 2, "x" : 2 }
```

```
{ "_id" : 3, "x" : null }
{ "_id" : 4 }
```

创建稀疏索引的命令如下。

```
> db.sparse.ensureIndex({"x":1},{"unique":true,"sparse":true})
```

稀疏索引不必是唯一的。只要去掉 unique 选项，就可以创建一个非唯一的稀疏索引。

MongoDB 中的稀疏索引与关系型数据库中的稀疏索引是完全不同的概念。MongoDB 中的稀疏索引不需要将每个文档都作为索引条目。是否使用稀疏索引，会直接影响同一个查询的返回结果。

要强制不使用索引也很容易。在本节的例子里，当在 x 字段上面执行查询时，会返回匹配的文档，代码如下。

```
> db.sparse.find({"x":{"$ne":1}}).hint({}) --hint({})
{ "_id" : 2, "x" : 2 }
{ "_id" : 3, "x" : null }
{ "_id" : 4 }
```

如果在 x 字段上使用索引，将不会返回{ "_id" : 4 }的文档，因为它不在索引中。如果想使用索引，应该这样写。

```
> db.sparse.find({"x":{"$ne":1}}).hint({"x":1})
{ "_id" : 3, "x" : null }
{ "_id" : 2, "x" : 2 }
```

Mongoose 中的索引类型

要想知道 Mongoose 框架支持哪些索引类型，可以直接打印结果进行查看，命令如下。

```
var mongoose = require('mongoose');

mongoose.Schema.indexTypes.forEach(index => {
  console.log(index)
})
```

在终端执行该脚本，结果如下。

```
$ node mongoose/indexTypes.js
2d
2dsphere
hashed
text
```

从上述结果可以看出，Mongoose 支持 4 种索引：复合索引（2d）、地理空间索引（2dsphere）、哈希索引（hashed）、文本索引（text）。这 4 种索引其实是 MongoDB 提供的，除了这 4 种，Mongoose 还支持其他类型的索引，比如常见的_id 索引、单字段索引、多键复合索引，下面逐一介绍。

1. _id 索引（default _id index）

所有 MongoDB 都有一个默认的_id 索引，如果不指定_id 的值，MongoDB 会自动生成一个 ObjectID 值，本章前面讲过 ObjectID 的组成原理，知道_id 索引是唯一的。查询和添加索引的代码如下。

```
# 查询 articles 集合的索引
db.articles.getIndexes();
# 添加 title 字段索引，并且索引为升序的。如果索引是降序的，值为-1
db.articles.ensureIndex({title:1});
# 重构索引（慎用）
db.articles.reIndex();
```

2. 单字段索引（single field index）

MongoDB 允许定义单个字段的索引，它与默认的_id 索引一样，只是字段不同。

3. 多键复合索引（multikey compound index）

MongoDB 官方文档中给出了如下示例，类似这种场景，创建多键复合索引是最好的选择。

```
{
   userid:"marker",
   address:[
      {zip:"618255"},
      {zip:"618254"}
   ]

}
# 创建索引,并将 zip 按升序排列
db.users.ensureIndex({"address.zip": 1});

# 假如这样查询，数据库的查询效率是比较低的
db.users.find({"addr":{"$in":[{zip:"618254"}]}})
```

4. 复合索引（compound index）

复合索引也称多字段索引，在 MongoDB 中我们可以自定义多个字段来使用索引。比如，有一个复合索引，包括{userid:1, score:-1 }，数据库首先会根据 userid 进行排序，然后按照 score

进行倒序排序。首先我们先来创建一个集合，代码如下。

```
{
   "_id": ObjectId(...),
   "item": "Banana",
   "category": ["food", "produce", "grocery"],
   "location": "4th Street Store",
   "stock": 4,
   "type": "cases",
   "arrival": Date(...)
}
```

然后通过下面的语句创建一个复合索引。

```
# 创建 item、stock 字段的复合索引，并且按照升序排序
db.products.ensureIndex( { "item": 1, "stock": 1 } )
```

此时，通过执行相关查询，可以看出数据库的查询效率得到了显著提升。

```
# 查询结果集中排序
db.events.find().sort( { username: -1, date: 1 } )
# 查询结果集中排序
db.user_scores.find().sort({score:-1,date:-1}).limit(1)
```

5. 地理空间索引（geospatial index）

创建地理空间索引的代码如下。

```
db.places.ensureIndex( { loc : "2dsphere" } )
```

6. 哈希索引（hashed index）

哈希索引是在 MongoDB 2.4 中引进的，它将实体的哈希值作为索引字段。比如，给 user_scores 的 score 字段创建一个哈希索引的语句如下。

```
db.user_scores.ensureIndex( { score: "hashed" } )
```

7. 文本索引（text index）

文本索引是在 MongoDB 2.4 中更新的，提供了文本搜索功能。文本索引包含字符串和字符数组，使用$text 进行查询。

在 MongoDB 2.4 中，我们需要使用下面的语句手动开启这个功能。但在 MongoDB 2.6 中，已经可以默认使用文本搜索功能了。

```
# 创建文本索引 (在 MongoDB 2.6 中就不用这么麻烦了)
db.articles.ensureIndex({content:"text"});
```

Mongoose 索引的定义

在 Mongoose 的属性描述里，我们可以非常轻松地定义索引，定义方式与其他 ORM 工具的定义方式是类似的，示例如下。

```
ContactSchema = new Schema({
  ...
  owner: {
    type: Schema.ObjectId,
    required: true,
    index: true
  }
});
```

其实，也可以不在属性描述里定义索引，比如我们可以在 Schema 上直接给某个属性增加索引，示例如下。

```
ContactSchema.ensureIndexes(owner);
```

6.4.4 MongoDB 的连接问题

MongoDB 的连接问题是在开发应用时经常会遇到的问题：MongoDB 莫名其妙就无法访问了，该如何解决这个问题呢？在服务器运维过程中，常见的优化工作应该如何做呢？

本节将讲解从定位问题到解决问题的过程，主要涉及运维和性能调优知识。

服务器假死

常见的 MongoDB 部署中使用的是 Linux 服务器。服务器假死可以理解为，开发者能通过 ping 命令连接到服务器，但是偶尔无法登录，这种情况下我们该怎么办呢？

1．查看 sockstat 状态

执行相应命令，查看 sockstat 状态，代码如下。

```
$ cat /proc/net/sockstat
sockets: used 863
TCP: inuse 537 orphan 1 tw 872 alloc 712 mem 358
UDP: inuse 4 mem 1
```

```
UDPLITE: inuse 0
RAW: inuse 0
FRAG: inuse 0 memory 0
$ cat /proc/net/sockstat
sockets: used 864
TCP: inuse 537 orphan 1 tw 785 alloc 713 mem 386
UDP: inuse 4 mem 1
UDPLITE: inuse 0
RAW: inuse 0
FRAG: inuse 0 memory 0
```

在命令行终端通过 sysctl –a 命令查看 TCP 连接占用内存的情况。

```
$ sysctl -a|grep net.ipv4.tcp_mem
net.ipv4.tcp_mem = 185328   247106  370656
```

通过两次查看 sockstat 状态，我们发现内存（mem）的值 sysctl -a 中的 net.ipv4.tcp_mem 值几乎没有变化，因此无法分配更多的连接。

在终端通过执行 netstat –an 命令可以发现大量 close_wait 状态的连接，这里的解决思路如下。

- 找到产生 close_wait 的原因。
- 考虑能否增加 tcp_mem 的值。

2．使用 ulimit 设置能打开的文件的最大数目

大家都知道，Linux 系统默认打开的文件数是 1024。而在实际生产环境中，这个值总是显得太小，结果就是系统报告“too many open files”等错误然后崩溃，所以我们要修改这个值。

下面的命令显示了打开文件的最大数目。一般情况下，这个值是 1024，但由于笔者已经将其改为 64000，所以现在看到的值是 64000。

```
$ ulimit -a

core file size          (blocks, -c) 0
data seg size           (kbytes, -d) unlimited
scheduling priority             (-e) 0
file size               (blocks, -f) unlimited
pending signals                 (-i) 31225
max locked memory       (kbytes, -l) 64
max memory size         (kbytes, -m) unlimited
open files                      (-n) 64000
pipe size            (512 bytes, -p) 8
POSIX message queues     (bytes, -q) 819200
real-time priority              (-r) 0
```

```
stack size              (kbytes, -s) 8192
cpu time               (seconds, -t) unlimited
max user processes              (-u) 4096
virtual memory          (kbytes, -v) unlimited
file locks                      (-x) unlimited
```

我们也可以通过 ulimit –n 命令查看能打开的文件的最大数目，结果如下。

```
64000
```

要想修改能打开的文件的最大数目，需要执行以下两步操作。

- 通过 ulimit -n 查看可以打开的文件的最大数目。
- 使用 ulimt -SHn 65536 修改这个限制，这一步具体又可以分为 3 步。

（1）修改/etc/security/limits.conf

通过命令 vi /etc/security/limits.conf 修改/etc/security/limits.conf 配置，在文件最后加入下面两项配置（也可以自己定义数值）。

```
soft  nofile = 32768
hard  nofile = 65536
```

（2）修改/etc/profile

通过命令 vi /etc/profile 修改/etc/profile 配置，在/etc/profile 文件底部加入以下内容。

```
$ ulimit -n 32768
```

重新登录时此配置即可生效（如果服务器开机自动启动 MongoDB，可以考虑修改/etc/rc.local 文件）。其实仅修改/etc/profile 即可生效，但还是建议同时修改/etc/security/limits.conf。

（3）修改 file-max

```
$ echo 8061540 > /proc/sys/fs/file-max
```

此处的数字可以按照实际需要调整。此方法有效解决了一个常见问题：在高负载下，squid、MySQL 打开的文件数超过了系统的进程限制，从而造成性能瓶颈。

查看连接数

在终端执行 netstat –an 命令可以发现大量处于 close_wait 状态的连接，很有可能是数据库 TCP 连接导致的，所以在定位问题之前，我们要先在 Robomongo 里执行如下命令查看数据库的连接数。

```
db.runCommand( { serverStatus: 1 } ).connections
```

返回的结果如下。

```
{
   "current" : 88,
   "available" : 51112,
   "totalCreated" : NumberLong(418)
}
```

available 表示空闲可用的连接数，此处显示为 51112 个。current 表示已经占用的连接数，为 88 个。两者相加等于 51200，即当前 MongoDB 的最大连接数。如果现在创建一个 MongoDB 连接，那么 available 的数值就是 51111，current 的数值就是 89。

一般来说，默认的连接数是足够用的。如果有额外需要，可以在 MongoDB 启动的 CLI 里添加参数--maxConns=20000 或者修改/etc/mongod.conf 配置。注意，修改了最大连接数后，一定要重启 MongoDB 进程。

假设我们已经修改了最大连接数，过一段时间后，我们再来查看连接数，结果如下。

```
{
   "current" : 92,
   "available" : 51108,
   "totalCreated" : NumberLong(500)
}
```

对比上面两次查询结果，可以看出 MongoDB 的连接数 totalCreated 增加了 2 个。若过一段时间再查，会发现 totalCreated 将继续增加。至此，可以得出初步判断：MongoDB 的连接数在不断增加，可能是因为 Node.js 应用系统崩溃后没有断开数据库连接，应用自动重连后再次创建了数据库连接。

连接池

访问数据库是最常见的后端操作，优化数据库连接最简单的办法就是使用数据库连接池。如果每次访问数据库都要建立数据库连接，那么可用的连接很快就会耗尽，那时就尴尬了。所以正确的做法是仅在需要时建立连接，用完后不关闭连接而是直接将连接放到缓存里。下一次有请求进来的时候，先查看缓存里是否有可用的连接，如果有就直接使用。这样做避免了重复建立连接，可以达到提升性能的目的。

上述思路对 MongoDB 也很适用，本节就来介绍关于 MongoDB 数据库连接池的内容。

使用 Mongoose 内置的连接池可以复用数据库连接，避免大量创建/关闭连接，以节省开销。具体配置如下。

```
options = {
  server: {
    auto_reconnect: true,
    poolSize: 10
  }
};
```

其中，poolSize 表示连接池的大小，auto_reconnect 表示是否自动进行重连接。poolSize 的值默认为 5，对于一般场景而言足够用了，它在实际项目中的具体值还要通过不断进行压力测试来调整。另外，需要注意一个硬性限制，即不要打开超过 20000 个连接。

前面讲的出现服务器假死的问题，可能有如下原因。

- Node.js 应用自身出现异常且没有被捕获，从而导致进程重启。
- 在启动 Node.js 进程时，由于采用 pm2 作为进程管理器，当进程崩溃后，pm2 默认会自动重启 Node.js 进程，若进程再崩溃，会再次重启，导致 Node.js 进程重启多次。
- 若 pm2 启动 m 个应用，每个应用启动 n 个 Node.js 进程，这样就会有 $m \times n$ 个 Node.js 进程，非常容易出现雪崩问题。

只要 Node.js 应用出现崩溃问题，就会导致 MongoDB 重新连接，此时可以通过 pm ls 来查看 Node.js 进程重启的次数，结果如下。

```
[deploy@i51uvtr2bZ log]$ pm2 ls
┌──────────┬────┬─────────┬──────┬────────┬─────────┬────────┬────────────┬──────────┐
│ App name │ id │ mode    │ pid  │ status │ restart │ uptime │ memory     │ watching │
├──────────┼────┼─────────┼──────┼────────┼─────────┼────────┼────────────┼──────────┤
│ shop     │ 0  │ cluster │ 3809 │ online │ 10      │ 38m    │ 361.148 MB │ disabled │
│ shop     │ 1  │ cluster │ 3763 │ online │ 8       │ 38m    │ 317.813 MB │ disabled │
│ shop     │ 2  │ cluster │ 3832 │ online │ 6       │ 38m    │ 372.559 MB │ disabled │
│ shop     │ 3  │ cluster │ 3786 │ online │ 7       │ 38m    │ 260.098 MB │ disabled │
```

Node.js 进程重启是非常常见的问题。假设服务器是 4 核的，一般一个核启动一个实例，也就是 4 个实例。若每个实例创建 5 个连接，则共有 20 个连接。4 个实例总共重启 31 次，也就是说，有 $31 \times 20 = 620$ 个连接没有被回收。

面对以上问题，目前能想到的解决办法有以下两种。

第一种，定时重启 MongoDB 服务，代码如下。这个方法可以解决问题，但是太“蠢”。

```
$ sudo service mongod restart
[sudo] password for deploy:
Restarting mongod (via systemctl):                          [  OK  ]
```

第二种，在应用程序退出之后，关闭连接，同时注意某些地方的异常处理，代码如下。

```
var mongoose   = require('mongoose');
var express    = require('express');

var config     = require('./config/config');

var db_server  = process.env.DB_ENV || 'primary';

mongoose.connection.on("connected", function(ref) {
  console.log("Connected to " + db_server + " DB!");

  var app = express();

  port = process.env.port || 3000;
  ip = process.env.ip;

  app.listen(port, ip, function() {
  console.log('listening on port ' + port);
  });
});

// 处理 MongoDB 连接出错的情况
mongoose.connection.on("error", function(err) {
  console.error('Failed to connect to DB ' + db_server + ' on startup ', err);
});

// 处理 MongoDB 连接断开的情况
mongoose.connection.on('disconnected', function () {
  console.log('Mongoose default connection to DB :' + db_server + ' disconnected');
});

var gracefulExit = function() {
  mongoose.connection.close(function () {
    console.log('Mongoose default connection with DB :' + db_server + ' is disconnected
through app termination');
    process.exit(0);
  });
}

// Node.js 进程结束，关闭 Mongoose 连接
process.on('SIGINT', gracefulExit).on('SIGTERM', gracefulExit);
```

```
try {
  options.server.socketOptions = options.replset.socketOptions = { keepAlive: 1 };
  mongoose.connect(config.getDBURL(db_server));
  console.log("Trying to connect to DB " + db_server);
} catch (err) {
  console.log("Sever initialization failed " , err.message);
}
```

接下来，笔者分享几点性能调优的经验：通过设置 native_parser 来提升性能、合理配置连接池、操作数据库时养成好的习惯、清理会话（session）、及时关闭连接等。虽然都是小事，但是对性能调优的影响很大，下面选取几个具体分析。

1．通过设置 native_parser 来提升性能

这个方法很简单，设置 native_parser: true 即可，代码如下。

```
mongoose.connect(config.db, {auto_reconnect: true, native_parser: true}, function(err)
 {
   var MongoStore = require("connect-mongodb");

   var app = express();
   app.use(express.session({
       cookie: {maxAge: 60000 * 20},
       secret: "secret",
       store: new MongoStore({db: mongoose.connection.db})
   }));
});
```

2．清理会话

在会话中需要设置 clear_interval，否则它会一直留存在数据库中。设置方法如下。

```
var express = require('express');
var MongoStore = require('connect-mongo')(express);

app.use(express.session({
  secret: settings.cookie_secret,
  store: new MongoStore({
    "db": "dbName",
    "host": "localhost",
    "port": "27017",
    "collection": "mysessions",
    "clear_interval": 3600,
    "auto_reconnect": true
  })
}));
```

要注意 clear_interval 的设置值（会话时长），一般 Java 世界里的 TOMCAT、JBoss 等服务器的默认会话时长是半小时，大家可以按需设置。

3. 及时关闭连接

创建数据库连接是非常耗费资源的，因此要养成用完即关的好习惯，避免出现莫名其妙的问题。下面的代码演示了在测试用例里访问数据库时对数据库连接的处理过程，常见做法是在测试用例执行前创建数据库连接，在测试用例执行完闭后关闭数据库连接。

```
var mongoose = require('mongoose');

describe('My test', function() {
  before(function(done) {
    if (mongoose.connection.db) return done();
    mongoose.connect('mongodb://localhost/puan_test', done);
  });
});

after(function(done){
  db.connection.db.dropDatabase(function(){
    db.connection.close(function(){
      done();
    });
  });
});
```

6.4.5 MongooseDao

DAO 是一个数据访问接口。顾名思义，“数据访问”就是与数据库打交道。DAO 夹在业务逻辑与数据库资源中间，可以将低级别的数据访问逻辑与高级别的业务逻辑分离，为不同的数据库提供一套统一的 API。DAO 最开始是 JavaEE 开发人员使用的，后来其他领域也争相模仿。

Java 世界里是这样介绍 DAO 模式的：“为了建立一个健壮的 J2EE 应用，应该将所有对数据源的访问操作抽象封装在一个公共 API 中。用程序设计语言来解释，就是建立一个接口定义此应用程序中会用到的所有事务方法。在应用程序中，当需要和数据源进行交互时就使用这个接口，并且编写一个单独的类来实现该接口。”

对于以上介绍，简单理解就是，DAO 是对单一模型操作的封装。

Mongoose 是 ORM 工具，提供了对模型的丰富操作方法，但它的 API 在可读性和操作易用性上并不能满足 DAO 的需求，我们需要更简单的方法，于是 MongooseDao 应运而生。

MongooseDao 提供了很多 API，它们都是针对模型的操作方法，比如增删改查、分页等，这些 API 让数据库操作变得更加简便。

MongooseDao 的实现原理很简单，其实就是基于 Mongoose 本身的一些特性实现的，以下为一个简单的 MongooseDao 的实现。

```
function MongooseDao (Model){
  if(!Model){
    throw new Error(Model + " is not valid, please check if it is a mongoose model!");
  }
  this.model = Model;
  this.pagesize = 20;
}
```

将 Model 作为参数来构建 DAO 对象，意思是针对 DAO 对象的所有操作都是针对这个 Model 的增强操作。

下面我们再来看一下 MongooseDao 提供的查询方法，常见的示例如下。

```
MongooseDao.prototype.query = MongooseDao.prototype.find = MongooseDao.prototype.getBy
Query = function(query, cb) {
  this.model.find(query, cb);
};
```

以上代码中使用了别名，比如将 find 绑定到 DAO 上时，我们可以称其为 find 也可以称其为 query，一般是为了兼容已有的知识体系。

MongooseDao 里的 count 方法有两种用法，分别如下。

- User.count(cb)：查询总数。
- User.count({},cb)：按条件查询总数。

count 方法的具体实现代码如下。

```
MongooseDao.prototype.count = function() {
  var query = {};
  var cb;
  //count({a:1},cb)
  if (arguments.length == 2) {
    query   = arguments[0];
    cb      = arguments[1];
  }else{
    //default : count(cb)
    cb      = arguments[0];
```

```
  }
  this.model.count(query, cb);
};
```

MongooseDao 里用于更新数据的方法如下。

```
// way1: conditions, update , cb
// way2: conditions, update ,options, cb
MongooseDao.prototype.update = function() {
  var conditions, update ,options, cb;

  var _options;
  if (arguments.length == 3) {
    _options = {}
    conditions = arguments[0];
    update = arguments[1];
    cb = arguments[2];
  }else if(arguments.length == 4) {
    conditions = arguments[0];
    update = arguments[1];
    _options = arguments[2];
    cb = arguments[3];
  }else{
    throw new Error("MongooseDao.prototype.update param is not valid!")
  }

  var opt = { multi: true };
  _extend(opt, _options);

  this.model.update(conditions, update, opt, cb);
};
```

通过 MongooseDao 访问数据库的方法很简单，首先要定义模型，然后构建 DAO 对象并导出 DAO 对象，代码如下。

```
var TopModel = mongoose.model('TopModel', TopSchema);
var TopModelDao = new MongooseDao(TopModel);
module.exports = TopModelDao;
```

下面来看一下调用以上代码的具体方法。

```
require('./db');

var User = require('./User');

User.create({"username":"sss","password":"password"},function(err, user){
  console.log(user);
});
```

```
User.delete({"username":"sss"},function(err, user){
  console.log(user);
});
```

前面讲过分页算法，以获取前 *n* 条 API 为例，在 MongooseDao 源码中，latest = top = first = *n*。假设要获取指定的前 20 条数据，API 的调用方法如下。

```
Top.top(function(err, tops){
   if(err){
     console.dir(err);
   }

   // console.dir(tops.length);
   assert.equal(tops.length == 20, true);
   done();
 });
```

若想获取指定的前 30 条数据，方法如下。

```
Top.top(30 ,function(err, tops){
   if(err){
     console.dir(err);
   }

   // console.dir(tops.length);
   assert.equal(tops.length == 30, true);
   done();
});
```

根据特定查询条件获取指定的前 30 条数据的方法如下。

```
Top.top(30, {}, function(err, tops){
   if(err){
     console.dir(err);
   }

   // console.dir(tops.length);
   assert.equal(tops.length == 30, true);
   done();
});
```

根据查询条件获取指定的前 30 条数据（支持排序）的方法如下。

```
 var query = {};
 var sort = {field: 'asc', test: -1 };
 Top.top(30, query, sort , function(err, tops){
   if(err){
```

```
    console.dir(err);
  }

  // console.dir(tops.length);
  assert.equal(tops.length == 30, true);
  done();
});
```

假设设置分页时使用的 pagesize 为 25，此时查询最新的 25 条数据的方法如下。

```
Top.pagesize = 25;
Top.top(function(err, tops){
  if(err){
    console.dir(err);
  }

  // console.dir(tops.length);
  assert.equal(tops.length == 25, true);
  done();
});
```

下面介绍一下 MongooseDao 中根据 id 进行分页的 API——pageByLastId。分页返回的数据的条数是由 Top.pagesize 来决定的，API 定义如下。

```
Top.pageByLastId(one._id, function(err, new_tops){}
```

当然，我们也可以根据 id 直接返回分页数据。下面是根据 id 返回 50 条数据的方法。

```
Top.pageByLastId(one._id, 50, function(err, new_tops){}
```

在根据 id 直接返回分页数据的函数定义里，第二个参数表示长度（总数），下面是返回 100 条数据（不带有排序条件）的用法。

```
Top.pageByLastId(one._id, 100, {"username" : "fixture-user-41"}, function(err, new_top
s){}
```

下面是带有排序条件的分页结果查询示例，按照 created_at 字段进行升序排序，返回 100 条数据，过滤条件是 username，代码如下。

```
Top.pageByLastId(one._id, 100, {"username" : "fixture-user-41"}, {created_at:'asc'}, f
unction(err, new_tops){}
```

《狼书（卷 1）》中讲过，bluebird 模块里的 promisifyAll 能把一个库中的所有函数全部变成 Promise 形式，转变以后的函数都带有后缀“Async”。

下面是一个完整的将 promisifyAll 与 MongooseDao 结合使用的示例。

```
var mongoose    = require('mongoose');
var Schema      = mongoose.Schema;
var MongooseDao = require('mongoosedao');

var contactSchema = new Schema(
  {
    "name":"String",
    "address":"String",
    "tel":"String",
    "owner_id":"String",
    "created_at": {
      type: Date,
      "default": Date.now()
    }
  }
);

var Contact = mongoose.model('Contact', contactSchema);
var ContactDao = new MongooseDao(Contact);
var Promise = require("bluebird");

Promise.promisifyAll(Contact);
Promise.promisifyAll(Contact.prototype);

Promise.promisifyAll(ContactDao);
module.exports = ContactDao;
```

注意，为了方便直接使用模型，上面的代码中使用 bluebird 给模型和 DAO 都增加了 promisifyAll 方法，以上代码中的核心部分如下。

```
var Promise = require("bluebird");

Promise.promisifyAll(Contact);
Promise.promisifyAll(Contact.prototype);

Promise.promisifyAll(ContactDao);
```

在 Model 对象上扩展方法也很简单，因为 User.model 是 Mongoose 模型，所以 User.model 和 Mongoose 模型的用法是一样的，比如直接扩展的方法如下。

```
var mongoose = require('mongoose');
var Schema = mongoose.Schema;
var Promise = require('bluebird');

var User = require('../app/models/user');

User.schema.statics.find_by_openid = function(openid, cb) {
```

```
  console.log('find_by_openid...')
};

// 此处必须定义模型
User = mongoose.model('User', User.schema);

var MongooseDao      = require('mongoosedao');

var UserDao = new MongooseDao(Test);

UserDao.model.find_by_openid({}, function(err,docs){
  // console.dir(docs);
  process.exit();
});
```

当然，从本质上来说，在 DAO 对象上扩展方法和在 Model 上扩展方法是一样的，为了保证职责单一，我们更推荐的是在 Model 上直接扩展方法。下面我们再来看一下如何基于 MongooseDao 在 Model 上扩展方法。

```
var mongoose = require('mongoose');
var Schema = mongoose.Schema;

UserSchema = new Schema({
  username: {
    type: String,
    required: true,
    index: {
      unique: true
    }
  },
  password: {
    type: String,
    required: true
  },
  avatar: String,
  address: String,
  created_at: {
    type: Date,
    "default": Date.now
  }
});

UserSchema.methods.find_by_name = function(cb) {
  return this.model('UserModel').find({
    username: this.username
  }, cb);
};
```

```
UserSchema.methods.is_exist = function(cb) {
  var query;
  query = {
    username: this.username,
    password: this.password
  };
  return this.model('UserModel').findOne(query, cb);
};

UserSchema.statics.delete_by_name = function(name, cb_succ, cb_fail) {};

var UserModel = mongoose.model('UserModel', UserSchema);

var MongooseDao = require('../../');


var MeetingDao = new MongooseDao(UserModel);

module.exports = MeetingDao;
```

只要是 Mongoose 支持的 API，使用 MongooseDao 都可以实现，甚至效果更好。

总结一下，MongooseDao 是对 Mongoose 操作的约定，提供了更方便的 API 封装，结合 bluebird 的 promisifyAll 可以更好地满足我们日常的业务需求。

6.4.6 异步流程控制

异步流程控制是 Node.js 的核心内容，《狼书（卷 1）》用了一整章的篇幅进行了讲解。在操作数据的时候，几乎所有的异步流程相关技术都可能被用到，这里带大家简要回顾一下。

1. 内置 Promise：mpromise 对象

Mongoose 异步操作，如.save()和查询方法，返回的结果是 Promise 对象。也就是说，我们可以实现一些同 MyModel.findOne({}).then()和 yield MyModel.findOne({}).exec()功能一样的方法。

为了向后兼容，Mongoose v4 默认返回 mpromise 对象。例如，当执行 save 操作时，会返回 Promise 对象，代码如下。

```
var gnr = new Band({
  name: "Guns N' Roses",
  members: ['Axl', 'Slash']
```

```
});'

var promise = gnr.save();
assert.ok(promise instanceof require('mpromise'));

promise.then(function (doc) {
    assert.equal(doc.name, "Guns N' Roses");
});
```

2．查询不是真正的 Promise

虽然 Mongoose 查询不是真正的 Promise，但是它有 yield 和 async/await 的.then() 方法。如果需要返回功能完整的 Promise，可以使用.exec()方法，代码如下。

```
var query = Band.findOne({name: "Guns N' Roses"});
assert.ok(!(query instanceof require('mpromise')));

// 此 then 方法非真正的 Promise
query.then(function (doc) {
// 查询返回的记录
});

// .exec()会返回功能完整的 Promise
var promise = query.exec();
assert.ok(promise instanceof require('mpromise'));

promise.then(function (doc) {
// 查询返回的记录
});
```

3．使用 Promise 库

在更新为 Mongoose v4.1.0，以及 mpromise 满足基本使用条件的情况下，高级用户可能希望插入他们喜爱的 ES6 风格的 Promise 库（如 bluebird），或者使用原生的 ES6 Promise。此时可以设置 Mongoose.Promise，代码如下。

```
var query = Band.findOne({name: "Guns N' Roses"});

// 使用 Node.js 自带的 Promise
Mongoose.Promise = global.Promise;
assert.equal(query.exec().constructor, global.Promise);

// 使用 bluebird 模块
Mongoose.Promise = require('bluebird');
assert.equal(query.exec().constructor, require('bluebird'));
```

```
// 使用 q 模块
Mongoose.Promise = require('q').Promise;
assert.ok(query.exec() instanceof require('q').makePromise);
```

4．MongoDB 驱动的 Promise

Mongoose.Promise 用于配置 Mongoose 使用的 Promise 属性，但是它不会影响底层 MongoDB 驱动的 Promise。如果使用 MongoDB 模块，例如 Mondel.collection.db.insert()，则需要做一些额外的设置来改变底层 Promise 库。

注意，这里假设 Mongoose 为 4.4.4 及以上版本，我们来看一下如何指定 bluebird 为 Promise 库，如下。

```
var uri = 'mongodb://localhost:27017/Mongoose_test';
// 使用 bluebird 模块
var options = { promiseLibrary: require('bluebird') };
var db = Mongoose.createConnection(uri, options);

Band = db.model('band-promises', { name: String });

db.on('open', function() {
   assert.equal(Band.collection.findOne().constructor, require('bluebird'));
});
```

5．使用 bluebird 的 promisifyAll 方法

promisifyAll 是 bluebird 提供的一个极其方便的 API，可以把某个对象上的所有方法都变成返回 Promise 对象的方法。在 Promise/A+规范里，只要是返回 Promise 对象的方法，就可以组合使用以完成业务逻辑。

promisifyAll 会把对象上的方法复制一份，给 Promise 对象返回以“方法名+Async”为名称的方法。代码示例如下。

```
var UserModel = {
  create: function () {
  },
  retrieve: function () {
  },
  update: function () {
  },
  delete: function () {
  }
}
```

```
var Promise = require("bluebird");

// Promisify
Promise.promisifyAll(UserModel);

console.dir(UserModel)
```

执行以上代码，结果如下。

```
$ node promisifyAll.js
{
 create: [Function],
 retrieve: [Function],
 update: [Function],
 delete: [Function],
 createAsync: [Function],
 retrieveAsync: [Function],
 updateAsync: [Function],
 deleteAsync: [Function]
}
```

很明显，create 被复制成了 createAsync 方法，其他亦然。也就是说方法名的后面都加了 Async 后缀。

下面来看一下 createAsync 方法里是否返回了 Promise 对象，可以通过 co 模块源码判断 Promise 的写法是否正确。

```
function isPromise(obj) {
 return 'function' == typeof obj.then;
}

var result = isPromise(UserModel.createAsync());
console.log(result)
```

执行以上代码，result 值为 true，也就是说 createAsync 方法确实返回了 Promise 对象。Mongoose 结合 bluebird 的具体用法如下。

```
var Mongoose = require('Mongoose');
var Promise = require("bluebird");

// 定义 Schema
UserSchema = new Mongoose.Schema({
 username: {// 用户名
  type: String,
  required: true
 },
 password: { // 密码
```

```
    type: String,
    required: true
  }
});

// 定义Model
var UserModel = Mongoose.model('User', UserSchema);

// Promisify
Promise.promisifyAll(UserModel);
Promise.promisifyAll(UserModel.prototype);

// 暴露接口
module.exports = UserModel;
```

Mongoose 与 bluebird 结合使用的步骤如下。

（1）引入 bluebird

```
var Promise = require("bluebird");
```

（2）为某个对象应用 promisifyAll 方法

```
// Promisify
Promise.promisifyAll(UserModel);
Promise.promisifyAll(UserModel.prototype);
```

测试代码见 db/promisify/test.js，具体如下。

```
import test from 'ava';

// 1. 引入Mongoose连接
require('../connect');

// 2. 引入User模型
const User = require('../user/promisify/user');

// 3. 定义user实体
const user = new User({
  username: 'i5ting',
  password: '0123456789'
});

test.cb('#thenable for default', t => {
  user.save().then( (user) => {
    // console.log(user)
    t.pass()
    t.end()
```

```
  }).catch((err) => {
    t.ifError(err);
    t.fail();
    t.end()
  })
});

test.cb('#thenable for bluebird promisifyAll', t => {
  user.saveAsync().then( (user) => {
    // console.log(user)
    t.pass()
    t.end()
  }).catch((err) => {
    t.ifError(err);
    t.fail();
    t.end()
  })
});

test.cb('#thenable for bluebird Async methods', t => {
  user.saveAsync().then( (u) => {
    return User.findByIdAndUpdateAsync( u._id, {'username' : 'aaaa'})
  }).then((updated_result) => {
    // console.log(updated_result)
    return User.findOneAsync({'username' : 'aaaa'});
  }).then((find_user) => {
    // console.log(find_user)
    t.pass()
    t.end()
  }).catch((err) => {
    t.ifError(err);
    t.fail();
    t.end()
  })
});
```

总结一下，promisifyAll 是非常好的方法，但不能滥用。要记住，神器只能用于特定的应用场景，不是所有场景都可以使用。如果贸然将普通方法转换为 Promise，会产生性能问题。但是在某些场景下，比如模型操作，使用 promisifyAll 还是非常方便、高效的。

6. 使用 co 模块

查看 Mongoose 文档时，我们会发现有一部分内容专门讲解在 Generator 和 co 里如何执行 Mongoose 代码。

Node.js v0.10 便开始支持 Generator，Node.js v4 之后的版本已经默认支持 Generator，所以

这里了解一下即可。以下为通过 co 模块操作数据库的代码。

```
co(function*() {
  var error;
  var schema = new Schema({
    description: {type: String, required: true}
  });

  var Breakfast = db.model('breakfast', schema, getCollectionName());

  var goodBreakfast = new Breakfast({description: 'eggs & bacon'});

  try
    yield goodBreakfast.save();
  } catch (e) {
    error = e;
  }

  assert.ifError(error);
  var result;
  try {
    result = yield Breakfast.findOne().exec();
  } catch (e) {
    error = e;
  }
  assert.ifError(error);
  assert.equal('eggs & bacon', result.description);

  // 此处需要处理异常
  var badBreakfast = new Breakfast({});
  try {
    yield badBreakfast.save();
  } catch (e) {
    error = e;
  }

  assert.ok(error);
  assert.ok(error instanceof ValidationError);

  done();
})();
```

总结一下，在数据库中可能用到的异步流程控制方法有很多，推荐采用如下方法。

- 使用 bluebird 模块，性能足够好，且不存在 Node.js 各个版本 API 不兼容问题。
- 模型操作使用 promisifyAll 包裹，这样可以批量将模型方法转成 Promise，简化操作。

- 进行对外调用，无论是 async 函数，还是 Promise 都可以很好地和其他模块进行集成。

6.5 本章小结

通过本章的学习，你应该已经掌握了增删改查操作和分页的原理。除了掌握 Mongoose 的相关实现外，你现在应该也学会了一些进阶技巧，比如性能调优、问题排查，以及使用 Promise 等。

Mongoose 的功能非常强大，而且用法非常简单，对于优化和复用代码等有非常显著的帮助，是使用 Node.js 操作数据库时必须掌握的一个模块。

第 7 章

前端视图模板

有了前面的基础，我们可以很轻松地通过 Koa 来实现 API 操作，并且可以将数据持久化到数据库里。以上操作是偏后端的操作，对于一般的 Web 应用框架来说，前后端操作都可以支持。Koa 也是同时支持前后端操作的框架，可谓“麻雀虽小，五脏俱全”。

本章主要讲解与 Koa 视图相关的模块，具体涉及以下 3 个部分。

- 静态资源托管的方式。
- 动态模板渲染：使用模板引擎，结合数据库返回的内容，进行动态渲染。
- 前后端分离的实践。

7.1 静态服务器

静态服务器是通过静态 HTTP 服务器来提供 HTML、JavaScript、CSS 文件及图片的托管服务的，Node.js 世界里的 koa-static、http-server 等模块和常见的 Apache、Nginx 功能类似。虽然线上通用做法是将静态资源放到 CDN 上，利用 CDN 就近访问来提高访问效率，但实际开发环境和线上环境不完全一样，快速实现静态服务器功能对于开发者而言是非常重要的。

下面，我们从 public 目录开始讲起，带大家了解静态服务器的用法和实现原理。

7.1.1 public 目录

Koa 里有一个 koa-static 模块，是官方提供的静态服务模块。在 koa-generator 生成的 app.js 里，会有如下语句。

```
app.use(require('koa-static')(__dirname + '/public'))
```

执行这个语句时需要注意以下两点。

- 使用 koa-static 模块实现静态服务托管。
- 指定目录为当前目录下的 public 目录，和 Express 风格保持一致。

接下来，只需要将 HTML、JavaScript、CSS 文件及图片等资源放在 public 目录中即可访问，比如默认脚手架生成的文件里就有一个 style.css。下面我们通过 tree 命令查看一下 public 目录的具体信息。

```
$ tree public
public
├── images
├── javascripts
└── stylesheets
    └── style.css

3 directories, 1 file
```

只需通过 npm start 启动服务器，在浏览器中访问 http://127.0.0.1:3000/ stylesheets/style.css，即可看到 style.css 里的内容，具体如下。

```
body {
  padding: 50px;
  font: 14px "Lucida Grande", Helvetica, Arial, sans-serif;
}

a {
  color: #00B7FF;
}
```

然后在自己的 HTML 或模板引擎里引用该地址，代码如下。

```
$ cat views/layout.pug
doctype html
html
  head
    title= title
    link(rel='stylesheet', href='/stylesheets/style.css')
  body
    block content
```

7.1.2 实现原理

koa-static 的 package.json 文件中包含以下内容。

```
"dependencies": {
    "debug": "*",
    "koa-send": "^3.2.0"
  }
```

这里的 debug 是辅助调试的模块，koa-static 的核心部分是 koa-send。koa-send 是一个用于提供静态文件服务的 Koa 中间件，用法如下。

```
app.use(async (ctx) => {
  await send(ctx, ctx.path, { root: __dirname + '/public' });
})
```

以上代码通过 koa-send 为 public 目录下的所有文件提供了 HTTP 服务。简单来说，koa-static 的原理为，根据文件后缀名设置默认的 Content-Type，使之与浏览器渲染相匹配。

例如，/stylesheets/style.css 文件对应的请求解析步骤如下。

1．寻找 public/stylesheets/style.css 是否存在。

2．如果存在，根据后缀名.css 设置 Content-Length:111;Content-Type: text/css; charset=utf-8。

3．通过 response 返回浏览器。

总结一下，koa-static 相对比较简单，配置项也基本够用，是一个不错的实现。另外推荐一个对 Express 框架内置的 serve-static 的封装——koa-serve-static，相比之下性能更好一点。

如果大家细心观察现在各式各样的 Web 开发框架，会发现绝大部分框架都提供了 public 或 www 这样的目录来实现静态资源托管。笔者经常在前端开发中使用 http-server，它是一个 Node.js 二进制模块，不需要配置，可一键启动，而且其中的配置项很多，功能很强大。示例如下。

```
$ npm i -g http-server
// 以下是笔者常用的命令。-p 指定端口，-o 使用默认浏览器自动打开
$ hs . - p 8090 -o
Starting up http-server, serving .
Available on:
  http://127.0.0.1:8080
  http://30.77.72.8:8080
Hit CTRL-C to stop the server
```

那么线上环境中也会同时使用Node.js服务器端代码和public目录吗？其实这种做法只是提高开发效率的一种约定，并不是最佳实践，所以要具体情况具体分析。

7.1.3 静态服务

写作是一项非常重要的个人技能。在各个行业的面试中，面试者技能水平相差不大的情况下，文章写得好的面试者通常享有优先录用权。其实，对笔者而言，写作是一个培养思考能力和建立大局观的过程。

本节主要介绍 4 种适合程序员的写作工具。

Hexo

Hexo 是一个非常好的用于静态网站生成的 Node.js 模块。最早的静态生成器应该是通过 Ruby 编写的 Jekyll，Jekyll 曾经非常火，但 Ruby 自 1.9 版本后性能下降，导致 Jekyll 的热度也随之降低。Hexo 诞生的时机非常好，正好遇到了 Node.js 的崛起，在运行速度上有明显优势。另外 Hexo 对 Markdown、各种插件及主题的支持也是极好的。只要拥有前端开发技能，定制一个酷酷的个人博客其实非常容易。

Hexo 的主要用途有以下 3 个。

- 编写个人博客
- 编写项目文档
- 编写 demo

通过 Hexo 可以轻松地使用 Markdown 撰写文章，除了 Markdown 本身的语法，我们还可以使用 Hexo 提供的“标签插件”来快速插入特定形式的内容。比如 Hexo 的官网就是基于 Hexo 实现的，也是基于 Hexo 编写项目文档的一个很好的实现，如图 7-1 所示。

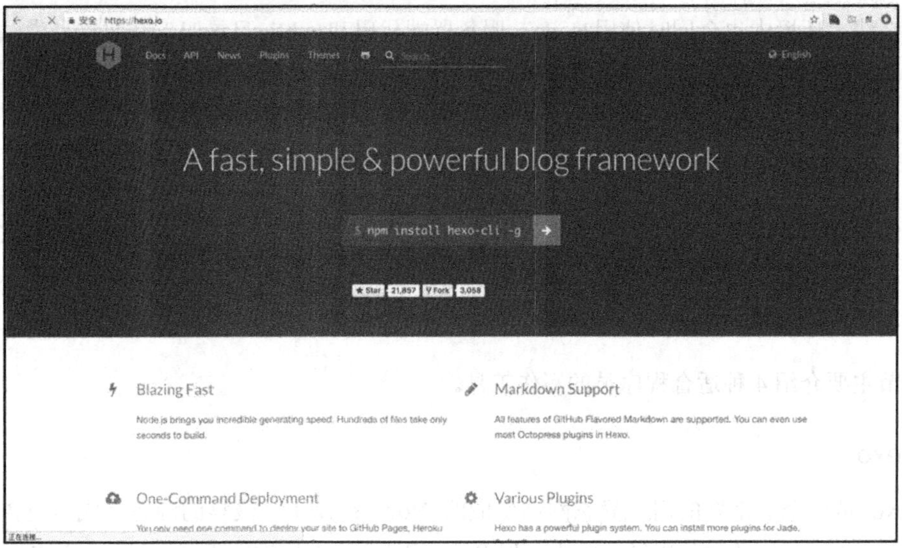

图 7-1

为了快速实现 Hexo 集成，我们需要完成如下步骤。

1．通过命令行在本地完成 Markdown 文档编写。

2．将 Markdown 文档和 Hexo 指定的模板一起编译成 HTML 片段，作为最终发布的版本。

3．将 HTML 片段嵌入布局并发布到 GitHub Pages 或 Surge 上。

下面我们针对以上 3 步中的关键操作，详细讲解 Hexo 的实现原理。

1．将 Markdown 文档编译成 HTML 片段

markdown-it 是非常常用的编译 Markdown 文档的 Node.js 模块，用法如下。

```
// node.js, "classic" way:
var MarkdownIt = require('markdown-it'),
    md = new MarkdownIt();
var result = md.render('# markdown-it rulezz!');
```

执行以上代码会将# markdown-it rulezz!编译为'<h1>markdown-it rulezz!</h1>，这其实就是转译的过程，比编译原理简单很多。大家可以参考 markdown-it 或 marked 的源码，类似用法在 Web 应用场景下也很常见。

2. 通过模板编译将 HTML 片段嵌入布局

编译后的 HTML 片段是主体核心内容，但直接展示出来并不美观，因此我们一般会做一个布局包裹，如图 7-2 所示。

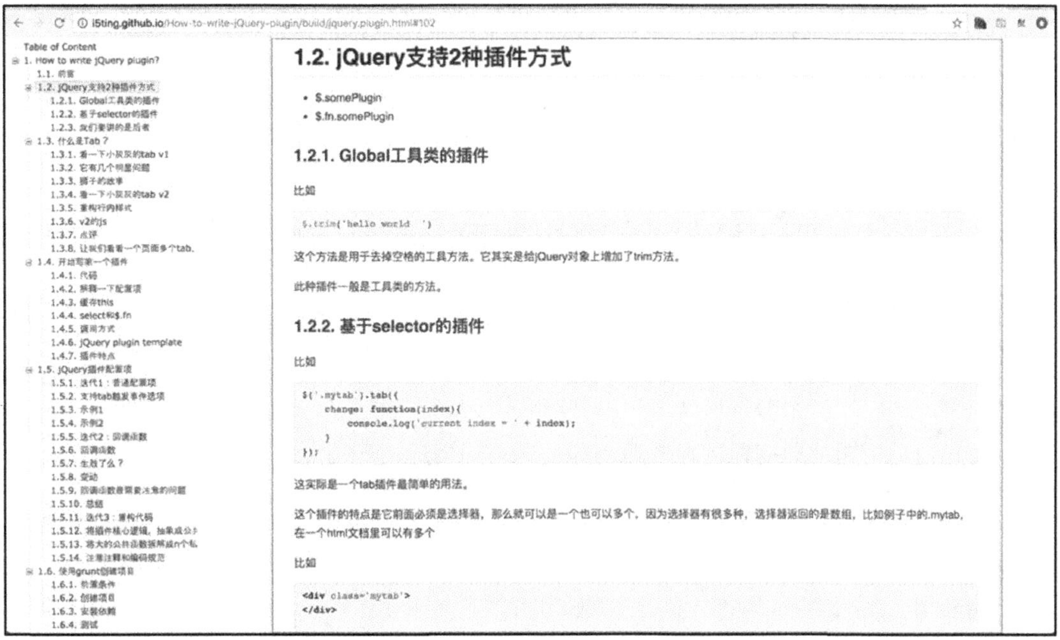

图 7-2

图 7-2 左侧的目录是通过 zTree 生成的，右边框选的区域是 markdown-body，也是通过 Markdown 生成的具体内容，结构如下。

```
<html>
  <head>
      <meta http-equiv="content-type" content="text/html; charset=utf-8" />
   <title>{{title}}</title>
          <link href="toc/style/github-bf51422f4bb36427d391e4b75a1daa083c2d840e.css" media="all" rel="stylesheet" type="text/css"/>
          <link href="toc/style/github2-d731afd4f624c99a4b19ad69f3083cd6d02b81d5.css" media="all" rel="stylesheet" type="text/css"/>
          <link href="toc/css/zTreeStyle/zTreeStyle.css" media="all" rel="stylesheet" type="text/css"/>
  </head>
  <body>
      <div>
          <div style='width:25%;'>
```

```
                <ul id="tree" class="ztree" style='width:100%'>

                </ul>
            </div>
        <div id='readme' style='width:70%;margin-left:20%;'>
          <article class='markdown-body'>
              {{{parse_markdown}}}
          </article>
        </div>
          </div>
  </body>
</html>
<script type="text/javascript" src="toc/js/jquery-1.4.4.min.js"></script>
<script type="text/javascript" src="toc/js/jquery.ztree.all-3.5.min.js"></script>
<script type="text/javascript" src="toc/js/ztree_toc.js"></script>
<script type="text/javascript" src="toc_conf.js"></script>
<script type="text/javascript" >
<!--
$(document).ready(function(){
   var css_conf = eval(markdown_panel_style);
   $('#readme').css(css_conf)

   var conf = eval(jquery_ztree_toc_opts);
        $('#tree').ztree_toc(conf);
});
//-->
</script>
```

Markdown 虽然非常好用，但缺点也非常明显，往往需要我们自己去定制一些东西，比如目录。定制目录时，我们可以使用一些模块，比如 i5ting_ztree_toc。

下面将给出模板编译的核心代码，如下。

```
var tpl = require('tpl_apply');


var source = process.cwd() + '/README.md'
var dest = process.cwd() + '/index.html'


tpl.tpl_apply(source, {
    parse_markdown: "<h1>markdown-it rulezz!</h1>"
}, dest);
```

3．发布

GitHub Pages 原本用于介绍托管在 GitHub 上的项目，不过由于它免费且空间稳定，因此被越来越多人用来搭建博客。以前很多人用过 WordPress，除需要付费外，搭建方式对程序员也不友好，所以 GitHub 火起来之后，GitHub Pages 也变得特别流行。

Hexo 中有支持在 GitHub Pages 上托管静态文件的插件，可以一键部署。部署到 GitHub Pages 上的操作非常简单，config.yml 里有 Git 仓库对应的配置信息，如下所示。

```
# git 仓库信息:
deploy:
  type: git
  repo: <repository url>
  branch: [branch]
  message: [message]
  name: [git user]
  email: [git email]
  extend_dirs: [extend directory]
  ignore_hidden: false # default is true
  ignore_pattern: regexp  # whatever file that matches the regexp will be ignored when d
eploying
```

确认配置正确后，执行以下命令即可完成 Hexo 部署。

```
$ npm install hexo-deployer-git --save // 先安装插件
$ hexo deploy  //  部署的命令
```

Hexo 的原理其实就是对 Git 命令的包装，基于 Gulp 的 gulp-gh-pages 插件的原理也是类似的。下面我们就来介绍几个其他用于生成静态网站的方法。

Surge

笔者觉得 Egg.js 的官网很好看，想做一个类似的（笔者的 i5ting.com 个人主页就是这样来的，如图 7-3 所示），该怎么实现呢？具体操作时需要注意以下几点。

- 能够用 HTML 实现的就直接编写（纯前端技能）。
- 需要批量使用 Hexo 时，就将 Markdown 文档编译成 HTML 片段。
- 使用 Surge 发布并绑定到想要实现的网站上，支持 HTTPS。

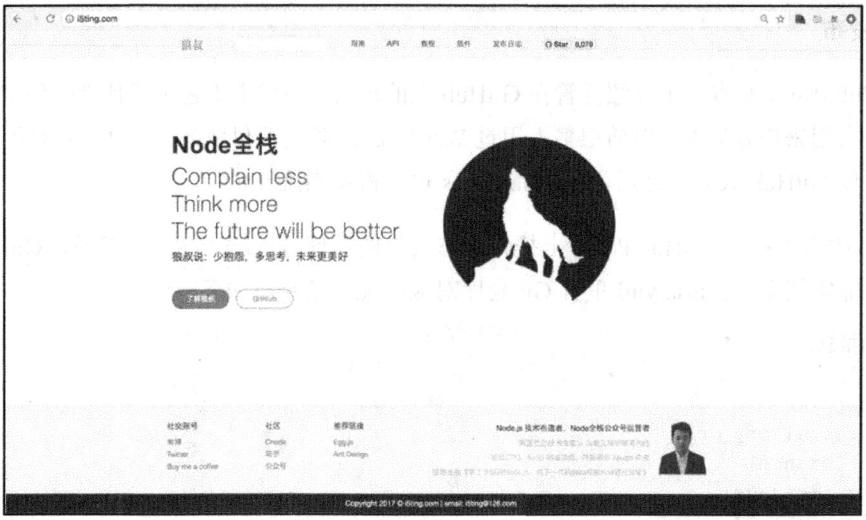

图 7-3

Surge.sh 是一个专门为前端发布而提供的服务，它的特点是通过简单的命令行就可以完成发布，对 HTML、CSS、JavaScript 是免费的，对于一些高级功能的 plus 版本会收费。对于开发来说，免费的功能足够使用。

要想使用 Surge.sh，首先要全局安装 Surge 命令行工具。

```
$ npm install --global surge
```

在项目目录中编写 HTML、JavaScript 和 CSS，如果使用 Markdown，需要手动实现编译 HTML 的过程，同时在项目里增加 CNAME 文件，内容是 i5ting.com。然后使用 Surge 命令发布。

```
$ surge
```

使用 Surge 就是这么简单，比 GitHub Pages 还要方便。从笔者个人的使用经验来看，它比 CDN 还要方便得多，对于生成静态页面等需求，用 Surge 是非常棒的。

docsify

docsify 是一个基于 Vue 文档风格编写的非常好用的文档生成工具，如图 7-4 所示。其作者李清伟是一位非常棒的开源爱好者。

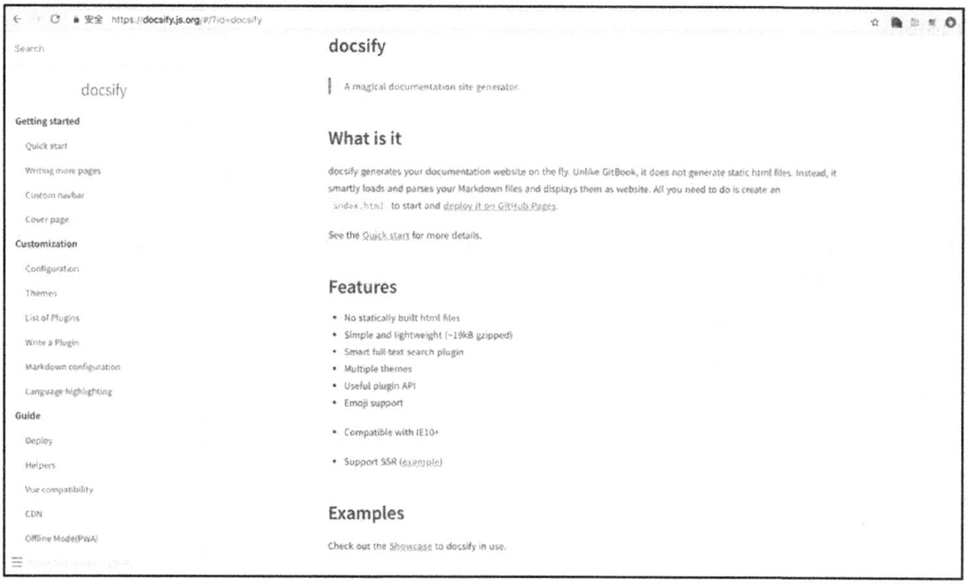

图 7-4

目录锚点一直是 Markdown 的一个痛点，docsify 和笔者编写的 i5ting_ztree_toc 都可以解决这个问题。两者的区别在于，笔者编写 i5ting_ztree_toc 时还没有 Vue，因此只能用 zTree 直接做目录树处理。而 docsify 是基于 Vue 文档风格实现的，更加精简。很多知名库，比如日志 Pino 模块，都是基于 docsify 编写的。初始化 docsify 的命令如下。

```
$ npm i docsify-cli -g
$ docsify init ./docs
```

完成初始化后，./docs 目录里会生成如下 3 个文件。

- index.html：默认的入口文件。
- README.md：主页文件。
- .nojekyll：不会被 GitHub Pages 忽略的文件。

然后我们就可以通过 docsify serve 命令在本地预览效果了。当然，大家也可以参考上面的处理方式，将网页发布到 GitHub Pages 或 Surge 上。

```
$ docsify serve docs
```

Gatsby

如果你正在学习 React，又不知道如何下手，那么给你推荐一个工具——Gatsby。使用它可以快速开发、快速建站。相比其他网站生成框架，Gatsby 有着更好的性能、更高的安全性、更低的扩展成本和更好的开发体验。据了解，很多公司的官网都是使用 Gatsby 制作的。

Gatsby 最大的优势是，React 组件模型和 React Router 嵌套组件层次可以融合，这使得模板变得十分强大和直观。

首先执行以下代码创建项目。

```
// 创建项目
$ gatsby new gatsby-site
$ cd gatsby-site
// 启动
$ gatsby develop
// 编辑源码
...
//  生产构建
$ gatsby build
//  启动一个本地的 HTML 服务器测试构建的站点
$ gatsby serve
```

这样就在当前目录下新建了一个 gatsby-site 目录，在此目录下可以初始化很多基础文件。接下来打开 src/pages/index.js，进行 React 组件化，代码如下。

```
import React from "react";

export default () =>
 <div style={{ color: 'lightblue' }}>
   <h1>Hello Gatsby!</h1>
   <p>What a world.</p>
   <img src="https://source.unsplash.com/random/400x200" alt="" />
 </div>
```

很明显，这些 React 组件是前端开发过程中非常常用的，通过 Gatsby 定制也非常容易，这里就不一一说明了。

7.1.4　预处理中间件

随着大前端领域的发展，各种前端开发写法越来越多，比如使用 Less 或 Sass 编写 CSS、使用 Coffee 编写 JavaScript 等。预编译处理已经成为提高工作效率的必备手段，而中间件是 Koa 的核心扩展机制，所以预编译和中间件二者结合能够发挥更好的作用，主要表现为在开发环境下可以有效简化构建环节。

一般采用 Less、Sass 等高级写法编写的代码，需要经过编译步骤才能变成普通的 CSS 文件，比如采用 Gulp、Grunt、Webpack 等模块作为编译工具，将 Less、Sass 代码编译成 CSS 文件。下面以使用 Less 编写代码并使用 Gulp 进行编译为例，来看一下上述过程如何实现。

```
var less = require('gulp-less');
var path = require('path');

gulp.task('less', function () {
  return gulp.src('./less/**/*.less')
    .pipe(less({
     paths: [ path.join(__dirname, 'less', 'includes') ]
    }))
    .pipe(gulp.dest('./public/css'));
});
```

以上代码实现的功能是，将./less 目录下所有以.less 为后缀的文件，通过 gulp-less 插件进行编译，最终在./public/css 目录里生成对应的以.css 为后缀的文件。

Koa 里面也有类似的 koa-less 中间件。使用 koa-generator 生成的代码默认就包含了 koa-less 这个中间件，具体用法如下。

```
const Koa = require('koa')
const app = new Koa()
const views = require('koa-views')
const json = require('koa-json')
const onerror = require('koa-onerror')
const bodyparser = require('koa-bodyparser')
const logger = require('koa-logger')
var less = require('koa-less');

...

app.use(less('./public'));
app.use(require('koa-static')(__dirname + '/public'))

...

module.exports = app
```

这样一来，在 public 目录下建立任何一个.less 文件，都会被自动编译成.css 文件。

以上代码的原理很简单：通过识别.css 请求首先判断是否有对应的.less 文件，如果有就通过 Less 模块进行编译，返回.css 文件。一定要注意 koa-less 中间件和 koa-static 中间件的位置，如果把 koa-less 中间件放在 koa-static 中间件后面会导致无法识别，因为 koa-static 中间件已经响应了.css 请求。

其他与预编译相关的中间件的使用方法也可以以此类推，大家只要熟悉用法，就可以提高开发效率。当然，这仅限于开发阶段。一般我们都需要做前后端分离，在 public 目录里，我们可以用 Less 编写代码，但最终上线发布时，我们需要进行转译处理，此时预编译类中间件响应不适合直接使用。所以，除了在开发阶段，预编译类中间件是没有价值的。

7.2 使用模板引擎进行动态渲染

前面讲的是静态文件处理，但大多数网站是动态的。动态网站需要根据数据变化来进行最终的视图渲染，此时非常适合使用模板引擎。比如 JSP、ASP 等 Server Page 本质上也是模板引擎，可以说所有动态网站的渲染都离不开模板引擎，其重要性可见一斑。

7.2.1 模板引擎原理

模板是一种采用复用思想实现的高级写法。其实现原理是，首先定义模板，然后在使用时将模板和数据一起编译成模板文件（在前端领域，模板一般会被编译为 HTML 文件）。为了方便大家理解，这里整理一个公式，如下所示。

编译（模板 + 数据）= HTML

模板的编译工具称为模板引擎，模板引擎有很多种，在第 1.2.3 节中我们介绍过 3 种典型的模板引擎 EJS、Pug、Nunjucks。下面详细介绍这 3 种模板引擎的使用方法。

EJS

使用 EJS 前，先要进行以下准备工作。

```
cd web/tpl/ejs
npm init // 注意，名字不要用 ejs，不然无法安装 EJS
touch index.js
npm install --save ejs
```

接下来定义模板，首先定义 user.ejs。

```
<% if (user) { %>
  <h2><%= user.name %></h2>
<% } %>
```

在这段模板代码里，首先通过 if 语句判断 user 对象是否存在，如果存在就显示<h2>标签，并把 user.name 作为变量嵌入标签的显示内容里。

上文已经提到模板引擎的原理公式，下面看一下具体的编译方法。

```
var fs = require('fs')
var ejs = require('ejs')

// 读取模板文件，放到 user_tpl_str 变量中
var user_tpl_str = fs.readFileSync('./user.ejs').toString();

console.log(user_tpl_str)

// 通过 EJS 的 render 方法，对 user_tpl_str 和数据进行编译
var html = ejs.render(user_tpl_str, {
  user:{
    name: 'i5ting'
  }
});

console.log(html)
```

执行上述代码，编译后的结果如下。

```
$ node index.js
<% if (user) { %>
    <h2><%= user.name %></h2>
<% } %>

    <h2>i5ting</h2>
```

对于以上编译程序，需要注意以下几点。

- 通过 fs.readFileSync 读取模板文件，模板是固定的、不可变的，而数据可以在编译时填入，是可变的。
- 通过 ejs.render 方法进行编译后，结果是浏览器能够渲染的 HTML 代码。

render 方法的第二个参数是一个 JavaScript 原始对象。它是编译时传进去的，也就是说我们可以按照自己的需要改变并多次复用模板。例如，user.ejs 里的<h2><%= user.name %></h2>会被编译成<h2>i5ting</h2>，如果想输出其他名字，只要改变 user.name 的数据即可。

模板是可以嵌入逻辑的，在上面的 user.ejs 里使用 if 指令时也只会在满足条件的情况下输出对应的 HTML，这在我们的页面里是经常使用的技巧。

```
// 如果user为空，测试编译结果
var empty_html = ejs.render(user_tpl_str, {
  user:undefined
});

console.log(empty_html)
```

在这种情况下，执行以上代码是不会输出任何内容的，因为 user 不存在。

对于支持 for 循环的模板，我们看一下 list.ejs 的定义。执行以下代码，列出所有用户列表。

```
<ul>
  <% users.forEach(function(user){ %>
       <li><%= user.name %></li>
  <% }) %>
</ul>
```

编译模板的核心代码如下。

```
// 通过EJS的render方法，对user_tpl_str和数据进行编译
var html = ejs.render(user_tpl_str, {
  users:[
    {
      name: '朴灵'
    }, {
      name: 'alsotang'
    },{
      name: 'i5ting'
    }
  ]
});
```

这里传入的数据主要是对象数组，然后在模板里通过 forEach 遍历生产 HTML。下面看一下执行结果。

```
$ node list.js
<ul>
  <% users.forEach(function(user){ %>
       <li><%= user.name %></li>
  <% }) %>
</ul>
<ul>

       <li>朴灵</li>

       <li>alsotang</li>

       <li>i5ting</li>
```

```
</ul>
```

EJS 还有很多特性，限于篇幅，这里不再详述，读者可自行查看官方文档。

Pug

Pug 是一款高性能、简单易懂的模板引擎，在服务器端（Node.js）及客户端均被支持。习惯 Pug 的最好办法是，找一段已写好的 HTML 代码，用 Pug 重写一遍。如果你是新手，直接用 Pug 编写新页面，可能会遭遇前所未有的麻烦。

前面说过，所有模板引擎只是写法特性上有差异，本质上都是一样的。这里介绍 Pug 的一个主要原因是，它的特性相对比较全面，应用也比较广泛，比如 express-generator 里默认使用的就是 Pug。

同 EJS，在使用 Pug 前，我们先要做一些准备工作。首先安装 Pug，Jade 因为版权问题已更名为 Pug，大家要注意。

```
cd web/tpl/pug
npm init // 注意名字不要用 pug，不然无法安装 Pug
touch index.js
npm install --save pug
```

接下来通过以下代码定义模板。

```
user.pug
if user
  h2= user.name
```

在这段模板定义代码里，if 语句首先判断 user 对象是否存在，如果存在就显示<h2>标签，并把 user.name 作为变量嵌入<h2>标签的显示内容里，和上面的 EJS 是一样的。

下面我们来看一下具体如何编译 index.js。

```
var fs = require('fs')
var pug = require('pug');

// 读取模板文件，放到 user_tpl_str 变量中
var user_tpl_str = fs.readFileSync('./user.pug').toString();

console.log(user_tpl_str)

// 通过 Pug 的 render 方法，对 user_tpl_str 和数据进行编译
var html = pug.render(user_tpl_str, {
```

```
  user:{
    name: 'i5ting'
  }
});

console.log(html)
```

对比一下上面 EJS 的编译实现，这里其实就是把 EJS 替换成了 Pug，其他步骤都是一模一样的。执行以下代码，即可查看编译后的结果。

```
$ node index.js
if user
  h2= user.name
<h2>i5ting</h2>
```

重复一下以上过程的核心要点。

- 通过 fs.readFileSync 读取模板文件，模板是固定的、不可变的，而数据可以在编译时填入，是可变的。
- 通过 pug.render 方法进行编译，编译后的结果是浏览器能够渲染的 HTML 代码。

下面我们来看一下在 Pug 里如何使用 for 循环显示用户列表，list.pug 的代码如下。

```
ul
  each user in users
    li= user.name
```

编译模板的核心代码如下。

```
// 通过 Pug 的 render 方法，对 user_tpl_str 和数据进行编译
var html = pug.render(user_tpl_str, {
  users:[
    {
      name: '朴灵'
    }, {
      name: 'alsotang'
    },{
      name: 'i5ting'
    }
  ]
});
```

是不是和 EJS 的原理一模一样？不仅如此，执行效果也是一模一样的，如下。

```
$ node list.js
ul
```

```
  each user in users
    li= user.name
<ul><li>朴灵</li><li>alsotang</li><li>i5ting</li></ul>
```

要想了解更多关于 Pug 的用法，请参考 Pug 官网。关于 Pug 还有以下 4 点补充。

1. 性能

未更名前，Jade 的编译性能不是很好，这是 Jade 经常被诟病的原因之一。但对于常规页面来说，能够打开缓存即可，Jade 的编译性能还是可以接受的（不然也不会被 Express 用作内置的模板引擎）。升级后，Jade 2.0（即 Pug）的编译性能得到了大幅度提升。

2. 工具

使用 pug-cli 或 pug-server 非常方便，它们可以自动将模板文件编译为 HTML 文件并提供 HTTP 静态服务。如果需要，也可以集成 Gulp、Grunt、Webpack。例如，要想使用 Gulp 来编译 Pug 模板，只需在 gulpfile 中增加以下几行代码。

```
var pug = require('gulp-pug');

gulp.task('views', function buildHTML() {
  return gulp.src('views/*.pug')
  .pipe(pug({
    // Pug 配置项
  }))
});
```

更好的做法是将预编译方法和 LiveReload 结合使用。常见做法是，使用 Gulp 监查文件变动，当源文件变动时会延时触发 lr.changed()，并且自动进行 Pug 模板的重新编译，当编译后输出的文件变动时，就通知浏览器进行 LiveReload 刷新。

3. HTML2Jade

可以通过 HTML2Jade 将已有的 HTML 代码转换为 Pug 模板，这是一个极为便利的技巧。在初学模板引擎语法时，互相转换是非常必要的。

线上还有支持双向转换的工具，开发者在左侧输入 HTML 代码，右侧就会生成对应的 Pug 代码，如图 7-5 所示。使用 HTML2Jade 是非常方便的。

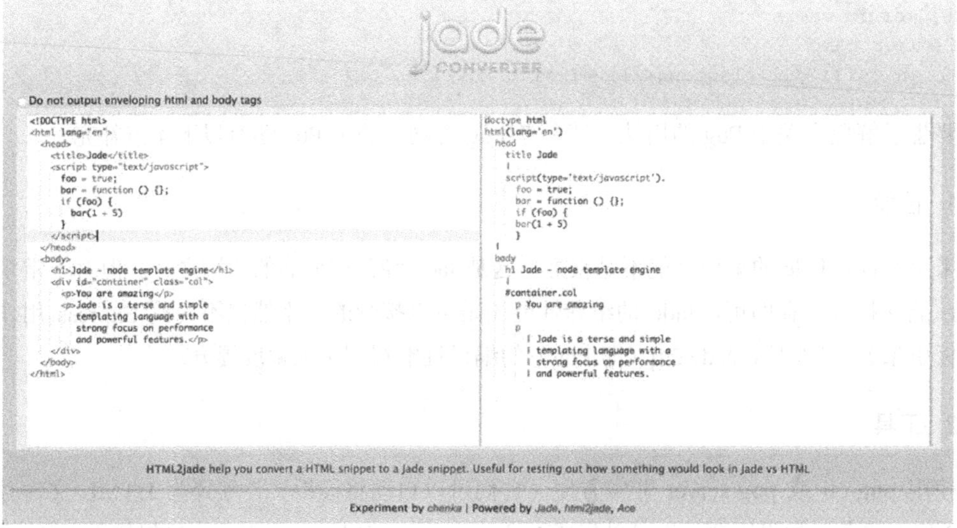

图 7-5

4. 运行在浏览器端

Pug 支持一些新版本浏览器，可以直接或通过 npm 下载独立文件。但如果前端已有大量成熟模板，就不推荐使用 Pug 了。正常情况下，Pug 需要编译才能在浏览器中预览，而通过 HTML2Jade 处理，Pug 能够直接在浏览器中预览。从这一点上来说，它是一个非常棒的扩展。

Nunjucks

Nunjucks 应该是目前 Node.js 里最火的，也是最好的模板引擎，笔者一直感觉它和 EJS 比较像，功能跟 Pug 一样强大，它的语法出自 Python 的某款模板引擎。

Nunjucks 的安装命令如下。

```
$ npm install --save nunjucks
```

修改模板引擎的代码如下。

```
#!/usr/bin/env node

// var argv = process.argv;
// var filePath = __dirname;
// var currentPath = process.cwd();
//
// console.log(argv)
// console.log(filePath)
```

```
// console.log(currentPath)

var nunjucks = require('nunjucks')

var compiledData = nunjucks.renderString('Hello {{ username }}', { username: 'James' });

console.log(compiledData)
```

这里的 Nunjucks 代码是最简单的 demo，其执行过程如下。

- 引入 nunjucks 模块。
- nunjucks.renderString 方法是用于编译模板的，它有两个参数。
  - 第一个参数是模板字符串。
  - 第二个参数是 JSON 数据。
- compiledData 就是编译后的结果。

结合前面讲到的模板引擎原理公式来理解，效果会更好。

但是以上代码存在一定的问题，生成器的内容总不能都写到字符串里，所以我们要继续改造，把模板独立出去，然后通过文件读写来获取模板字符串。

定义模板时创建了一个 gen.tpl，内容为 Hello {{ username }}，下面我们来看看如何修改 gen.js 来读取模板。首先引入 fs 模块用于读取文件，fs.readFileSync('./gen.tpl').toString()使用了一个读取文件的同步方法，并把文件内容由 Buffer 类型转成了字符串类型，代码如下。

```
var fs = require('fs')
var nunjucks = require('nunjucks')

var tpl = fs.readFileSync('./gen.tpl').toString()

var compiledData = nunjucks.renderString(tpl, { username: 'James' });

console.log(compiledData)
```

读取文件还是比较简单的。那么写文件的操作是什么样的呢？如下。

```
// 注意：工具类使用 writeFileSync，Web 应用使用 writeFile，避免阻塞 Eventloop
fs.writeFileSync('./gen.xxx', compiledData)
```

至此，一个生成器的模型就实现了，完整代码如下。

```
#!/usr/bin/env node

var fs = require('fs')
var nunjucks = require('nunjucks')

var tpl = fs.readFileSync('./gen.tpl').toString()

var compiledData = nunjucks.renderString(tpl, { username: 'James' });

console.log(compiledData)

fs.writeFileSync('./gen.xxx', compiledData)
```

在以上代码中，./gen.tpl 是输入模板，{ username: 'James' }是要编译的数据，./gen.xxx 是最终的输出。这些内容都是可变的。更改这些可变内容，我们可以构造自己想要的功能。

最后，比较一下 EJS 和 Pug。限于篇幅，Nunjucks 与上述两者的对比，还请大家自行完成。

- EJS 中内嵌 JavaScript 语句，形式为<%语句%>。其中的 HTML 标签形式为<标签>。
- Pug 内嵌的 JavaScript 语句为 if user，和 EJS 相比更简单，无须尖括号包裹。其 HTML 标签的形式也更简单，无须尖括号包裹。

总结而言，如果大家对 HTML、CSS、JavaScript 不是特别熟悉，使用 EJS 是比较好的选择，因为学习成本较低。如果你是一个极客，并且对 HTML、CSS、JavaScript 掌握得比较好，那么用 Pug 更好一些，因为 Pug 的代码更简单。其实进行技术选型时还是要看团队的综合情况，不能根据一个人的喜好简单选择。

7.2.2　模板引擎规则

每种模板引擎在使用时都会有对应的规则，本节以 Pug 为例，简单介绍一下模板引擎的各种规则。

1. 标签简写

将常见的段落标签<p>写成 p，这就是一种标签简写的方式。这样可以省去编写“<”和“>”的时间，但弊端是要使用 Tab 键或 4 个空格作为缩进。Pug 里的 p 等于<p>或</p>。

那么，标签的属性该怎么写呢？很简单，将属性放到括号里即可。另外，属性也可以简写，比如<div class='left_panel'>可以写成 div.left_panel。当标签只有 1 个属性的时候，Pug 里有两种写法。

第一种，标准属性写法，以括号包裹属性，示例如下。

```
div(id='this_is_div_id', class='left_panel')
```

第二种，简写，最常用的 div 标签属性是可以不写的，示例如下。

```
#this_is_div_id.left_panel
```

2. value 的写法

举个例子，我们常见的 HTML 代码

```
<p>this is a p tag</p>
```

在 Pug 里需要变成下面这样。

```
p this is a p tag
```

一定要注意，p 标签和 value 之间有空格，没有空格是错的。即使标签中有括号属性，也不可以没有空格，示例如下。

```
button(id='create_exam_on_server_btn') 生成问卷
```

3. 没有空行

在编写 HTML 代码时，我们可以写得很随意，如下。

```
<p>前端专业八级考试</p>


<p>友情提示：不准携带通信工具，不准交头接耳。一经发现，取消考试成绩，并终生禁止参与本考试！一定要记得哦！
</p>
```

但是在 Pug 里，不允许出现空行，只能写成下面这样。

```
p 前端专业八级考试
p 友情提示：不准携带通信工具，不准交头接耳。一经发现，取消考试成绩，并终生禁止参与本考试！一定要记得哦！
```

这样做的好处是，写出来的代码不会太随意，否则将无法通过编译。Pug 其实把空行当成了编译标签的一个条件，所以我们只能遵守规则。

4. 层级嵌套

比如我们常见的 HTML 代码

```
<ul id='all_qs'>
    <li>1</li>
    <li>2</li>
    <li>3</li>
</ul>
```

在 Pug 里需要变成下面这样。

```
ul(id='all_qs')
    li 1
    li 2
    li 3
```

这个实现原理很简单，本质就是利用缩进来判断包含关系。缩进有两种方式：使用空格和使用 Tab 键（推荐使用 Tab 键）。

5. 变量

使用模板的最大好处是可以传入动态的数据，然后根据数据动态生成代码。所以，使用变量是非常基础的必会知识点。下面是一个设置页面标题变量的例子。

```
doctype html
html
  head
    title= title
    link(rel='stylesheet', href='/stylesheets/style.css')
    script(src='/javascripts/jquery.min.js')
  body
    block content
```

注意这里的 title= title，代码里的“=”表示后面接的是变量。而且在子页面通过 extends 继承这个布局时，title 变量在子页面里也可以使用。

变量还有一种写法——插写法。这种写法和很多模板引擎写法类似（比如 Ruby 的 ERB 写法），写起来非常灵活，示例如下。

```
p #{user + '-' + name}
```

通过 pug-cli 对 test.pug 进行编译，生成的 HTML 结果如下。

```
$ pug -O '{"user": "sang", "name": " alfred"}'  test.pug && cat test.html

  rendered test.html
<p>sang- alfred</p>%
```

上面是编译的标准写法，作用是对变量里的 HTML 代码进行转义。如果不想转义，需要使用另外一种方式，比如在页面里直接嵌入 Script 代码，示例如下。

```
var html = "<script></script>"
!{html}
```

6. 常用指令 if 和 each

在模板中嵌入业务逻辑时，需要进行判断、遍历等操作。那么，要想在 Pug 里内置 if 和 each 指令，该怎么做呢？代码如下。

```
- var user = { description: 'foo bar baz' }
- var authorised = false
#user
  if user.description
    h2.green Description
    p.description= user.description
  else if authorised
    h2.blue Description
    p.description.
      User has no description,
      why not add one...
  else
    h2.red Description
    p.description User has no description
```

服务器端要返回数据，代码如下。

```
router.get('/list', function(req, res) {
     var Survey = req.models.Survey;
     Survey.find_list({},function(surveys){
          res.render('survey/list', { title: '试卷列表',surveys: surveys });
     });
});
```

然后要在 Pug 中执行以下代码。

```
ul
     each item in surveys
          li= item.name
               a(href= item.static_page_name)= item.name
```

注意代码中的等号：对于 li= item.name 语句，li 标签无属性，所以直接显示 item.name；对于 a(href= item.static_page_name)= item.name，a 标签有 href 属性，此时要将 item.static_page_name 赋值给 href，在 a 标签中显示 item.name。

7. 注释

使用注释是提高代码可读性的手段，在 Pug 里有两种注释方式：块注释和条件注释。

块注释的示例如下。

```
body
  // 注释
  #content
  h1 CSSer,关注 Web 前端技术
<body>
  <!--注释-->
  <div id="content"></div>
  <h1>CSSer,关注 Web 前端技术</h1>
</body>
```

条件注释的示例如下。

```
body
// if IE
a(href='http://www.mozilla.com/en-US/firefox/') Get Firefox
```

编译上述模板，生成的 HTML 如下。

```
<body>
  <!--if IE--><a href="http://www.mozilla.com/en-US/firefox/">Get Firefox</a>
</body>
```

8. 布局

在实际开发过程中，如果将每个页面独立展示，我们会耗费大量的时间来做重复性的开发工作，因此使用页面组合框架，降低页面开发的复杂度，减少开发时间，无疑是一个比较好的选择。

布局是模块化编程的产物。将页面切成块来降低复杂度、提高复用能力是笔者早年编写 Java 代码时经常用的布局思想。当时用 JSP 编写，后来使用 SiteMesh，但无论使用哪种方式，思路都是一样的——通过模板来分别定义 header、footer、menu 等通用模块，然后将经常变化的 body 部分留空，组装不变的可复用模块，将可变内容交给具体模板来实现，形成布局。经典布局如图 7-6 所示。

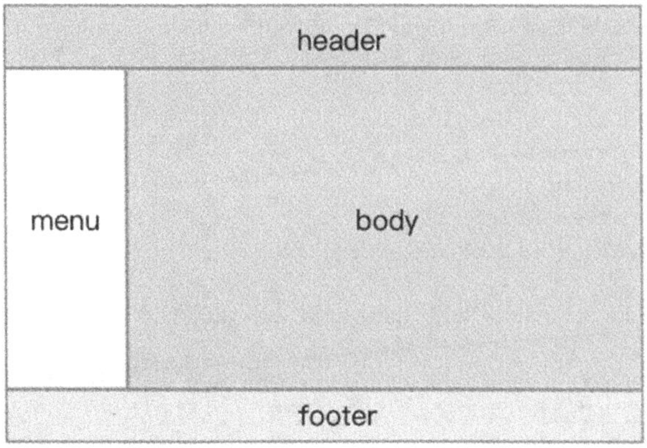

图 7-6

Pug 的布局概念也是一样的，布局中最核心的部分要留空，其他的部分都放到 Layout 里，我们要编写的只是可变部分的代码。下面来看一下 layout.pug 的代码，以左右布局为例，具体如下。

```
doctype html
html
    head
        title= title
        link(rel='stylesheet', href='/stylesheets/survey.css')
        script(src='/javascripts/jquery.min.js')
        script(src='/javascripts/jquery.min.js')
        script(src='/javascripts/survey.js')
    body
        div(class='left')
            block left_content
        div(class='main')
            block main_content
```

这段代码是进行页面布局时使用的，去掉了 menu 和 body 部分，也就是可变部分。根据这个布局，开发者需要自己定义 menu 和 body 部分的内容。如果有 10 个页面复用这个布局，那么这个布局的价值就非常明显了。

下面我们看一下具体的 index.pug 页面该如何编写。它首先要继承 layout.pug 布局，然后实现 left_content 和 main_content 里面的内容。

```
extends ../layout

block left_content
    h1= title
```

```
    button(id='create_exam_on_server_btn')生成问卷

block main_content
    h1= title
    div(class='create_exam')
        select(name='is_ad')
            option(value='true') true
            option(value='false',selected) false
        br
        input(type='text' name='all_name' value='前端技术专业八级考试')
        br
        input(type='text' name='all_desc' value='友情提示：不准携带通信工具，不准交头接耳。一经发现，取消考试成绩，并终生禁止参与本考试！一定要记得哦！')
        br
        input(type='text' name='all_weixin_name' value='all_weixin_name')
        br
        input(type='text' name='all_weixin_id' value='188888888')
        button(id='create_exam_btn')创建试卷
    div(class='show_exam')
        p 前端专业八级考试
        p 友情提示：不准携带通信工具、不准交头接耳。一经发现，取消考试成绩，并终生禁止参与本考试！一定要记得哦！
```

另外，在实现布局内容时还需注意以下几点。

- extends 指明了当前 Pug 页面继承自哪个 Layout。
- 若 block 定义此处有模块，则模块的名字必须和 Layout 里定义的名字一致。
- left_content 里只有一个生成问卷的按钮，而 main_content 里有生成问卷的表单内容。

布局是最核心的概念，也是最实用的，结合 include 使用堪称“神器”，大家一定要掌握。

9. include

如果想把很多公用的部分拆成独立文件并引入模板，可以通过 ERBRuby 里的 partial 和 JSPJava 里的 include 来实现。在 Pug 里也有一样的机制，在 Pug 里使用 include 分两种情况：静态文件引用和带 data 参数的引用。

静态文件引用的方法如下。

```
include ./includes/head.pug
```

再来看一下带 data 参数的引用，方法如下。

```
include activity
```

带 data 参数的引用会把上下文的 activity 作为数据参数传给 activity.pug。在实际的应用场景中，这种方法经常会用到，示例如下。

```
- var _action = activity._action == 'edit' ? '#' : '/activities/'
- var _method = activity._action == 'edit' ? "" : "post"
- var _type  = activity._action == 'edit' ? "button" : "submit"
- var onClick  = activity._action == 'edit' ?  "click_edit('activity-" + activity._acti
on + "-form','/activities/" + activity._id + "/')" : ""
form(id='activity-#{ activity._action}-form',action="#{_action}", method="#{_method}",
role='form')
  each n in ['activity.title','activity.product_name','activity.product_count','activi
ty.price','activity.detail','activity.expire_days','activity.start_date','activity.en
d_date','activity.owner_id','activity.created_at']
    - m = eval(n);
    div(class="field")
      label #{n.split('.')[1]} #{m}
      br
      input(type='text',name="#{n.split('.')[1]}" ,value="#{ m == undefined ? '' : m }")

  div(class="actions")
    input(type='#{_type}',value='Submit',onClick='#{onClick}')
```

这种写法的值传递是非直接的，所以大量使用这种技巧时非常容易造成混乱，副作用过大，建议少用。

10. 内嵌 Script

在 HTML 里直接编写 Script 代码虽然不是前端最佳实践，但偶尔为之也是可以的，比如 WeUI 里的模板代码可能如下。注意 Script 后面的“.”是必须要有的。

```
script.
  function test(){
    console.log('xxxx');
  }
```

以上 10 点是使用模板引擎时的常见规则（以 Pug 为例），接下来我们来看一个 Pug 官方示例，通过具体例子更好地理解使用规则，代码如下。

```
- var users = [{name: 'foo', role: 'admin'}, {name: 'bar', role: 'manager'}, {name: 'ba
z', role: 'technician'}]

h2 Users

each user, index in users
    unless user.role === 'admin'
        p #{user.name} is not an "admin"
```

```
    else
        p #{user.name} is an "admin"

h3 case

case users[2].name
    when 'admin'
        p User is an admin
    when 'manager'
        p User is a manager
    when 'technician'
        p User is a technician
    default
        p User is a customer!

h3 mixins

mixin fruits
    ul
        li Apple
        li Banana
        li Orange

h2 Fruits
mixin fruits

mixin users(name, role)
    li(attributes) #{name} has a role of #{role}

+users(users[0].name, users[0].role)#admin
+users(users[1].name, users[1].role).manager
+users(users[2].name, users[2].role)(title="technician")

mixin user_list(name)
    option(value="#{name}") #{name}

select
    for user in users
        +user_list(user.name)

:coffeescript
    (->
        document.querySelectorAll('.manager')[0].style.color = 'blue'
    )()
```

对于上面示例中出现的方法，大家了解即可，可以对比前面的内容查缺补漏。

总结一下本节的内容，模板引擎最典型的两个用途如下。

- 在 Express、Koa 和 Web 框架中使用，用于动态渲染页面。
- 与 CLI 结合，作为模板使用。

使用模板引擎时要注意以下几个要点。

- 引用公共模块时使用 include。
- 实现父子布局继承时使用 extends。
- 定义布局模板时使用 Layout，布局留空时使用 block。
- 缩进时使用 Tab 键而非空格。
- 不管有没有属性，标签和 value 之间都要有空格。
- 可以通过预编译来提高模板执行效率。
- 可以使用 LiveReload 来提高开发效率。

顾天骋（Timothy Gu，Pug、EJS 前维护者、Node.js 核心开发者之一）曾在他的文章里讲过自己的经历：他偶然在 Google 上查到 Node.js，然后就在 NodeSchool 上进行了学习，最后成了 Node.js 的核心开发者。他表示，要想学好 JavaScript，做到 3 件事情应该就足够了，分别是在 NodeSchool 上学习、熟练使用 Googling 技能、拥有学习的勇气。

从新手到 Node.js 核心开发者，顾天骋的经历值得大家学习。只要大家肯在源码上花心思，从小模块的维护者到 Node.js 核心开发者是非常有可能实现的。狼叔经常说的“少抱怨，多思考，未来更美好”也是这个意思。

7.2.3 Vue

很多人觉得 Pug 和 Vue 没有什么联系，他们觉得 Vue 是增强的模板引擎，然而事实上，模板语法是 Vue 非常有特色的特性。

React 和 Vue 非常类似，两者的对比如表 7-1 所示。

表 7-1

特　性	React	Vue
SSR（服务器端渲染）	支持，比如 next.js	支持，也有类似于 next.js 的 nuxt.js
路由	react-router	vue-router
状态管理工具	Flux、Redux、Dva、Mbox	Vux
TypeScript	支持	支持，据 Vue 作者说以后支持得更好
移动端工具	React-native	Weex
构建工具	Webpack、Rollup	Webpack、Rollup

插写

插写是模板引擎里最常用的功能。Vue 的模板定义如下。

```
<div id="app">
  {{ message }}
</div>
```

在 JavaScript 代码里，创建一个 Vue 实例的代码如下。

```
var app = new Vue({
  el: '#app',
  data: {
    message: 'Hello Vue!'
  }
})
```

在 Koa 里，定义模板的代码如下。

```
<h1>{{ title }}</h1>
```

使用 ctx.render 进行动态渲染的代码如下。

```
router.get('/', async (ctx, next) => {
  await ctx.render('index', {
    title: 'Hello Koa 2!'
  })
})
```

对比一下 Vue 和 Koa 的模板写法，具体如下。

- 定义的模板内容大同小异。
- 都有 data，即可变数据，使用模板的原理一样，都满足前面介绍过的公式。

- Koa 中的 Nunjucks 等模板引擎需要调用 ctx.render 方法来显式编译，而 Vue 更简单，使用隐式编译方法，只需要关注数据。

通过以上对比，很明显 Vue 更加简单，但二者原理是相同的。

指令

指令是用来控制逻辑的。来看一个 Vue 中的简单选择指令，代码如下。

```
<div id="app-3">
  <p v-if="variable">Now you see me</p>
</div>
```

Koa 中 Nunjucks 的写法如下。

```
{% if variable %}
  <p>Now you see me</p>
{% endif %}
```

将二者进行对比，具体如下。

- 都是对 data 里的属性进行操作的。
- Vue 里使用 v-if 这样的属性来处理条件判断，和 DOM 绑定得更紧。但是模板引擎做不到，在普通模板引擎里，逻辑就是逻辑，和 DOM 的属性无关。
- 在写法上，Nunjucks 中的 if 必须搭配 endif 使用，所有模板引擎在使用时都存在这个问题，写起来要复杂一些。

将指令和 DOM 绑定，对于逻辑控制而言是一个不错且不得不尝试的方案！

布局

复用是模板引擎的重要特征，比如布局、引用都能很好地进行模块拆分复用。在 Nunjucks 和 Pug 里都提供两种布局功能，分别是 extends 继承布局和 block 占位填充，典型用法如下。

```
// extends 继承布局
{% extends 'views/layout.nunjucks' %}

// block 占位填充
{% block content %}
   <h1> {{ title }} </h1>
```

```
   <p> Welcome to {{ title }} </p>
{% endblock %}
```

而在 Vue 里，一切基本元素都是组件，布局都变成了对父子组件的组装，如图 7-7 所示。

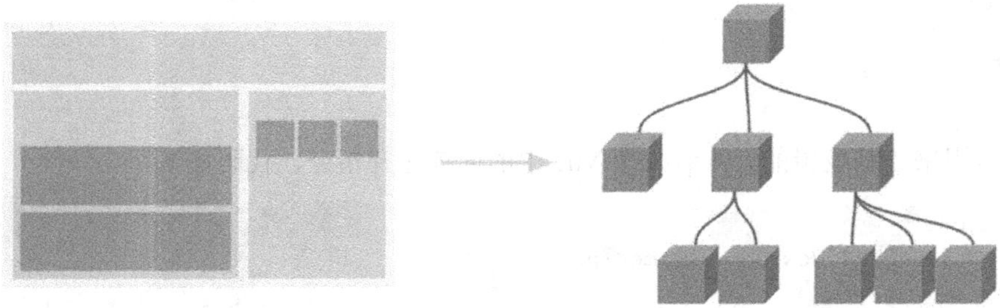

图 7-7

Vue 里的 include 指令和 Nunjucks 里的 include 是类似的，都用于引入模板，使用方法如下。

```
{% include "item.html" %}
```

在 Vue 里还有 element-ui 用法，可直接采用输入语法引入组件，实现更多功能，代码如下。

```
import Vue from 'vue'
import Element from 'element-ui'

Vue.use(Element)

// 或者
import {
  Select,
  Button
  // ...
} from 'element-ui'

Vue.component(Select.name, Select)
Vue.component(Button.name, Button)
```

Vue.use 这种插件写法能够让代码更简单，比直接输入更容易。模板引擎虽然能够提高模板的复用度，并且做得也不错，但还是敌不过组件，因为我们都喜欢“组装+复用”!

事件

事件是页面交互的主要方式。在 Vue 里，模板的写法如下。代码里的@click 是 Vue 提供的点击事件 v-on:click 的简写方式。

```
<div id="example-3">
  <button @click="say('hi')">Say hi</button>
  <button v-on:click="say('what')">Say what</button>
</div>
```

在 Vue 实例里，只需提供对应的事件方法就可以实现点击功能，代码如下。

```
New Vue({
  el: '#example-3',
  methods: {
    say: function (message) {
      alert(message)
    }
  }
})
```

在模板引擎里没有提供对事件的处理，我们只能老老实实地使用各种 JavaScript 库中提供的事件。很明显，Vue 又帮我们做了很多事情！

双向绑定

Vue 就是因为不喜欢 Angular 里的双向绑定而被造出来的“轮子”。Angular 通过 MVVM（Model-View-ViewModel）改变了前端人员的编程习惯，使得很多习惯使用 jQuery 的程序员再也回不到从前了。MVVM 的核心是双向绑定，Vue 官方给出的关于 MVVM 的解释如图 7-8 所示。

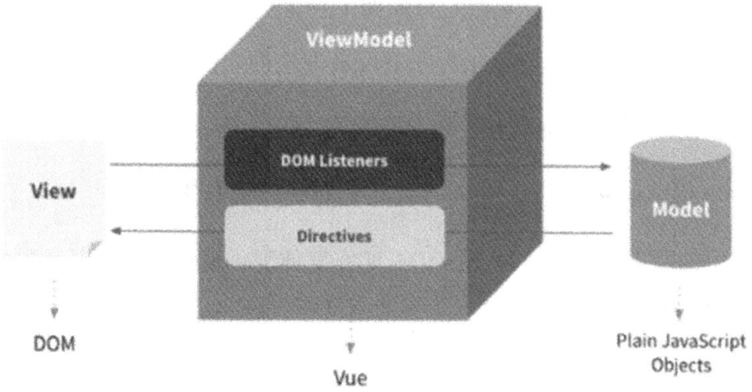

图 7-8

视图（View）和模型（Model）早在 MVC 时代就有了，两者分层清晰。MVVM 的改进在于将 Controller 替换成了 ViewModel，进而实现了视图和模型的联动。

下面来看一个简单的例子，模板代码如下。

```
<div id="app-6">
  <p>{{ message }}</p>
  <input v-model="message">
</div>
```

Vue 中通过 data 对象进行双向绑定的用法如下。

```
var app6 = new Vue({
  el: '#app-6',
  data: {
    message: 'Hello Vue!'
  }
})
```

在浏览器中执行上述代码，预览效果如图 7-9 所示。

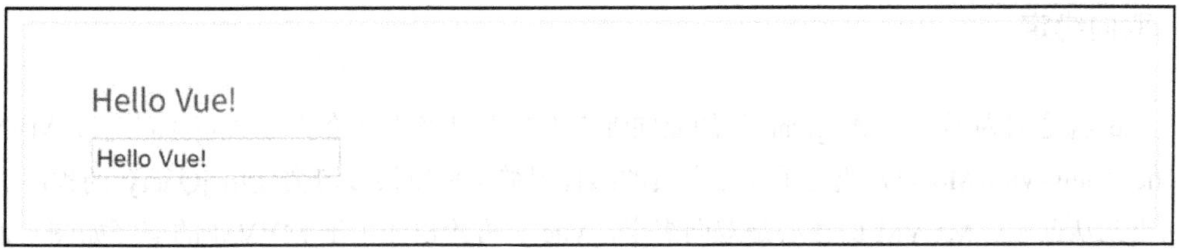

图 7-9

对于以上的模板代码，有几点说明，具体如下。

- input 设置了 v-model="message"，v-model 对应的属性是 Vue 实例中的 data 里的属性。
- input 输入框的值发生变动时，data 里的值也跟着变动。
- 如果 data 里的值发生变动，p 标签里的内容也会跟着变动。

其实这段代码的原理很简单，是 MVVM 的完美体现。反观模板引擎就弱得多，单向数据流使得开发效率要低很多。

computed

前面讲过 MVVM 要关注视图和模型的联动，watch 就是专门负责这件事的。computed 和 watch 是类似的概念，是针对虚拟属性设计的 API，也是通过 data 属性转换而来的虚拟属性。

第 5 章中讲过 Mongoose 里的虚拟属性，比如用户表里有手机号和验证码两项，我们就可以给模型增加一个虚拟属性 isValid，根据手机号和验证码来验证用户，这种方式非常简单。

前端模型亦是如此，如果表单中的属性与双向绑定数据模型中的属性不完全匹配，computed 就非常有用了，示例如下。

```
var vm = new Vue({
  el: '#demo',
  data: {
     firstName: "Aflred",
     lastName: "Sang"
  },
  computed: {
     fullName: function() {
       return this.firstName + this.lastName;
     }
  },
  methods: {
     getFullName() {
        return this.firstName + this.lastName;
     }
  }
});
```

VNode

VNode 是 VDOM 的核心模型，可以理解为 Vue 框架的虚拟 DOM 的基类，VNode 对象大致可以分为以下几类。

- EmptyVNode：没有内容的注释节点。
- TextVNode：文本节点。
- ElementVNode：普通元素节点。
- ComponentVNode：组件节点。
- CloneVNode：克隆节点，可以是以上任意类型的节点，但区别于其他节点的是，其 isCloned 属性为 true。

VNode 的具体定义如下。

```
export default class VNode {
  tag: string | void;
  data: VNodeData | void;
```

```
children: ?Array<VNode>;
text: string | void;
elm: Node | void;
ns: string | void;
context: Component | void;
key: string | number | void;
componentOptions: VNodeComponentOptions | void;
componentInstance: Component | void;
parent: VNode | void;

// 内部使用
raw: boolean;
isStatic: boolean;
isRootInsert: boolean;
isComment: boolean;
isCloned: boolean;
isOnce: boolean;
asyncFactory: Function | void;
asyncMeta: Object | void;
isAsyncPlaceholder: boolean;
ssrContext: Object | void;
fnContext: Component | void;
fnOptions: ?ComponentOptions;
fnScopeId: ?string;

// 构造函数
constructor (
  tag?: string,
  data?: VNodeData,
  children?: ?Array<VNode>,
  text?: string,
  elm?: Node,
  context?: Component,
  componentOptions?: VNodeComponentOptions,
  asyncFactory?: Function
) {
  this.tag = tag
  this.data = data
  this.children = children
  this.text = text
  this.elm = elm
  this.ns = undefined
  this.context = context
  this.fnContext = undefined
  this.fnOptions = undefined
  this.fnScopeId = undefined
  this.key = data && data.key
  this.componentOptions = componentOptions
```

```
    this.componentInstance = undefined
    this.parent = undefined
    this.raw = false
    this.isStatic = false
    this.isRootInsert = true
    this.isComment = false
    this.isCloned = false
    this.isOnce = false
    this.asyncFactory = asyncFactory
    this.asyncMeta = undefined
    this.isAsyncPlaceholder = false
  }

}
```

这和 ORM 操作中的模型的定义过程是一样的：定义属性以及 set、get 方法，在 VDOM 与 diff 算法对比时，将变更记录到 VNode 模型上，之后再根据 DOM 比对结果采取不同的 patch 策略。

VNode 也提供了生命周期钩子，分别如下。

- init：VDOM 初始化时使用。
- create：VDOM 创建时使用。
- prepatch：执行 patch 方法之前使用。
- insert：VDOM 插入后使用。
- update：VDOM 更新前使用。
- postpatch：执行 patch 方法之后使用。
- remove：VDOM 移除时使用。
- destroy：VDOM 销毁时使用。

Vue 组件的生命周期依赖于 VNode 的生命周期，在 src/core/vdom/ create-component.js 中我们可以看到，Vue 为自己的组件 VNode 已经写好了默认的 init、prepatch、insert、destroy 方法，Vue 组件的 mounted/activated 就是在 insert 中触发的，deactivated 则是在 destroy 中触发的。

回顾一下，本节主要讲了 Vue 和模板引擎的对比。

- 定义模板时，二者几乎一样。

- 进行双向绑定时，Vue 用法更好。
- VNode 和 MVC 里的模型用法一样。

技术是相通的，在一门精通技术的基础上去理解其他技术，这对学习者来说就会相对简单。这种类比的思维方式可以让我们更快地学习，更好地构建大局观，以全局视角理性地看待技术本身的价值，做出正确的选择。

7.3 Webpack

如今的前端世界是复杂的，从 2014 年开始，经过多年疯狂增长期，前端世界出现 React、Vue、Angular 三足鼎立的局面，开发方式已经有了翻天覆地的变化。之前用 Java 的朋友常感叹，给他一个开源项目，他都不知道怎么运行示例。

Node.js 中的模块可以支持多种前端相关技能，从各种写法、预处理、模板、模块、模块加载、模块打包，到构建优化、依赖管理。可以说，Node.js 作为前端基础设施，为前端发展提供了至关重要的助力，具体如表 7-2 所示。

表 7-2

技能分类	代表模块
资源处理	Data URLs
压缩	Uglify、JSMin、Csso
依赖管理	NPM、Bower
图片处理	Imagemin
模块系统	CommonJS、AMD、ES6 Modules
模块加载	RequireJS、JSpm、Sea、SystemJS
CSS 预处理	Less、Sass、PostCSS
模板引擎	Pug、Handlebars、Nunjucks
JavaScript 友好语言	Coffee、Babel、TypeScript
构建	Grunt、Gulp、make
模块打包	Browserify、Webpack

本节要讲的 Webpack 就是现在用得最多的经典模块打包器。

7.3.1　解决痛点

在 npm 出现以前，解决文件依赖的做法一般是，下载某个库或插件，下载它的依赖，以及依赖的依赖，然后无穷尽地重复。如果开发使用的库版本较低且没有及时更新，再更新时就会产生各种烦人的兼容性问题。针对这些痛点，各种各样的包管理工具诞生了。

1. 依赖管理

伴随着 Node.js 的出现，npm 也诞生了。随着 Node.js 在前端领域被广泛应用，npm 也慢慢成为前端的包管理工具，类似的还有 Twitter 的 Bower。

我们在《狼书（卷 1）》中详细讲解中关于 npm 的知识，这里就不再介绍了。总之，有了 npm，前端开发人员再也不需要一个一个文件去下载了。虽然乱七八糟的 node_modules 目录依旧很烦人，但无论如何，依赖管理已然是一个大的进步。

2. 脚本加载

最初，我们需要自己写代码来控制脚本顺序和依赖，因此经常因为位置出错等低级问题而浪费大量时间，错误示例如下。

```
<script src="/wreq.js"></script>
<script src="/js/entry.js" type="text/wreq"></script>
<div id="res">[]</div>
```

当然我们还有很多种其他的加载脚本的方法，比如使用多个标签加载、手动管理顺序、手动管理加载哪些脚本。但对于程序员来说，要维护的信息太多了，这样做很明显是非常不合适的，比如下面的写法就有问题。

```
<script src="jquery.js"></script>
<script>
   $.uiBackCompat = false;
</script>
<script src="jquery-ui.js"></script>
```

为了加载 JavaScript，我们用过各种方法，比如在 window 对象上全局挂载、使用 iframe 加载，以及使用$.getScript 加载等。但无论怎样，处理过程都非常麻烦。庆幸的是，后来出现了模块和模块加载器，顺利解决了这个问题。

7.3.2 模块规范

模块规范有很多，常见的有 CommonJS、AMD、ES6 Modules 等。之前我们详细讲解了 CommonJS，大致可以得出模块的共性特征。

- 使用标准的模块系统来处理依赖和导出。
- 每个文件都是一个模块。
- 通过模块加载器或打包器进行处理。

1. CommonJS

前面详细讲过 CommonJS 规范，这里简单回顾一下其写法，如下。

```
var $ = require('jquery')

exports.doSomething = function(){
  return 42
}
```

2. AMD

AMD 规范是从 CommonJS 中逐渐分裂出来的，专门用于浏览器端。由于浏览器没有 I/O 读写 API，所以指定了异步加载规范。著名项目 ACE 编辑器就是采用 AMD 规范编写的。AMD 规范的常见写法如下。

```
define("module", ["dep1", "dep2"], function() {
  return someExportedValue;
})
require(["module", "../file"], function(module, file) {
  // 执行某些操作
})
```

3. ES6 Modules

ES6 在前端领域十分普及，编写 React、Vue 都要用到 ES6 相关知识，所以 ES6 Modules 是必会内容。Node.js 曾因为不支持 ES6 Modules 而备受诟病，庆幸的是 Node.js v9 之后就支持 ES6 Modules 了。

7.3.3　模块加载器

由于 JavaScript 本身没有内置模块加载机制，所以需要依赖额外的容器才能实现，于是就有了模块加载器。以 RequireJS 为例，本节我们来讲解模块加载器的核心原理——AMD 规范。

AMD 规范中有两个要点：define 和 require。先来看一个最简单的模块加载器的实现。

```
void function() {
    var mapping = {}, cache = {};
    window.define = function(id, func) {
        mapping[id] = func
    };
    window.require = function(id) {
        if (!/\.js$/.test(id)) {
            id += ".js"
        }
        if (cache[id]) {
            return cache[id]
        } else {
            return cache[id] = mapping[id]()
        }
    }
}();
```

这段代码的主要思想是缓存，因为按需加载才是模块的本质。RequireJS 的核心也和上面这段代码类似，不过会更加复杂、健壮。

模块加载器还有很多，比如 SeaJS、SystemJS 等，它们都是独立项目。其实，在 Webpack、TypeScript 里也内置实现了模块加载器，所以了解一下还是有必要的。

7.3.4　模块打包器

Node.js 的出现让前端世界有了更多可能性，比如让 Node.js 的代码在浏览器上运行，比如构建优化，等等。生命不息，“折腾”不止，于是各种模块加载器不断进化，比较成功的是出现了如今很常用的模块打包器，如图 7-10 所示。

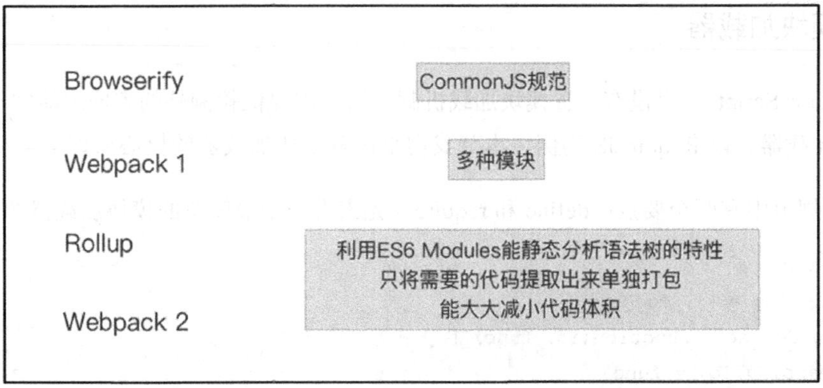

图 7-10

这里以 Browserify 为例讲解模块打包器相关内容。Node.js 模块的落地让大家尝到了甜头，CommonJS 规范确实能解决很多困扰。那么大家就开始思考，能否在浏览器里运行 Node.js 模块代码呢？为了实现这一点，Browserify 诞生了。Browserify 的常见写法如下。

```
var foo = require('./foo.js');
var bar = require('../lib/bar.js');
var gamma = require('gamma');

var elem = document.getElementById('result');
var x = foo(100) + bar('baz');
elem.textContent = gamma(x);
```

但浏览器和 Node.js 毕竟不一样，比如在 Node.js 里，fs 模块调用是无法在浏览器里运行的。所以 Browserify 做了大量转换工作，在 Webpack 出现之前，Browserify 也算是一个比较好用的工具。

模块加载器（比如 RequireJS、SystemJS）简单易用，但缺少线上优化，所以必须依赖 Grunt、Gulp 等构建工具。虽然不用管理模块加载，但还是要掌握构建工具，这是一个负担。

模块打包器的出现让一切变得更简单，我们什么都不用担心，打包时可以自动完成所有操作。在这个领域中，Webpack 尤其实用，已经成了如今最流行的前端神器。

7.3.5　Webpack 详解

本质上，Webpack 是一个现代 JavaScript 应用程序的静态模块打包器。当 Webpack 处理应用程序时，它会递归构建一个依赖关系图，其中包含应用程序需要的每一个模块，然后将所有模块打包成一个或多个 bundle 文件。

Webpack 的特性

代码分割是 Webpack 最重要的特性，要点如下。

- 在恰当的时机加载需要的模块。
- 将第三方库代码和源码分离。
- 实现样式分离。
- 实现异步加载分离。

所有资源都是模块，如图 7-11 所示，其中包含如下部分。

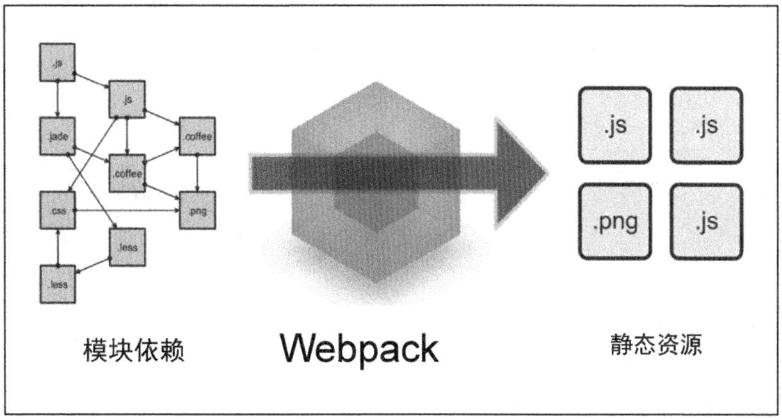

图 7-11

- Entry
- Output
- Loader
- Plugin
    - CommonsChunkPlugin：提取公共模块。
    - DefinePlugin：定义环境变量。

- UglifyJsPlugin：实现代码压缩。
- ExtractTextPlugin：提取样式代码。

1．css-loader

举一个简单的例子，在 Webpack 中，可以基于 css-loader，在 JavaScript 文件中通过 require 方法引入 CSS。我们来看一下具体实现过程。

首先需要安装 css-loader 和 style-loader，代码如下（安装 style-loader 是为了在 HTML 中以 style 的方式嵌入 CSS）。

```
$ npm install css-loader,style-loader --save-dev
```

然后在 main.js 中执行如下代码。

```
require('./app.css');
```

在 app.css 中执行如下代码。

```
#test{
  background:red;
  width:100px;
  height:100px;
  color:blue;
}
```

在 webpack.config.js 中增加如下代码。

```
module.exports = {
  entry: './main.js',
  output: {
    filename: 'bundle.js'
  },
  module: {
    loaders:[
      { test: /\.css$/, loader: 'style-loader!css-loader' },
    ]
  }
};
```

执行如下命令。

```
$ webpack
```

这时会生成 bundle.js 文件，在 HTML 中引入这个文件即可，代码如下。

```
<html>
  <head>
    <script type="text/javascript" src="bundle.js"></script>
  </head>
  <body>
    <div id="test">Hello World</div>
  </body>
</html>
```

上述过程中有以下几个要点。

- CSS 代码被打包到 JavaScript 中，所有文件都是资源，都可以被打包。
- CSS 代码被 css-loader 处理了。
- Webpack 命令会按照配置文件进行编译。

在整个 Webpack 配置里，最核心的概念就是 Loader，其配置如下。

```
loaders: [
  {
    test: /\.css$/, loader: 'style-loader!css-loader'
  },
]
```

这里非常容易理解，首先要根据文件后缀来匹配处理方式。如果是 CSS 文件，会采用 css-loader 来处理。如果是 Less 文件，就需要用 less-loader 进行处理。通过 Less 进行预编译的配置如下。

```
loaders: [
  {
    test: /\.css$/, loader: 'style-loader!css-loader'
  },
  {
    test: /\.less$/, loader: 'style-loader!css-loader!less-loader'
  },
]
```

通过这个例子，足见 Loader 的强大。

2．代码分割和优化

webpack-visualizer 是 Webpack 的可视化资源分析工具，在构建 Webpack 时会自动计算出各个模块在项目工程中的依赖与分布情况，方便我们做出更精确的资源依赖和引用分析，例如判断项目结构是否合理，依赖使用是否合理。

大多数工程项目中依赖库的体积很大，通常可以占据整个工程项目体积的 70%~90%。而且在每次开发过程中也会重新读取和编译对应的依赖资源，这其实是很大的资源浪费，而且对编译结果的影响微乎其微。毕竟在实际业务中，我们很少会主动修改第三方库中的源码。为了改进上述情况，我们可以进行如下操作。

在 webpack.config.js 中增加以下代码。

```
const path = require('path');

module.exports = {
  entry: './src/index.js',
  output: {
    filename: 'bundle.js',
    path: path.resolve(__dirname, 'dist')
  }
};
```

执行以下代码增加 vendor 选项。

```
const path = require('path');

module.exports = {
  entry: {
    main:'./src/index.js',
    vendor: 'debug'
  },
  output: {
    filename: '[chunkhash].[name].js',
    path: path.resolve(__dirname, 'dist')
  }
};
```

执行以下代码，使用 webpack.optimize.CommonsChunkPlugin 插件。

```
const path = require('path');
const webpack = require('webpack');

module.exports = {
  entry: {
    main:'./src/index.js',
    vendor: 'debug'
  },
  output: {
    filename: '[chunkhash].[name].js',
    path: path.resolve(__dirname, 'dist')
  },
```

```
  plugins: [
    new webpack.optimize.CommonsChunkPlugin({
      name: 'vendor',
      minChunks: Infinity
    })
  ]
};
```

简单来说，external 可以把依赖资源声明为一个外部依赖，然后通过 Script 外链脚本引入 HTML 中。这也是我们早期进行页面开发时引入资源模式的一种翻版。可以告知 Webpack，当遇到某类变量名时不用解析和编译至模块的内部文件，改用从外部变量中读取的方法能极大提升编译速度，同时也能更好地利用 CDN 来实现缓存。

external 的配置方法相对比较简单，只需要完成如下两步。

第一步：在页面中加入需要引入的 lib 地址，代码如下。

```
<head>
<script src="//cdn.bootcss.com/jquery.min.js"></script>
<script src="//cdn.bootcss.com/underscore.min.js"></script>
<script src="/static/common/react.min.js"></script>
<script src="/static/common/react-dom.js"></script>
<script src="/static/common/react-router.js"></script>
<script src="/static/common/immutable.js"></script>
</head>
```

第二步：在 webpack.config.js 中加入 external 配置项，代码如下。

```
module.export = {
    externals: {
        'react-router': {
            amd: 'react-router',
            root: 'ReactRouter',
            commonjs: 'react-router',
            commonjs2: 'react-router'
        },
        react: {
            amd: 'react',
            root: 'React',
            commonjs: 'react',
            commonjs2: 'react'
        },
        'react-dom': {
            amd: 'react-dom',
            root: 'ReactDOM',
            commonjs: 'react-dom',
```

```
        commonjs2: 'react-dom'
      }
    }
}
```

这里要提到的一个细节：配置此类文件前，构建资源包时需要采用 AMD、CommonJS、CMD 进行兼容封装，即打包好的库已经是经过 umd 模式包装过的库。如果我们在 node_modules/react-router 中可以看到 umd、ReactRouter.js 之类的文件，说明此时 Webpack 中的 require 和 import * from 'xxxx'方法可以正确读到该类包的引用。在这类 JavaScript 的头部信息中一般也能看到如下代码。

```
if (typeof exports === 'object' && typeof module === 'object') {
  module.exports = factory(require("react"));
} else if (typeof define === 'function' && define.amd) {
  define(["react"], factory);
} else if (typeof exports === 'object') {
  exports["ReactRouter"] = factory(require("react"));
} else {
  root["ReactRouter"] = factory(root["React"]);
}
```

优化 Webpack 构建能带来很多便利，比如可以利用 DllPlugin 和 DllReferencePlugin 预编译资源模块，可以使用 HappyPack 多进程加速代码构建（在生产环境中也可以利用多进程来加速代码构建），可以使用 webpack-parallel-uglify-plugin 提升代码压缩混淆的打包效率。

在实际的开发过程中，我们可以灵活地选择适合自身业务场景的优化手段，如表 7-3 所示。

表 7-3

优化手段	开发环境可用	生产环境可用
CommonsChunk	√	√
externals		√
DllPlugin	√	√
HappyPack	√	
uglify-parallel		√

Webpack 的原理

理解 Webpack 打包过程对于理解 Webpack 原理是非常有帮助的，Webpack 表面上看起来只是一个打包器，但实际上它是非常有底蕴、有内涵的。这里简单整理了一下 Webpack 的打包过程，具体如下。

1. 从配置文件里找到入口。

2. 解析模块系统。

3. 解决依赖。

4. 处理模块依赖（读取、解析、解决）。

5. 合并所有使用的模块。

6. 合并模块系统的运行时环境。

7. 生成打包后的文件。

有了打包后的文件，就可以在浏览器中使用了。在浏览器中加载解析文件的过程也是需要了解的，具体如下。

1. 通过 script 标签加载 Webpack 打包后的文件。

2. 加载模块运行时环境。

3. 加载入口文件。

4. 读取依赖。

5. 解决依赖。

6. 执行（带有依赖的）入口文件。

通过打包过程和浏览器加载解析文件的过程，相信你已经对 Webpack 有了一定的了解。结合前面讲的包管理机制和模板规范，你应该可以猜到，Webpack 里模块依赖是因为内置了模块加载器。为了便于大家理解，这里整理了一张 Webpack 原理图，如图 7-12 所示。

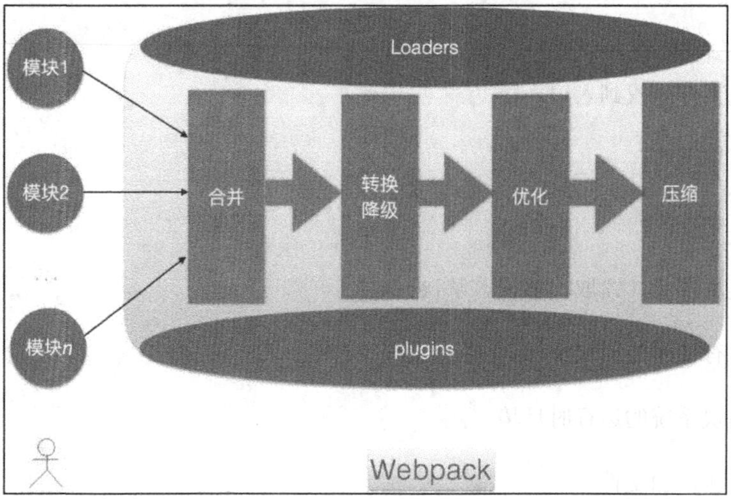

图 7-12

通过图 7-12 可知，打包构建过程（合并、转换降级、优化、压缩）是由 Webpack 的 Loaders（加载器）和 plugins（插件）完成的，开发者其实只需要关心模块的编写，这极大地简化了开发过程。Webpack 既可以降低学习成本，又可以提高开发效率，可谓一举两得的好技术。

设计前端开发工具

在实际开发中，如果在每个项目里都使用 Webpack，会导致 Webpack 配置项很难维护，而且不同项目配置也不同，这对开发人员和维护人员来说是无比痛苦的。如果想解决这个问题，我们需要基于 Webpack 设计一个前端开发工具，但配置项统一采用“约定大于配置”的思想，因此在项目内部要尽可能少地进行配置。

Ykit 是去哪儿网开源的 Node.js 模块，它是对 Webpack 的封装。要说它最大的特点，就是用插件机制封装了各种类型应用的配置，只要安装合适的插件就可以把一个基本的开发环境搭建好。笔者认为下面 3 点是 Ykit 最重要的特性。

- 将统一的配置、构建流程、优化机制整合起来。
- 支持各种类型的应用，可扩展性强。
- 具有高可配置性。

Ykit 提供了命令行工具，安装完成后，可以在终端执行 ykit –help 命令查看 Ykit 的大概功能，如图 7-13 所示。

```
==================== YKit 0.3.0 ====================

 config  c                 # 操作全局配置
 init    i                 # 项目初始化
 lint    l                 # 代码质量检测
 pack    p                 # 资源编译、打包
 reload  r                 # 重载插件
 server  s                 # 开发服务

 可用的全局配置有:

 如果需要帮助, 请使用 ykit {命令名} --help
```

图 7-13

从图 7-13 中可以看到，这里有 6 项功能，开发时使用 ykit server 可以在本地开发一个服务，在发布时使用 ykit pack 可以进行资源编译和打包。其他方法都是辅助方法，比如 ykit init 可以用于初始化项目。

Ykit 的核心包括 3 部分：用户编写的模块、Ykit 配置项、Ykit 插件。在 Ykit 命令行工具里，核心的 ykit.js 会组装这 3 部分，通过内置的 Webpack 构建功能，我们最终能将用户编写的模块进行打包构建，如图 7-14 所示。

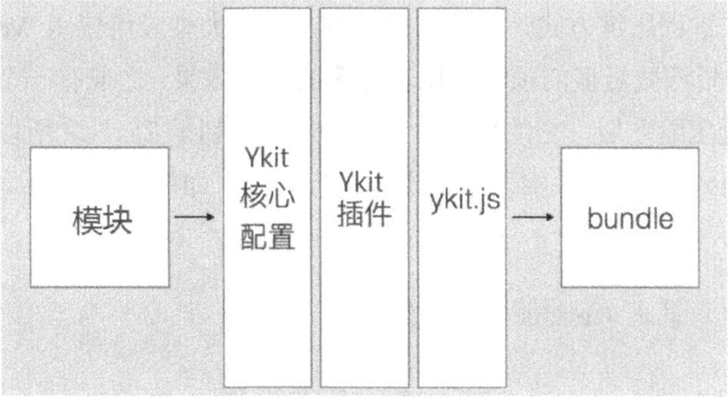

图 7-14

总的来说，Ykit 只是一个壳，真正的多样化构建依赖于插件。插件是一个个的 npm 模块，它们将构建过程中的配置和功能进行封装，使得 Ykit 能满足多种多样的需求又不会互相冲突，同时保持了开发体验的相对一致性。

Webpack 一直容易被人诟病的就是它的构建速度慢。Ykit 在这里进行了一次入口过滤。当本地服务接收到页面的请求时，会带着所请求的资源到项目中寻找，生成一个只含有所请求资源入口的 Webpack 实例，打包完成后立即返回结果。实际情况还要比这个更复杂一些，比如所

请求的资源有可能只是打包的副产品而不在配置入口中，Ykit 对这些情况都能进行处理。最后达到的效果是，页面请求哪个资源才会打包哪个资源。

首次将源码打包构建的流程如图 7-15 所示。

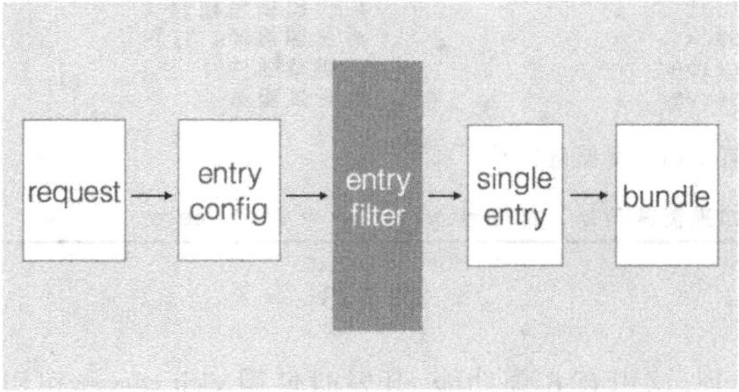

图 7-15

经过一次构建之后，如果文件没有变动，就不会触发新的构建操作。因此 Ykit 只有在第一次启动时略慢，之后启动会非常快，即使代码改动导致文件变动，Ykit 也只针对变动文件进行构建，所以速度是非常快的。

另一个在 Webpack 中很耗时的操作是压缩资源。Ykit 并没有采用 Webpack 内置的 UglifyJS 插件，而是采用了多进程压缩方式，与此同时也解决了较大型应用使用 Webpack 压缩资源时内存溢出的问题，对于资源数量多的项目有比较显著的优化效果。之前有一个资源数为 70 个左右的项目，使用多进程压缩之后，它的构建时间从 75s 减少到了 25s。之所以能够提效如此明显，是因为使用了 Node.js cluster 模块实现了多进程并行处理，如图 7-16 所示。

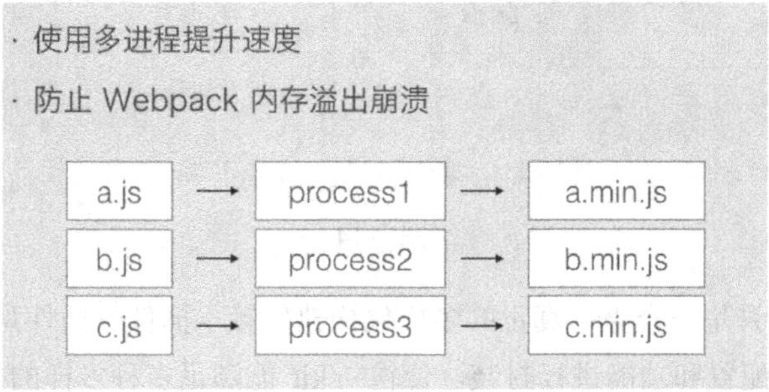

图 7-16

类似 Ykit 这样的前端工具还有很多，比较有名的是 CRA（create-react-app）和 UmiJS。笔者认为，未来应用层面的封装会越来越多。

7.4 前后端分离

《国富论》中提到，分工出现之后，劳动生产力得到了最大的增进，运用劳动时的熟练程度、技巧和判断力也得以加强。

让 Koa（Egg.js）与 Ykit 结合来实现前后端分离是非常好的实践。Egg.js 和 Ykit 结合以后的架构如图 7-17 所示。

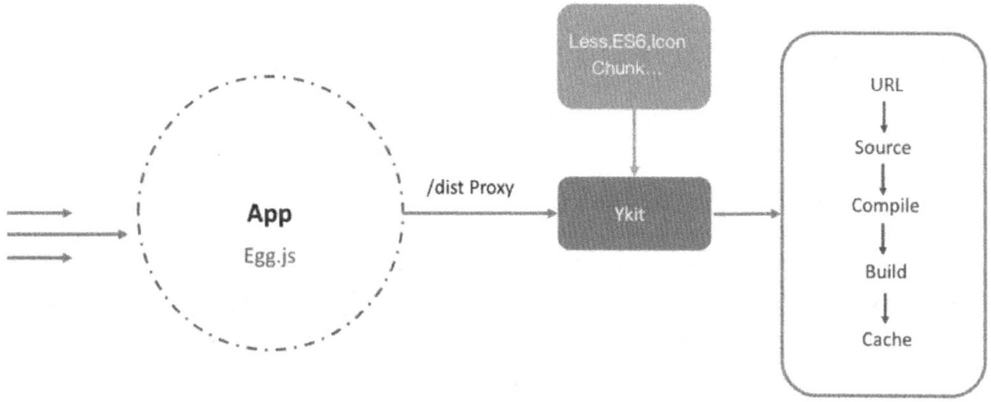

图 7-17

关于前后端分离的内容，本节将不进行详细介绍，感兴趣的读者可以自行学习。

7.5 前端渲染

从早期服务器端渲染使用模板编译，到后来出现 React、Vue 这样的框架，单纯的前后端分离已不能完全适合所有场景。那么，前端渲染层在 Serverless 的大环境下会有怎样的演进呢？本节我们就来畅想一下。

7.5.1 客户端渲染

客户端渲染（Client-side rendering，CSR）是不需要服务器端介入的，只要能够访问 HTML 托管即可。Web 页面初始加载的 HTML 文档中无内容，需要从 CDN 上下载执行 JavaScript 文件，由浏览器动态生成页面，并通过 JavaScript 进行页面交互与状态管理。在前端开发过程中，主要的任务是编写源码并将源码打包编译后直接部署到 CDN 上。

对于开发中台、后台等供内部使用的系统来说，上述开发方式的性能足够满足需求。另外，这种开发方式非常简单，可以衍生出路由、状态管理等模块，还可以结合 Webpack 构建打包。

7.5.2 服务器端渲染

从模板时代起其实就有服务器端渲染（Server-side rendering，SSR），但那时候没有客户端渲染这一讲法，所以也没有服务器端渲染这个概念。服务器端渲染是指采用 React、Vue 等现代框架，结合 Node.js 等服务器端环境完成页面渲染的一种开发方式。

引入服务器端渲染主要是为了实现以下 3 个目标。

- 搜索引擎优化：Search Engine Optimization，简称 SEO。对于直接触达用户端的页面，其中的很大一部分流量是从搜索引擎中导流过来的，这部分低成本流量还是需要保留的，甚至需要被放大，因此要进行 SEO。
- 页面加载性能提升：对于互联网用户而言，网页加载时间如果超过 2s，大部分用户将不再愿意继续等待，而会直接关闭网页。所以提升页面加载性能，缩短首屏渲染时间（让用户尽快看到内容）是非常必要的。而且性能提升可直接促进业务提升，比如 HTML5 页面加载性能提升，可以显著提升唤端成功率。
- 架构升级：对于很多开发用户端页面的人来说，可能需要兼容低版本浏览器，但主流技术栈其实早已经切换到 React 或 Vue 上了，因为让技术栈统一对于架构升级和团队成长都是极为关键的。

在服务器端工程中，React 代码会在客户端和服务器端各执行一次。JavaScript 代码可以同时在浏览器和 Node.js 服务器上执行，但如果 React 项目里有直接操作 DOM 的代码，那么 JavaScript 代码就无法在 Node.js 环境下执行了，因为 Node.js 环境中没有 DOM 的概念。

React 和 Vue 等 MVVM 框架中都引入了虚拟 DOM 的概念，本质上是真实 DOM 的 JavaScript 对象的映射。前端开发者操作普通的 JavaScript 对象，并不直接操作 DOM，所以在服务器端渲染中，虚拟 DOM 要被转换成字符串。

阿里巴巴开源的 Beidou 是专注于 React 服务器端渲染的同构框架，它是一个很好的企业级同构渲染解决方案。Beidou 默认使用 src/client 目录存放客户端代码，使用 src/app 目录存放基于 Egg.js 的服务器端代码。所以通过的 Beidou 的目录设计，大致可以看出，它是基于 Egg.js 和 React 生态而开发的框架。

Beidou 的同构架构如图 7-18 所示，我们可以很明显地看出 Node.js 和浏览器端的分层关系。

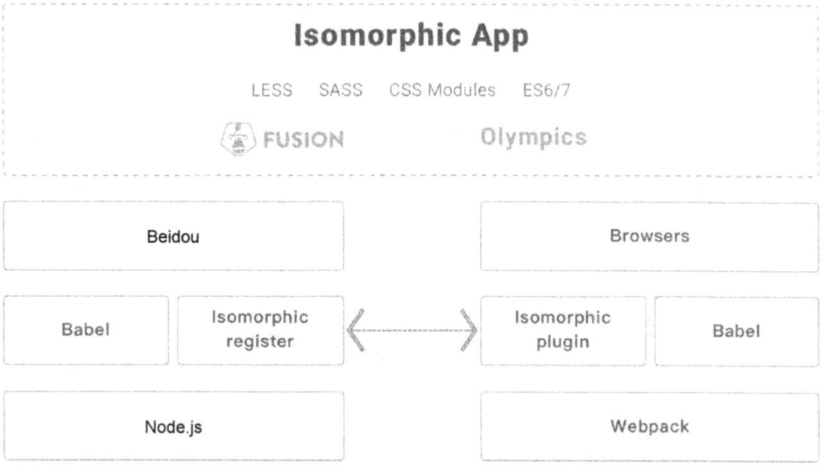

图 7-18

Beidou 基于 Egg.js 生态，具有可拔插的同构能力，其特点具体如下。

- beidou-view-react 是原有 MVC 架构中视图（View）层的替代，使用 React 组件作为视图层模板，可以直接渲染 React Component 并输出到客户端。
- beidou-webpack 将 Webpack 集成到了框架中，可在开发阶段提供代码的编译和打包服务。
- beidou-isomorphic 是同构服务器端的 React 运行时环境。
- 服务器端支持 CSS Modules。
- 编写纯静态页面时无须编写任何服务器端代码，非常简单。

对于开发者而言，Beidou 已经简化了 React 和服务器端之间的组装和优化工作，开发者只需要关注 3 个点：React 组件写法、Webpack 配置和 Egg.js 用法。

相比于客户端渲染，服务器端渲染的难度加大了，开发者必须要掌握 Egg.js 相关知识。尽管 Beidou 已经做得很好了，但 Node.js Web 应用开发知识依然是进行服务器端渲染时用到的必备知识点。

7.5.3 React 服务器端渲染

在 Beidou 这样的框架中，同构的意思就是，一套代码既可以在服务器端运行又可以在客户端运行。这种同构更像对语言的统一。

另外一个著名的服务器端渲染框架是 Next.js，它是一个纯粹为服务器端渲染应用开发的框架，在写法也可谓 SSR 的最佳实践。下面我们来看一个 Next.js 式的组件写法。

```
function Page(props) {
  return <div> {props.name} </div>
}

Page.getInitialProps = async (ctx) => {
  return Promise.resolve({
    name: 'Egg + React + SSR'
  })
}

export default Page
```

进一步演进，如果将同构落实到 React 组件级别，在写法上统一 CSR 代码和 SSR 代码，采用与 Next.js 类似的静态的 getInitialProps 作为数据获取方法，这样是不是更简单一些呢？于是笔者团队编写了 egg-react-ssr，一个小而美的服务器端渲染应用骨架。egg-react-ssr 有 3 个特点，具体如下。

- 小：实现方式简单，生产环境构建出来的 bundle 文件的数量仅为同等复杂度的 Next.js 项目的 40%，生成文件数相比于 Next.js 少很多。
- 全：支持 HMR（Webpack 模块热替换），支持本地开发及生产环境下的 CSR、SSR 两种渲染模式的无缝切换，支持定制组件的渲染模式，支持 TypeScript。
- 美：基于 React 和 Egg.js 开发，拥有强大的插件生态，配置非黑盒，所有关键内容皆可通过 config.default.js 来配置。

这里我们提供了一个脚手架，方便大家快速创建项目。在执行 ykcli init 的时候，可以选择 JavaScript 或 TypeScript 语言，非常方便。

```
$ npm install yk-cli -g
$ ykcli init <Your Project Name>
$ cd <Your Project Name>
```

```
$ npm i
$ npm start
$ open http://localhost:7001
```

在运行时，通过 npm run csr 和 npm run ssr 方法来区分 CSR 代码和 SSR 代码是目前最简单的同构渲染方案。当页面初始化加载时，getInitialProps 方法只会在服务器端被加载。只有当路由跳转（Link 组件跳转或 API 方法跳转）时，客户端才会执行 getInitialProps。在本地开发时，可以同时启动两种渲染模式查看区别，而在生产环境中，可以通过设置 config 中的 type 属性来切换渲染模式，在流量较大时降级为 CSR 应用。

egg-react-ssr 的目录结构保持了 Egg.js 的习惯：以 app 和 config 目录为主，将前端 React 相关代码放到 web 目录下，通过 Webpack 打包相关文件并放在 build 目录下。整体来看，目录内容不多，层级不深，示例如下。

```
├── README.md
├── app // Egg.js 核心目录
│   ├── controller
│   ├── extend
│   ├── middleware
│   └── router.js // Egg.js 路由文件，无特殊需求不需要修改
├── app.js // Egg.js 启动入口文件
├── build // Webpack 配置目录
│   ├── env.js
│   ├── jest
│   ├── paths.js
│   ├── util.js
│   ├── webpack.config.base.js // 通用的 Webpack 配置
│   ├── webpack.config.client.js // Webpack 客户端打包配置
│   └── webpack.config.server.js // Webpack 服务器端打包配置
├── config // Egg.js 配置文件目录
│   ├── config.daily.js
│   ├── config.default.js
│   ├── config.local.js
│   ├── config.prod.js
│   ├── config.staging.js
│   ├── plugin.js
│   └── plugin.local.js
├── dist // build 生成静态资源文件目录
│   ├── Page.server.js // 服务器端打包后的文件（即打包后的 serverRender 方法）
```

```
│   └── static // 前端打包后的静态资源目录
└── web // 前端文件目录
    ├── assets
    │   └── common.less
    ├── entry.js // Webpack 打包入口文件，分环境导出不同配置
    ├── layout
    │   ├── index.js // 页面布局
    │   └── index.less
    └── page
        ├── index
        └── news
```

简而言之，egg-react-ssr 进一步简化了 Beidou 的 React SSR 写法，同时借鉴 Next.js 组件写法，完美实现了 CSR 和 SSR 在组件层面上的同构写法。egg-react-ssr 是基于 Egg.js 的框架，这是因为阿里巴巴内部大量使用 Egg.js。

与 egg-react-ssr 非常相似的还有 Umi SSR。Umi 是一个类似 create-react-app 的可插拔企业级 React 应用框架。它对于 antd 等的集成更为友好。在执行 umi build 命令后，dist 目录下会生成 umi.server 文件，用于服务器端渲染，如图 7-19 所示。

图 7-19

通过 ReactDOMServer 的 renderToNodeStream 分发，umi.server.js 将被解析成 Stream，然后通过 ctx.body 完成服务器端渲染。

下面我们来总结一下 Umi SSR 的特点。

- 与框架无关，可以与任何 Node.js Web 框架集成，甚至可以集成 Node.js 自带的 http 模块。
- 通过 renderToNodeStream 方法返回 Stream，可以更好地基于 Stream 进行组装渲染。

Umi SSR 得益于 Umi 自身的简单写法和完备生态，是一个优于 egg-react-ssr 的实现，二者写法基本一致，所以笔者推荐使用 Umi SSR。

7.5.4　Serverless 时代的渲染层

从 Beidou、Next.js、egg-react-ssr 到 Umi SSR，可以看出服务器端渲染是很重要的端侧渲染组成部分。但无论如何，React 服务器端渲染都是依赖 Node.js Web 应用的。

在 Serverless 时代，基于函数即服务（Functions as a Service，FaaS）进行 API 开发是非常简单的，原因如下。

- 无服务，不需要关注运维层面。
- 代码只与函数粒度相关，构建复杂度降低。
- 可扩展。

那么，在 FaaS 下如何实现渲染层呢？回答这个问题之前，我们要先了解 Serverless 时代的渲染层应具有哪些特点。

- 采用 Next.js 或 egg-react-ssr 写法，能实现客户端渲染和服务器端渲染的统一。
- 采用 Umi SSR 构建，生成独立的 umi.server.js 文件，可以基于任何 Node.js Web 框架完成服务器端渲染。
- 内置 Webpack 和 React，可以简化开发，只在构建时区分客户端渲染和服务器端渲染，与 CDN 搭档默契，实现优雅降级，保证稳定性。
- 结合 FaaS API，可以做好渲染集成。

下面演示 Serverless 下渲染层的实现原理。在 Serverless 云函数里，一般会有 serverless.yml 配置文件，如图 7-20 所示。

```yaml
# serverless.yml

service: serverless-nodejs-app

provider:
  name: aws
  runtime: nodejs8.10
  stage: dev
  region: eu-central-1

functions:
  app:
    handler: app.server # reference the file and exported method
    events: # events trigger lambda functions
      - http: # this is an API Gateway HTTP event trigger
          path: /
          method: ANY
          cors: true
      - http: # all routes get proxied to the Express router
          path: /{proxy+}
          method: ANY
          cors: true
```

图 7-20

通过这个配置，我们可以看出函数 app.server 对应的 http 请求路径是'/'，这个配置其实描述的就是路由信息。app.server 函数的具体实现如图 7-21 所示。

```javascript
module.exports = async function (ctx) {
  ctx.body = await ctx.ssrRender(ctx, 'Page', {
    serverJs: path.join(__dirname, './dist/Page.server.js')
  })
}
```

图 7-21

app.server 通过提供 ctx.ssrRender 方法，读取 dist 目录下的 Page.server.js，即可完成服务器端渲染，其中的核心要点如下。

- ssrRender 方法比较容易实现。
- 采用了类似 Umi SSR 的方式将源码打包到了 Page.server.js 文件中。
- 发布时需将 app.server 函数对应的文件和 Page.server.js 等文件上传到 Serverless 运行环境。

综上所述，我们大致可以推导出架构升级经历的 4 个阶段，如图 7-22 所示。

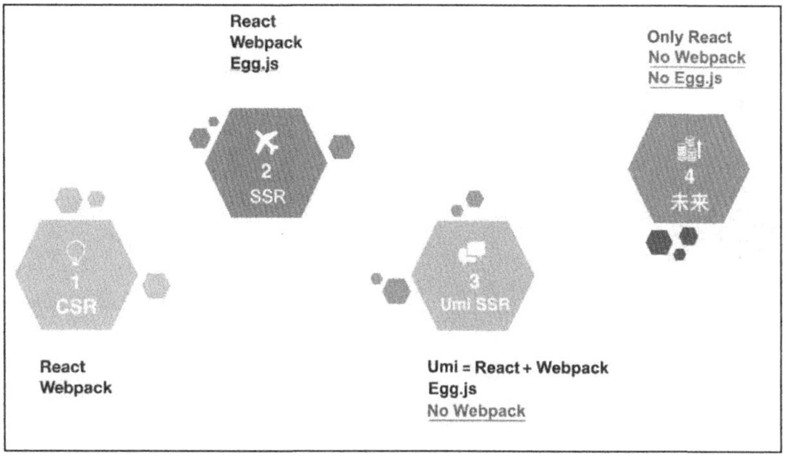

图 7-22

- 在客户端渲染（CSR）阶段，开发者需要关心 React 和 Webpack。
- 在服务器端渲染（SSR）阶段，开发者需要关心 React、Webpack 和 Egg.js。
- 在 Umi SSR 同构阶段，开发者需要关心 React 和 Egg.js，由于 Umi 内置了 Webpack，因此开发者基本不需要关注 Webpack。
- 在未来，开发者只需要关心 React，不需要关心 Webpack 和 Egg.js。

架构升级经历了 CSR、SSR 阶段，之后来到同构实践阶段。这种升级对开发者的要求越来越高，甚至要求开发者达到全栈水准。但所有经验和最佳实践一定会沉淀出更简单的开发方式，在未来的 Serverless 环境下，希望前端开发能更简单、更高效。

7.6 本章小结

通过本章的学习，你应该已经对模板引擎有了一定的了解，对于静态服务器，甚至是一些博客软件也有了一定的认识。本章以模板引擎为中心，进而扩展到 Vue、Webpack 工程化、前后端分离实践，相信能让你更容易理解 Node.js Web 应用和前端的开发思路。

如果你是一位前端技能不够优秀的 Node.js 工程师，可以试着从本章所讲的搭建网页开始，一边总结，一边实践，这是一个比较好的学习方式。在世俗的眼光里，Node.js 工程师不会前端技能和前端工程师不会 Node.js 一样会被笑话，但这不是坏事，而是让自己变强的动力，加油！

第 8 章

项目实战

多年来，nodeclub 一直是 Node.js 入门必学的源码级项目，原因很简单：代码量少，功能丰富，该有的模块和功能几乎都有，一直在线上运行，提交者大多是 CNode 社区的元老（苏千、朴灵、alsotang、题叶、死马、huacnlee、雷宗民等）。

本章将基于 egg-cnode 项目介绍实战的注意事项，讲解这种具有里程碑意义的实战型项目对于 Node.js 开发来说意义重大。

8.1 入门

上一版 nodeclub 源码运行起来非常简单，可是 egg-cnode 运行起来却没那么容易，这也反映出了开发方式的变革。下面就跟笔者一起来看看如何让 egg-cnode“跑”起来。

先把代码克隆到本地，然后安装依赖，命令如下。

```
$ git clone git@github.com:cnodejs/egg-cnode.git
$ cd egg-cnode
$ npm install
```

对于一般的 Node.js 项目，通过 npm start 或 npm run dev 命令就可以让代码直接运行起来，可是在 egg-conde 项目中不行，因为这个项目中使用了当下流行的容器 Docker。

8.1.1 Docker

Docker 是一个开源的应用容器引擎，可以让开发者将他们的应用及依赖打包到一个轻量级、可移植的容器中，然后发布到任何流行的 Linux 机器上，也可以实现虚拟化。它在构建和分发方面为开发者提供了足够多的便利，因此在云计算浪潮之中能如雨后春笋一样快速成长起来。

使用 Docker 后，开发流程变动很大，因为 Docker 可以构建镜像，而 Docker 镜像可以在本地执行，也可以被分发到服务器上执行。以本地开发为例，具体开发流程是这样的：先在源码里添加 Dockerfile 配置，然后提交到 GitLab 上，由 GitLab 的 Hook 触发 Jenkins 完成 CI 操作。在 CI 过程中，首先要进行代码风格校验、运行单元测试，然后进行打包构建、创建 Tag 并提交到 GitLab 上。此时 Tag 分支的代码是可以发布到线上环境的，当然，如果需要也可以进行灰度发布，做一个 A/B 测试。

基于 macOS 系统的 Docker 安装包中包含了在 macOS 系统上运行 Docker 时依赖的所有工具。下面就来介绍一下在 macOS 系统上预安装 Docker 时需要考虑的一些问题，以及在 macOS 系统上安装 Docker 的具体方法。

从官方网站下载 Docker 的社区版本（CE），然后拖曳图标进行安装即可，如图 8-1 所示。

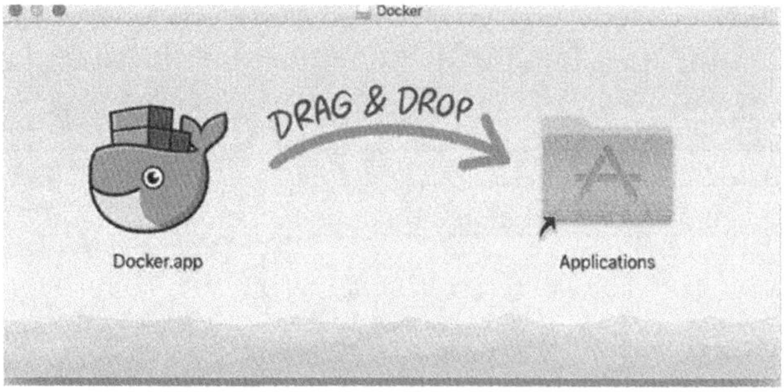

图 8-1

安装成功之后，点击图标启动程序，这时会在系统任务栏里出现一个 Docker 图标，如图 8-2 圈出的部分所示。

图 8-2

接下来就可以通过命令行工具完成日常开发了。想要用好 Docker，需要掌握以下的常用操作。

```
$ # 查看命令行帮助
$ docker-machine
$ # 创建 Docker Host
```

```
$ docker-machine create -d virtualbox dev
$ # 最常用的操作：启动
$ docker-machine start dev
$ # 查看 IP 地址
$ docker-machine ip dev
$ # 查看环境变量
$ docker-machine env dev
$ # 设置环境变量
$ eval "$(docker-machine env dev)"
```

接下来看一下 egg-cnode 中的 Dockerfile 文件。首先指定 Docker 镜像 node:8.9.4-alpine，之所以采用 Alpine Linux Docker 镜像，是因为它的体积非常小（只有 5MB），而且拥有非常友好的包管理器。然后创建工作目录，这里面包括指定工作目录、安装依赖模块等。接着处理静态资源，最后指定对外暴露的端口，启动服务器。这里为了方便大家学习，给 Dockerfile 里的每个步骤都加了注释，具体如下。

```
# 步骤 1：指定 Docker 镜像，非常小巧
FROM node:8.9.4-alpine

# 步骤 2：创建工作目录
RUN mkdir -p /usr/src/app

# 指定工作目录
WORKDIR /usr/src/app

# 复制文件
COPY package.json /usr/src/app/

# 安装依赖模块（限于产品模式下）
RUN npm i --production

# 切换 npm 源，和使用 nvm use taobao 是一样的
# RUN npm i --production --registry=https://registry.npm.taobao.org

# 将源码复制到指定目录
COPY . /usr/src/app

# 步骤 3：执行 npm run assets 命令，处理静态资源
RUN npm run assets

# 步骤 4：指定对外暴露的端口
EXPOSE 7001

# 执行 npm run docker 启动服务器
CMD npm run docker
```

8.1.2 Docker Compose

使用 Docker 的原因是 egg-cnode 依赖 Redis 和 MongoDB，对于开发者来说，在本地安装 Redis 和 MongoDB 没问题，但每个应用都可能依赖它们，那该如何更好地管理它们呢？答案是通过 Docker Compose。Docker Compose 可以分别启动多个虚拟机示例，Redis 是独立服务，MongoDB 也是独立服务，这样管理起来就简单多了。Docker Compose 的常用命令如下。

```
$ # 查看命令行帮助
$ docker-compose
$ # 创建
$ docker-compose build
$ # 启动服务，特点是常驻前台
$ docker-compose up
$ # 也可以通过 start 启动服务，特点是常驻后台
$ docker-compose start
$ # 停止服务
$ docker-compose stop
$ # 输出日志
$ docker-compose logs
```

egg-conde 源码中有两个文件与 docker-compose 命令相关，分别是 docker-compose.dev.yml 和 docker-compose.yml。根据名字大致可以猜出，一个是在开发环境中使用的，一个是在产品环境中使用的，事实上也确实如此。

在开发环境下定义服务要简单一些，代码如下。

```
version: '3'
services:
  redis:
    image: redis:3.2-alpine
    command: redis-server --appendonly yes --requirepass egg_cnode
    volumes:
      - egg-redis:/data
    networks:
      - docker_cnode
    ports:
      - 6379:6379

  mongodb:
    image: mongo:3.2
    restart: always
    environment:
      - MONGO_INITDB_ROOT_USERNAME=root
      - MONGO_INITDB_ROOT_PASSWORD=mongodb
      - MONGO_INITDB_DATABASE=egg_cnode
```

```
    volumes:
      - egg-mongo:/data/db
      - ./init.d/mongo/:/docker-entrypoint-initdb.d/
    networks:
      - docker_cnode
    ports:
      - 27017:27017

volumes:
  egg-mongo:
  egg-redis:

networks:
  docker_cnode:
    driver: bridge
```

以上代码通过 services 定义了 Redis 服务和 MongoDB 服务。除了指定硬盘，还指定了网络为 Bridge 模式。Bridge 是 Docker 默认的网络设置，此模式会为每一个容器分配 Namespace，设置 IP 地址，并将一个主机上的 Docker 容器连接到一个虚拟网桥上。

接下来，我们通过 docker-compose 命令来启动组合服务，代码如下。

```
$ [sudo] docker-compose -f docker-compose.dev.yml up
```

至此，我们需要的 Redis 服务和 MongoDB 服务就启动了，不需要本机安装就可以搞定。很大程度上来说，Docker Compose 为开发者提供了极大的便利。如果 Node.js 项目比较大、依赖的模块较多、改动比较频繁，我们可以不创建 Node.js 项目本身的 Docker 容器，只创建其他服务即可。

8.1.3 环境变量

正常情况下，执行上面的命令是可以启动服务的，但 egg-cnode 项目里又增加了一些配置，导致了鉴权报错，具体如下。

```
$ npm run dev

> cnode@1.0.0 dev /Users/youku/workspace/github/egg-cnode
> egg-bin dev

2018-06-25 10:44:54,952 INFO 33271 [master] node version v8.9.4
2018-06-25 10:44:54,956 INFO 33271 [master] egg version 2.9.1
2018-06-25 10:44:55,639 INFO 33271 [master] agent_worker#1:33272 started (679ms)
2018-06-25 10:44:57,827 ERROR 33273 nodejs.ReplyError: NOAUTH Authentication required.
    at JavascriptRedisParser.returnError (/Users/youku/workspace/github/egg-cnode/node
```

```
_modules/ioredis/lib/redis/parser.js:24:25)
    at JavascriptRedisParser.execute (/Users/youku/workspace/github/egg-cnode/node_mod
ules/redis-parser/lib/parser.js:572:12)
    at Socket.<anonymous> (/Users/youku/workspace/github/egg-cnode/node_modules/ioredi
s/lib/redis/event_handler.js:107:22)
    at emitOne (events.js:116:13)
    at Socket.emit (events.js:211:7)
    at addChunk (_stream_readable.js:263:12)
    at readableAddChunk (_stream_readable.js:250:11)
    at Socket.Readable.push (_stream_readable.js:208:10)
    at TCP.onread (net.js:594:20)
From previous event:
    at Command.initPromise (/Users/youku/workspace/github/egg-cnode/node_modules/iored
is/lib/command.js:63:18)
    at new Command (/Users/youku/workspace/github/egg-cnode/node_modules/ioredis/lib/c
ommand.js:51:8)
    at Redis.info (/Users/youku/workspace/github/egg-cnode/node_modules/ioredis/lib/co
mmander.js:131:29)
    at Redis._readyCheck (/Users/youku/workspace/github/egg-cnode/node_modules/ioredis
/lib/redis.js:410:8)
    at Socket.<anonymous> (/Users/youku/workspace/github/egg-cnode/node_modules/ioredi
s/lib/redis/event_handler.js:42:12)
    at Object.onceWrapper (events.js:313:30)
    at emitNone (events.js:111:20)
    at Socket.emit (events.js:208:7)
    at TCPConnectWrap.afterConnect [as oncomplete] (net.js:1169:10)
name: 'ReplyError'
message: 'NOAUTH Authentication required.'
command: { name: 'info', args: [] }
pid: 33273
hostname: YOUKUdeMacBook-Pro-5.local
```

很明显，NOAUTH Authentication required 是与 Redis 授权相关的问题。如果大家细看 tutorials/Docker.md，会发现其中有一步是设置环境变量的，如下。

```
$ export EGG_REDIS_PASSWORD=egg_cnode
$ export EGG_MONGODB_URL=mongodb://egg_cnode:egg_cnode@127.0.0.1:27017/egg_cnode
$ export EGG_PASSPORT_GITHUB_CLIENT_ID=${id}
$ export EGG_PASSPORT_GITHUB_CLIENT_SECRET=${secret}

$ npm i
$ npm run dev
```

注意这里的 EGG_REDIS_PASSWORD 环境变量是 Redis 密码，EGG_MONGODB_URL 是 MongoDB 的连接信息。先抛开 EGG_PASSPORT_GITHUB*信息，让我们看一下设置的这些环境变量是在哪里使用的。

```
$ ack EGG_REDIS_PASSWORD
config/config.default.js
109:     password: process.env.EGG_REDIS_PASSWORD || '',

docker-compose.yml
16:     - EGG_REDIS_PASSWORD=egg_cnode

tutorials/Docker.md
76:export EGG_REDIS_PASSWORD=egg_cnode
```

在 Egg 默认的 config/config.default.js 配置文件里，有如下代码。

```
// database
 config.redis = {
   client: {
     host: process.env.EGG_REDIS_HOST || '127.0.0.1',
     port: process.env.EGG_REDIS_PORT || 6379,
     password: process.env.EGG_REDIS_PASSWORD || '',
     db: process.env.EGG_REDIS_DB || '0',
   },
 };
```

通过环境变量进行自定义配置，这是常见的手法。继续深挖，在 docker-compose.dev.yml 文件里，配置 Redis 服务时指定了密码，代码如下。

```
services:
  redis:
    image: redis:3.2-alpine
    command: redis-server --appendonly yes --requirepass egg_cnode
    volumes:
      - egg-redis:/data
    networks:
      - docker_cnode
    ports:
      - 6379:6379
```

Redis 的启动命令 command 里强制指定了密码，即--requirepass egg_cnode，所以我们之前的鉴权会报错。

在实际应用中，我们只要指定好环境变量即可，定义 MongoDB 的操作与此同理，大家按照上面的思路自行实践一下吧！对于很多不熟悉的项目，都要经历类似的探索过程才能熟练掌握。

8.1.4　启动服务器

对于 egg-cnode 项目来说，通过环境变量完成必要的配置后，还需要两个步骤才能启动服务，说明如下。

```
// 通过环境变量完成必要配置
$ export EGG_REDIS_PASSWORD=egg_cnode
$ export EGG_MONGODB_URL=mongodb://egg_cnode:egg_cnode@127.0.0.1:27017/egg_cnode

// 第一步，启动 Redis 和 MongoDB 服务
$ docker-compose -f docker-compose.dev.yml up

// 第二步，启动 Egg 服务器
$ npm run dev
```

在浏览器中打开 http://127.0.0.1:7001，若能看到如图 8-3 所示的界面，即表示服务器已正常启动。

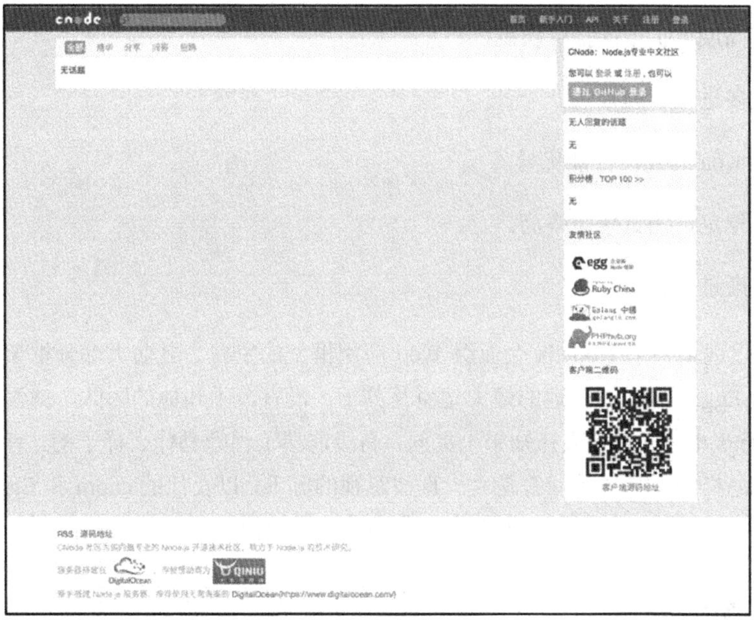

图 8-3

8.2　Egg.js 框架

自从 Node.js 问世以来，阿里巴巴就紧密跟进 Node.js 项目。2011 年，阿里巴巴首次将 Node.js

应用在实际生产环节，并将 Node.js 在公司内大范围推广开来。2016 年，阿里巴巴研发了知名的 Egg.js 开源项目，号称为企业级 Web 框架。2017 年，阿里巴巴内部已有超过 1000 个 Node.js 应用，其中包括一些大型项目（有 500 人以上参与），规模相当大。

Egg.js 官方文档称，Egg.js 最初依托于蚂蚁金服的内部 Node.js 框架 Chair 而形成，为了更好地服务蚂蚁金服和阿里巴巴全集团的业务线，Chair 底层的核心代码被抽离出来并开源，形成了 Egg.js。所以它是阿里巴巴和蚂蚁金服以虚拟工作组的方式合作推出的。

目前，Egg.js 已经是一个很成熟的开源项目了，有很多优秀的开发者一起帮忙维护。可以看到 Egg.js 主仓库已经有超过 100 个贡献者了，贡献者间的协作方式以远程交流为主，所有的重大新功能都会在 GitHub 上进行讨论，代码变更也会由多方审查后再合并。

Egg.js 的优点是非常多的，官方文档中写得非常清楚，具体如下。

- 提供基于 Egg.js 定制上层框架的能力。
- 具有高度可扩展的插件机制。
- 内置多进程管理模块。
- 基于 Koa 开发，性能优异。
- 框架稳定，测试覆盖率高。
- 支持渐进式开发。

Egg.js 的出现填补了 Node.js 企业级 Web 应用框架的空白。之前大部分框架都缺少企业级的认证。推动 Egg.js 开源并落地的最大功臣是苏千，没有苏千和他的团队，就没有统一阿里巴巴内部的 Node.js 框架。曾有人在知乎上提问：高级前端工程师是什么样子的，有多厉害？他们的职业规划是怎样的？笔者的回答是“一直被忽视的苏千，以及他的 cnpm 和 Egg.js。”希望各位开发者在使用如此棒的 Egg.js 时不要忘了辛苦付出的贡献者。

8.2.1 使用脚手架

推荐直接使用脚手架，只需几条简单指令即可快速生成项目，代码以下。

```
$ npm i egg-init -g
/Users/i5ting/.nvm/versions/node/v8.9.4/bin/egg-init -> /Users/i5ting/.nvm/versions/n
ode/v8.9.4/lib/node_modules/egg-init/bin/egg-init.js
```

```
+ egg-init@1.14.0
added 275 packages in 14.036s
```

通过 egg-init 生成项目样板的代码如下。

```
$ egg-init egg-example --type=simple
[egg-init] use registry: https://registry.npm.taobao.org
[egg-init] target dir is /Users/i5ting/workspace/github/egg-example
[egg-init] fetching npm info of egg-init-config
[egg-init] use boilerplate: simple(egg-boilerplate-simple)
[egg-init] fetching npm info of egg-boilerplate-simple
[egg-init] downloading http://registry.npm.taobao.org/egg-boilerplate-simple/download
/egg-boilerplate-simple-3.1.2.tgz
[egg-init] extract to /var/folders/4_/4bms25kx4vvctnskjlz6cjvr0000gn/T/egg-init-boiler
plate
[egg-init] collecting boilerplate config...
? project name example
? project description
? project author
? cookie security keys 1529911464466_8576
[egg-init] write to /Users/i5ting/workspace/github/egg-example/.gitignore
[egg-init] write to /Users/i5ting/workspace/github/egg-example/package.json
[egg-init] write to /Users/i5ting/workspace/github/egg-example/.autod.conf.js
[egg-init] write to /Users/i5ting/workspace/github/egg-example/.eslintignore
[egg-init] write to /Users/i5ting/workspace/github/egg-example/.eslintrc
[egg-init] write to /Users/i5ting/workspace/github/egg-example/app/controller/home.js
[egg-init] write to /Users/i5ting/workspace/github/egg-example/app/router.js
[egg-init] write to /Users/i5ting/workspace/github/egg-example/config/config.default.j
s
[egg-init] write to /Users/i5ting/workspace/github/egg-example/config/plugin.js
[egg-init] write to /Users/i5ting/workspace/github/egg-example/README.md
[egg-init] write to /Users/i5ting/workspace/github/egg-example/README.zh-CN.md
[egg-init] write to /Users/i5ting/workspace/github/egg-example/test/app/controller/hom
e.test.js
[egg-init] usage:
      - cd /Users/i5ting/workspace/github/egg-example
      - npm install
      - npm start / npm run dev / npm test
```

经过以上两步，一个简单的项目就生成了，是不是非常容易学会？

8.2.2　目录说明

Egg.js 奉行“约定优于配置”的原则，即按照一套统一的约定进行应用开发。团队内部采用这种方式可以降低开发人员的学习成本，开发人员不再是“钉子”，而可以流动起来。在没有统一约定的团队中，成员间沟通的成本是非常高的。比如有人会按目录分栈，而其他人可能按目录分功能，开发者认知不一将很容易犯错。但约定不等于扩展性差，相反，Egg.js 有很强的扩展性，可以按照团队的约定定制框架。另外，使用 Loader 可以让框架根据不同环境定义默认配置，还可以覆盖 Egg.js 的默认约定。

约定优于配置最早是 Ruby on Rails 提出来的概念，所以后面的 Web 框架大都借鉴了这个套路。Sails 是和 Egg.js 一样奉行约定优于配置理念的框架，扩展性也非常强。但是与 Egg.js 相比，Sails 能直接提供 Blueprint RESTful API、WaterLine 这样可扩展的 ORM、前端集成、WebSocket，而 Egg.js 不直接提供功能，只能集成 egg-blueprint、egg-waterline 等功能插件，然后使用 sails- egg 框架整合这些插件来替代 Sails。

这里我们还以上面生成脚手架的代码为例，看一下具体的目录。

```
$ tree .
.
├── README.md
├── README.zh-CN.md
├── app
│   ├── controller
│   │   └── home.js
│   └── router.js
├── config
│   ├── config.default.js
│   └── plugin.js
├── package.json
└── test
    └── app
        └── controller
            └── home.test.js

6 directories, 8 files
```

关于以上目录，说明如下。

- app 目录是核心代码目录，一般开发时只关心此目录。
- test 是单元测试目录。
- config 是配置文件目录。

这和 RoR 几乎是一模一样的。如果熟悉 RoR 框架，应该非常容易理解。当然除了显式文件，还有隐藏文件，也一定不能忽略。下面看一下示例代码中有哪些文件（注意，执行 ls –a 可以列出所有文件，包括隐藏文件）。

```
$ ls -alt
total 56
drwxr-xr-x  12 i5ting  staff   408  6 25 15:24 .
-rw-r--r--   1 i5ting  staff   395  6 25 15:24 .autod.conf.js
-rw-r--r--   1 i5ting  staff     9  6 25 15:24 .eslintignore
-rw-r--r--   1 i5ting  staff    37  6 25 15:24 .eslintrc
-rw-r--r--   1 i5ting  staff   121  6 25 15:24 .gitignore
-rw-r--r--   1 i5ting  staff   474  6 25 15:24 README.md
-rw-r--r--   1 i5ting  staff   815  6 25 15:24 README.zh-CN.md
drwxr-xr-x   4 i5ting  staff   136  6 25 15:24 app
drwxr-xr-x   4 i5ting  staff   136  6 25 15:24 config
-rw-r--r--   1 i5ting  staff   991  6 25 15:24 package.json
drwxr-xr-x   3 i5ting  staff   102  6 25 15:24 test
drwxr-xr-x  80 i5ting  staff  2720  6 25 15:24 ..
```

这里的隐藏文件有 4 个，具体如下。

- .autod.conf.js：autod 配置。
- .eslintignore：eslint 配置。
- .eslintrc：eslint 配置。
- .gitignore：Git 忽略文件配置。

大家可能不太熟悉 autod，autod 是死马[1]编写的工具，主要用于自动分析项目中所有的文件、获取所有的项目依赖和版本信息。它是 Node.js 二进制模块，可以根据我们传递的一些选项和参数来直接更新 package.json 文件，是一种比较方便管理模块依赖的工具。

除了.autod.conf.js 文件，package.json 里也有 autod 和 autod-egg 模块，位于 devDependencies 依赖里。下面来看一下.autod.conf.js 文件里的 autod 的具体配置。

```
'use strict';

module.exports = {
  write: true,
  prefix: '^',
  plugin: 'autod-egg',
  test: [
    'test',
    'benchmark',
  ],
  dep: [
```

1 死马，网名 dead-horse，知名 Node.js 技术专家，著有文章《Node.js 项目的依赖管理》。

```
    'egg',
    'egg-scripts',
  ],
  devdep: [
    'egg-ci',
    'egg-bin',
    'egg-mock',
    'autod',
    'autod-egg',
    'eslint',
    'eslint-config-egg',
    'webstorm-disable-index',
  ],
  exclude: [
    './test/fixtures',
    './dist',
  ],
};
```

要想了解更多内容，可以参见死马的文章《Node.js 项目的依赖管理》。

另外，执行完 npm i 命令之后会生成.travis.yml 文件，并为 WebStorm 生成.idea 目录。代码如下。

```
$ npm i
> fsevents@1.2.4 install /Users/youku/workspace/github/egg-example/node_modules/fseven
ts
> node install
[fsevents] Success: "/Users/youku/workspace/github/egg-example/node_modules/fsevents/
lib/binding/Release/node-v57-darwin-x64/fse.node" already installed
Pass --update-binary to reinstall or --build-from-source to recompile
> nunjucks@3.1.3 postinstall /Users/youku/workspace/github/egg-example/node_modules/nu
njucks
> node postinstall-build.js src
> egg-ci@1.8.0 postinstall /Users/youku/workspace/github/egg-example/node_modules/egg-
ci
> node install.js
[egg-ci] create /Users/youku/workspace/github/egg-example/.travis.yml success
[egg-ci] create /Users/youku/workspace/github/egg-example/appveyor.yml success
> webstorm-disable-index@1.2.0 postinstall /Users/youku/workspace/github/egg-example/n
ode_modules/webstorm-disable-index
> node bin/webstorm-disable-index.js
[webstorm-disable-index] /Users/youku/workspace/github/egg-example/node_modules/webst
orm-disable-index
[webstorm-disable-index] write files at /Users/youku/workspace/github/egg-example/
[webstorm-disable-index] write to modules.xml
[webstorm-disable-index] write to jsLibraryMappings.xml
[webstorm-disable-index] write to misc.xml
```

```
[webstorm-disable-index] write to egg-example.iml
npm WARN co-mocha@1.2.2 requires a peer of mocha@>=1.18 <6 but none is installed. You m
ust install peer dependencies yourself.

added 1311 packages in 34.436s
```

8.2.3　启动服务器

执行以下命令启动项目。

```
$ npm run dev
```

在浏览器中打开 http://127.0.0.1:7001，如图 8-4 所示。

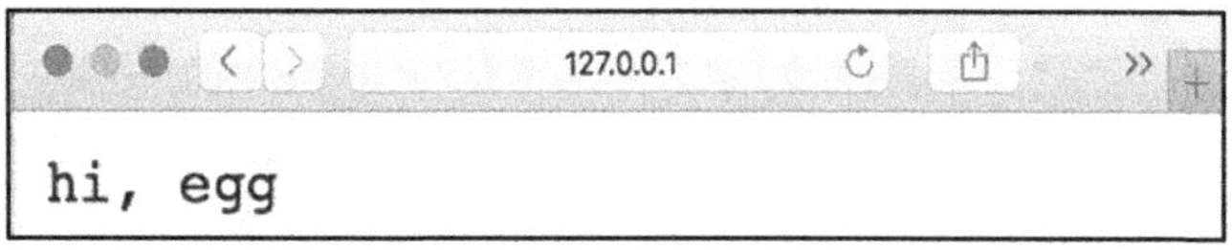

图 8-4

package.json 里的 scripts 定义如下。

```
"scripts": {
  "start": "egg-scripts start --daemon --title=egg-server-example",
  "stop": "egg-scripts stop --title=egg-server-example",
  "dev": "egg-bin dev",
  "debug": "egg-bin debug",
  "test": "npm run lint -- --fix && npm run test-local",
  "test-local": "egg-bin test",
  "cov": "egg-bin cov",
  "lint": "eslint .",
  "ci": "npm run lint && npm run cov",
  "autod": "autod"
},
```

scripts 大致可以分为以下 3 类。

- 线上环境：通过 egg-scripts 实现。
- 调试和开发环境：通过 egg-bin 实现。
- 其他环境。

简单理解，egg-scripts 其实就是 Egg.js 项目的发布工具，是和 pm2 类似的一种实现，该工具中有两个命令可用，分别是 egg-scripts 和 eggctl。从字面上大概可以猜到，eggctl 和 Linux 下的*ctl 命令类似，用法也很像，示例如下。

```
$ eggctl start [options] [baseDir]
# Usage
# eggctl start --port=7001
# eggctl start ./server
```

注意，egg-scripts 工具是不支持 Windows 操作系统的。除了 egg-scripts，另外一个比较重要的工具是 egg-bin，它主要是用来解决调试问题的，其核心是 inspector-proxy 库。

下面两种写法是完全等价的，由于 Egg.js 基于 Node.js 8 以上版本，所以直接通过 inspect 调试协议进行了简单封装，如下所示。

```
# Node.js 内置调试
$ node --inspect ./test.js

# 通过 inspector-proxy 调试
$ inspector-proxy --proxy=9228
```

以 Egg.js 框架源码里的 debug 代码为例，看一下 Egg.js 中的调试原理，如下。

```
  // 启动 Egg.js
   const child = cp.fork(this.serverBin, eggArgs, options);

   // 启动调试代理
   const proxy = new InspectorProxy({ port: proxyPort });
   // 代理到新的 worker 上
   child.on('message', msg => {
     if (msg && msg.action === 'debug' && msg.from === 'app') {
       const { debugPort, pid } = msg.data;
       debug('recieve new worker#${pid} debugPort: ${debugPort}');
       proxy.start({ debugPort }).then(() => {
         // 不在 VSCode 和 WebStorm 上打印日志
         if (!process.env.VSCODE_CLI && !process.env.NODE_DEBUG_OPTION) {
           console.log(chalk.yellow('Debug Proxy online, now you could attach to ${prox
yPort} without worry about reload.'));
           if (newDebugger) console.log(chalk.yellow('DevTools → ${proxy.url}'));
         }
       });
     }
   });

   child.on('exit', () => proxy.end());
```

对于启动服务器来说，使用 egg-scripts 和 egg-bin 可以简化流程，但却总感觉“隔”着什么，没有使用 pm2 的那种感觉。但这其实也无所谓，毕竟使用起来还是比较简单的。

8.2.4 代码结构

在图 8-4 中，index 页面返回的是"hi, egg"，你知道它是怎样返回流程的吗？本节来为大家揭晓。首先看一下 app 目录下的文件。

```
$ tree app
app
├── controller
│   └── home.js
├── public
└── router.js

2 directories, 2 files
```

app 目录中不包含 koa-generator 里的 bin 目录，也不包含 app.js，但包含 router.js。通过 router.js 这个名字可以很明显看出，它是定义路由的文件，其内容如下。

```
'use strict';

/**
 * @param {Egg.Application} app - egg application
 */
module.exports = app => {
  const { router, controller } = app;

  // 定义路由，path='/'
  router.get('/', controller.home.index);
};
```

这里定义了一个 get 请求，路径是'/'。在 Egg.js 约定里，这个请求是由 controller/home.js 里的 index 函数来处理的。

再来看一下 home.js，它继承自 Egg.js 的控制器。在 index 函数里，可以通过 this.ctx 完成对应的操作，代码如下。

```
'use strict';

const Controller = require('egg').Controller;

class HomeController extends Controller {
  async index() {
    this.ctx.body = 'hi, egg';
  }
}

module.exports = HomeController;
```

Egg.js 继承自 Koa，是更高层面的 Web 框架。参考 Koa 中间件的定义，对比着理解 Egg.js 的控制器会更容易一些，下面是 Koa 的中间件写法。

```
app.use(async index(ctx, next) {
  ctx.body = 'hi, egg';
})
```

Koa 直接将 ctx 绑定到控制器上，变成控制器的上下文，进而简化了中间件。很明显，这是最简单的做法。

那么你一定会好奇，controller.home.index 被解读为 controller/home.js 里的 index 函数，它是怎么执行逐级查找的呢？来查看一下 egg-core 源码，从中找寻答案。如下。

```
/**
   * Load app/controller
   * @param {Object} opt - LoaderOptions
   * @since 1.0.0
   */
  loadController(opt) {
    this.timing.start('Load Controller');
    opt = Object.assign({
      caseStyle: 'lower',
      directory: path.join(this.options.baseDir, 'app/controller'),
      initializer: (obj, opt) => {
        if (is.function(obj) && !is.generatorFunction(obj) && !is.class(obj) && !is.asyn
cFunction(obj)) {
          obj = obj(this.app);
        }
        if (is.class(obj)) {
          obj.prototype.pathName = opt.pathName;
          obj.prototype.fullPath = opt.path;
          return wrapClass(obj);
        }
        if (is.object(obj)) {
          return wrapObject(obj, opt.path);
        }

        if (is.generatorFunction(obj) || is.asyncFunction(obj)) {
          return wrapObject({ 'module.exports': obj }, opt.path)['module.exports'];
        }
        return obj;
      },
    }, opt);
    const controllerBase = opt.directory;

    this.loadToApp(controllerBase, 'controller', opt);
```

```
    this.options.logger.info('[egg:loader] Controller loaded: %s', controllerBase);
    this.timing.end('Load Controller');
  },
```

以上代码说明 caseStyle 是文件的转换规则，可选项为 camel、upper、lower，默认为 camel。三者都会将文件名转换成驼峰形式，但是对于首字母的处理有所不同，在加载不同文件时配置也不同。

接下来提取 controller/home.js 的元信息，将元信息包装成对象或类，核心实现在 wrapObject 和 wrapClass 中。下面看一下 wrapObject 函数的代码。

```
function wrapObject(obj, path, prefix) {
  const keys = Object.keys(obj);
  const ret = {};
  for (const key of keys) {
    if (is.function(obj[key])) {
      const names = utility.getParamNames(obj[key]);
      if (names[0] === 'next') {
        throw new Error('controller \'${prefix || ''}${key}\' should not use next as arg
ument from file ${path}');
      }
      ret[key] = functionToMiddleware(obj[key]);
      ret[key][FULLPATH] = '${path}#${prefix || ''}${key}()';
    } else if (is.object(obj[key])) {
      ret[key] = wrapObject(obj[key], path, '${prefix || ''}${key}.');
    }
  }
  return ret;

  function functionToMiddleware(func) {
    const objectControllerMiddleware = async function(...args) {
      if (!this.app.config.controller || !this.app.config.controller.supportParams) {
        args = [ this ];
      }
      return await utils.callFn(func, args, this);
    };
    for (const key in func) {
      objectControllerMiddleware[key] = func[key];
    }
    return objectControllerMiddleware;
  }
}
```

wrapObject 通过 functionToMiddleware 将函数转换成了 Koa 中间件，这就是前面讲的 this.ctx 的来源。

最后我们要通过 loadToApp 函数把控制器挂载到 this.app 上，代码如下。

```
loadToApp(directory, property, opt) {
    const target = this.app[property] = {};
    opt = Object.assign({}, {
     directory,
     target,
     inject: this.app,
    }, opt);

    const timingKey = 'Load "${String(property)}" to Application';
    this.timing.start(timingKey);
    new FileLoader(opt).load();
    this.timing.end(timingKey);
}
```

这里将 Controller 赋值给了 this.app，于是 app.controller.home.index 逐级查找的过程就完成了。整个设计还是比较有意思的，类的层级设计也比较合理，大家可以学习一下。

8.2.5　内置对象

正常情况下，内置对象或配置是我们最常用的，一个内置对象描述了一个请求的生命周期，它在一个 Controller 对象的上下文中可以被访问。下面是 Egg.js 里常见的上下文对象。

- Application：一个应用只实例化一个 Application，它的上面可以挂载一些全局方法或属性。
- Context：请求级别对象，在一个请求的生命周期内，框架会实例化一个 Context 对象，这个对象封装了这次请求的所有信息
- Request：提供了一系列的方法来获取 HTTP 的信息。
- Response：提供了一系列的方法来设置 HTTP 的信息。由于 Egg.js 也是基于 Koa 来进行封装的，所以洋葱模型能支持的特性，在 Egg.js 中也能被支持。Koa 的设计思路是为中间件提供一系列的语法糖，进而增强其互用性和健壮性。但有时候中间件并不能提供所有的能力，在此情况下 Egg.js 提供的插件机制很好地解决了这个问题。除了与请求相关的对象，Egg.js 对开发模型也进行了封装。
- Controller：Egg.js 提供了一个 Controller 基类，并且约定将其放置在 app/controller 目录下，这一层主要对用户请求参数进行处理，Controller 的上下文中挂载了很多有用的对象，因此推荐所有 Controller 都继承该基类。

- Service：Egg.js 提供了一个 Service 基类，并且约定将其放置在 app/service 目录下，这一层主要用于在复杂业务场景下对逻辑进行封装，推荐所有 Service 都继承该基类。
- Helper：用来提供一些实用函数，可以将一些常用的动作抽象为 helper.js 里面的一个独立函数。Helper 跟 Controller 基类有一样的属性，也会在每次请求时被实例化。
- Config：所有框架、插件和应用级别的配置都可以通过 Config 对象获取到。
- Logger：日志。

Egg.js 框架提供了强大的可扩展的配置功能，可以自动合并插件、应用、框架的配置，并且按顺序覆盖。这是一个很有用的功能，通过这个功能可以更好地配置 Web 应用。除此之外，Egg.js 中还有很多约定，具体如下。

- 约定将一个中间件放置在 app/middleware 目录下，如果想将它用在整个 Web 应用中，就需要在 config.xxx.js 文件中进行配置。如果仅仅是应用在请求级别，那么在具体的路由上进行配置即可。
- 约定将请求 URL 和具体承担执行动作的 Controller 等路由配置信息放在 app/router.js 中。
- 约定将一些需要定时处理的任务放置在 app/schedule 目录下。
- 约定将测试文件放置在 app/test 目录下。

在框架使用过程中，安全性很重要。Egg.js 总结了阿里巴巴的很多经验，针对 Web 端常见的安全风险内置了丰富的解决方案。下面是 Egg.js 支持的与安全相关的特性。

- 利用 extend 机制扩展了 Helper API，提供了各种模板过滤函数，防止钓鱼或 XSS 攻击。
- 支持常见的 Web 安全头，可以针对某一路径开启或忽略安全校验。
- 制定了 CSRF 的防御方案。
- 安全配置灵活，可以匹配不同的请求 URL。
- 具有可定制的白名单，用于安全跳转和 URL 过滤。
- 具有各种与模板相关的工具函数，可进行预处理。
- 内置了安全插件 egg-security，提供了默认的安全实践。

8.2.6 代码调试

了解了上面的内容，就可以进行基本开发了。可是，如果想调试呢？没有与 koa-generator 类似的结构，连断点入口怎么找都不知道。

在项目中，npm run debug 其实是 egg-bin debug。而 egg-bin debug 的核心在于 inspector-proxy，也就是说可以通过 egg-bin debug 启动调试进程。另外，为了能在项目开始启动时设置断点，需要在命令行里增加--和--inspect-brk 参数，这样就可以将--inspect-brk 传入 node inspect。

了解原理后，我们发现其实调试也是非常简单的：先通过 npm run debug 启动调试进程，然后在 VScode 中以 attach 附加到进程的方式就可以完成调试。

首先，我们需要在 launch.json 中进行如下配置。

```
{
  // 使用 IntelliSense 了解相关属性
  // 悬停以查看现有属性的描述

  "version": "0.2.0",
  "configurations": [
      {
        "type": "node",
        "request": "launch",
        "name": "Egg Debug",
        "runtimeExecutable": "npm",
        "runtimeArgs": [
          "run",
          "debug",
          "--",
          "--inspect-brk"
        ],
        "console": "integratedTerminal",
        "restart": true,
        "protocol": "auto",
        "port": 9229,
        "autoAttachChildProcesses": true
      },
      {
        "type": "node",
        "request": "launch",
        "name": "启动程序",
        "program": "${workspaceFolder}/--title=egg-server-example"
      }
  ]
}
```

然后在调试模式下选择 Egg Debug，即可开始调试，如图 8-5 所示。

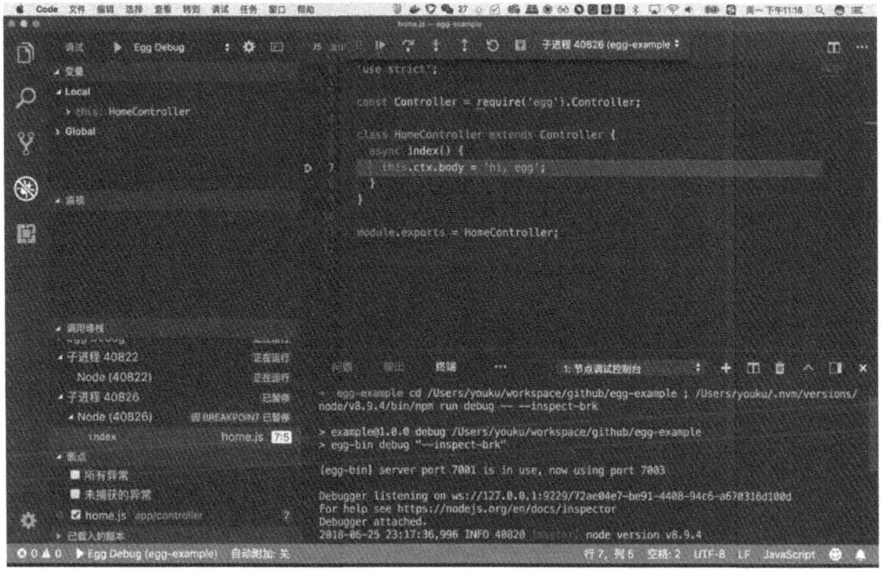

图 8-5

8.2.7　插件扩展机制

插件机制是 Egg.js 框架的一大特色，它不但可以保证框架足够精简、稳定、高效，还可以促进业务逻辑的复用和完善生态圈的形成。

Egg.js 官方文档上说，一个 Egg.js 插件其实就是一个"迷你的应用"，和应用几乎一样。插件包含了 Service、中间件、配置、框架扩展等。

插件和应用的关系有以下几种。

- 应用可以直接引入 Koa 的中间件。
- 插件本身可以包含中间件。
- 多个插件可以被包装为一个上层框架。

插件一般通过 npm 模块进行复用，方法如下。

```
$ npm i egg-mysql --save
{
  "dependencies": {
```

```
    "egg-mysql": "^3.0.0"
  }
}
```

然后需要在应用或框架的 config/plugin.js 中进行以下声明。

```
// config/plugin.js
// 使用 mysql 插件
exports.mysql = {
  enable: true,
  package: 'egg-mysql',
};
```

接着就可以直接使用插件来实现各种功能了，比如 MySQL 数据库查询，示例如下。

```
app.mysql.query(sql, values);
```

插件之间的加载顺序由依赖关系决定，被依赖方先加载，无依赖按 object key 配置顺序加载，这是极为方便的。要想开发 Node.js Web 应用，强烈推荐大家使用 Egg.js，这是一个很值得学习的 Web 基础框架。

8.3 egg-cnode 源码

掌握了 Egg.js 的基本用法后，再来阅读 egg-cnode 源码会更容易理解一些。学习时，遇到一个不会的问题很容易攻破，如果有多个不理解的问题就很容易迷茫。所以笔者一直强调，学习还是要遵循渐进式原则，切不可过于贪多急躁。

8.3.1 目录约定

Egg.js 提供了一个命令行工具来初始化工程，根据官方网站提供的信息，我们可以看见整个工程的分布情况，每一个目录都是有明确意义的。

经典 Egg.js 的目录结构如下。

```
├── package.json     // 用于定义项目所需要的各种模块及配置信息（名称、版本等）
├── app.js（可选）    // 用于自定义初始化工作，只能返回一个函数 beforeStart
├── agent.js（可选）  // 与 app.js 类似
├── app
|   ├── router.js    // 用于配置 URL 路由规则
|   ├── controller   // 用于对请求参数进行处理，调用 service 方法处理业务
|   |   └── home.js
|   ├── service（可选） // 用于处理复杂数据，调用第三方服务
```

```
│   │   └── user.js
│   ├── middleware（可选） // 用于编写中间件
│   │   └── response_time.js
│   ├── schedule（可选） // 用于编写定时任务
│   │   └── my_task.js
│   ├── public（可选） // 用于存放静态资源
│   │   └── reset.css
│   ├── view（可选） // 用于存放模板文件
│   │   └── home.tpl
│   └── extend（可选） // 用于扩展框架
│       ├── helper.js（可选）
│       ├── request.js（可选）
│       ├── response.js（可选）
│       ├── context.js（可选）
│       ├── application.js（可选）
│       └── agent.js（可选）
├── config
│   ├── plugin.js //  用于配置需要加载的插件
│   ├── config.default.js // 用于配置默认信息
│   ├── config.prod.js // 用于配置生产环境信息
│   ├── config.test.js（可选）
│   ├── config.local.js（可选）
│   └── config.unittest.js（可选）
└── test // 用于进行单元测试
    ├── middleware
    │   └── response_time.test.js
    └── controller
        └── home.test.js
```

下面给出 egg-cnode 的目录，我们来看一下经典目录结构和 egg-cnode 目录结构的差异。

```
$ tree . -L 1
.
├── Dockerfile
├── LICENSE
├── README.md
├── app
├── app.js
├── appveyor.yml
├── bin
├── config
├── docker-compose.dev.yml
├── docker-compose.yml
├── init.d
├── logs
├── node_modules
├── package-lock.json
├── package.json
```

```
├── run
├── test
└── tutorials

9 directories, 9 files
```

以上结构中部分关键目录的内容如表 8-1 所示，读者可以通过表 8-1 的介绍对 egg-cnode 目录有一个更清晰的理解。

表 8-1

目录内容	描　述	功　能
app	业务源码	进行 MVC 分层
config	配置	根据不同环境进行配置
init.d	初始化	比如初始化数据库
bin	执行脚本	比如生成 Token
logs	日志	比如记录日志内容
run	运行时产生的数据	比如生成进程标识
test	测试	主要针对 App 内的源码进行测试
tutorials	文档	存放 Egg.js 使用教程

8.3.2 app 目录

app 目录是最核心的业务编码目录，内容如下。这些目录都遵循约定大于配置原则，是业内非常好的实践。

```
$ tree app -L 1
app
├── controller
├── extend
├── middleware
├── model
├── public
├── router
├── router.js
├── service
└── view

8 directories, 1 file
```

app/router.js 主要用于将路由归类，比如将视图展示的路由放到 app/router/web 中，将 API 路由放到 app/router/api 中，代码如下。

```
'use strict';

/**
 * @param {Egg.Application} app - egg application
 */
module.exports = app => {
  require('./router/web')(app);
  require('./router/api')(app);
};
```

上述代码中增加了 router 目录，使得分类更加清晰了。

对于路由来说，其核心模块是 koa-router。这里以首页渲染为例，讲解在应用中挂载路由的具体流程。先来看一下 app/router/web.js 的内容，如下。通过这段代码，我们能够获取首页信息。

```
'use strict';

/**
 * @param {Egg.Application} app - egg application
 */
module.exports = app => {
  const { router, controller, config, middleware } = app;

  const { site, sign, user, topic, rss,
    search, page, reply, message } = controller;

  ...
  // 首页
  router.get('/', site.index);
```

8.3.3 数据库连接

由于 app/controller/site.js 里的 index 使用了数据库，所以这里先讲一下 Egg.js 是如何处理数据库连接的。

package.json 里的依赖如下。

```
 "egg-mongoose": "^2.1.1",
```

由此可见，egg-mongoose 是核心模块。config/plugin.js 中定义了 egg-mongoose 模块，代码如下。

```
exports.mongoose = {
  enable: true,
```

```
  package: 'egg-mongoose',
};
```

在 config/config.default.js 里增加数据库连接的配置项，代码如下。

```
  /**
   * @see http://mongodb.github.io/node-mongodb-native/2.2/api/Db.html#createCollectio
n
   */
  config.mongoose = {
    url: process.env.EGG_MONGODB_URL || 'mongodb://127.0.0.1:27017/egg_cnode',
    options: {
      server: { poolSize: 20 },
    },
  };
```

查看 egg-mongoose 源码会发现，在 app.beforeStart 生命周期里创建了 db 连接。这种方法很巧妙，有了 db 连接信息，我们就可以操作数据库了。

8.3.4 模型定义

在 egg-mongoose 里，我们将 mongoose 实例赋值给了 app，所以理论上我们可以在 Egg.js 应用的任意地方使用 app.mongoose。

不过一般情况下，我们会将模型放到 app/model 目录下。以 egg-cnode 项目首页为例，首页的核心模型是 topic，即帖子主题，该模型位于 app/model/topic.js 中，代码如下。

```
'use strict';

module.exports = app => {
  const mongoose = app.mongoose;
  const Schema = mongoose.Schema;
  const ObjectId = Schema.ObjectId;

  const TopicSchema = new Schema({
    title: { type: String },
    content: { type: String },
    author_id: { type: ObjectId },
    top: { type: Boolean, default: false }, // 置顶帖
    good: { type: Boolean, default: false }, // 精华帖
    lock: { type: Boolean, default: false }, // 被锁定主题
    reply_count: { type: Number, default: 0 },
    visit_count: { type: Number, default: 0 },
    collect_count: { type: Number, default: 0 },
    create_at: { type: Date, default: Date.now },
```

```
    update_at: { type: Date, default: Date.now },
    last_reply: { type: ObjectId },
    last_reply_at: { type: Date, default: Date.now },
    content_is_html: { type: Boolean },
    tab: { type: String },
    deleted: { type: Boolean, default: false },
  });

  TopicSchema.index({ create_at: -1 });
  TopicSchema.index({ top: -1, last_reply_at: -1 });
  TopicSchema.index({ author_id: 1, create_at: -1 });

  return mongoose.model('Topic', TopicSchema);
};
```

这些代码都比较容易理解，唯一需要注意的是，要考虑是否需要设置索引的字段类型。比如 author_id 和 last_reply 都是 ObjectId 类型，很明显它们会和其他表进行关联。

8.3.5　从 Controller 到 Service

在解读代码之前，让我们先来看一下 CNode 社区首页的用户界面，如图 8-6 所示。

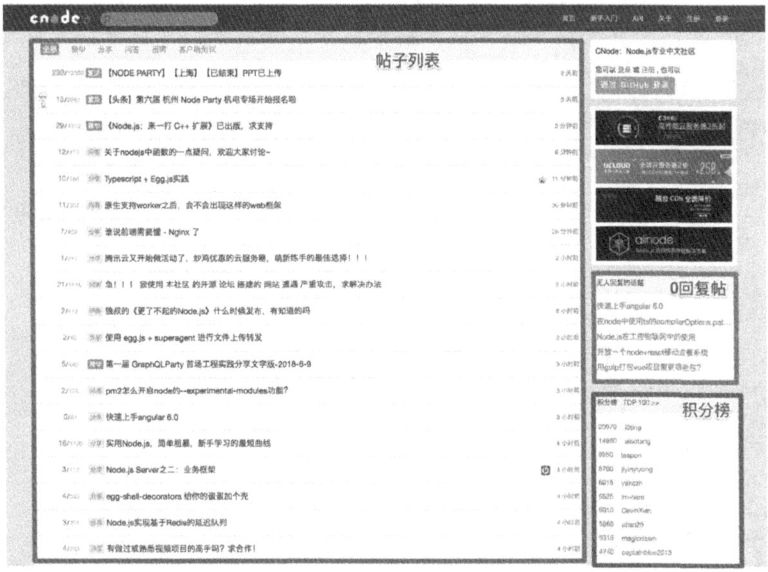

图 8-6

首页核心分 3 部分：帖子列表、0 回复贴（显示最近的 5 条记录）、积分榜（显示 10 条记录）。除此之外，其他都是静态数据，不需要在数据库中存储。

前面讲过，在 app/controller/site.js 里，index 函数是处理具体逻辑的，代码如下。

```
async index() {
  let page = parseInt(this.ctx.query.page, 10) || 1;
  page = page > 0 ? page : 1;
  const tab = this.ctx.query.tab || 'all';

  // ...此处进行与参数相关的逻辑判断

  // 第一步：获取所有的 Topic
  const topics = await this.service.topic.getTopicsByQuery(query, options);

  // 第二步：获取积分榜上的用户
  let tops = await this.service.cache.get('tops');
  if (!tops) {
    tops = await this.service.user.getUsersByQuery(
      { is_block: false },
      { limit: 10, sort: '-score' }
    );
    await this.service.cache.setex('tops', tops, 60);
  }

  // 第三步：获取 0 回复贴
  let no_reply_topics = await this.service.cache.get('no_reply_topics');
  ...

  // 缓存处理
  const pagesCacheKey = JSON.stringify(query) + 'pages';
  let pages = await this.service.cache.get(pagesCacheKey);
  if (!pages) {
    const all_topics_count = await this.service.topic.getCountByQuery(query);
    pages = Math.ceil(all_topics_count / limit);
    await this.service.cache.setex(pagesCacheKey, pages, 60 * 1);
  }

  // 构造模板需要的数据，以便渲染模板
  const tabName = this.ctx.helper.tabName(tab);

  const locals = {
    topics,
    current_page: page,
    list_topic_count: limit,
    tops,
    no_reply_topics,
    pages,
    tabs: this.config.tabs,
    tab,
    pageTitle: tabName && tabName + '版块',
```

```
  };

  await this.ctx.render('index', locals);
}
```

以上代码的核心逻辑简化如下。

- 处理参数。
- 完成核心的 3 个查询：帖子列表、0 回复贴、积分榜。
- 组装模板要用的数据。
- 使用 ctx.render 渲染模板。

截止到目前，我们没有在任何代码里看到数据库操作，这是因为数据库操作都被放到了 Service 层代码中，如下。

```
// 第一步：获取所有的 Topics
const topics = await this.service.topic.getTopicsByQuery(query, options);
```

这里通过 this.service.topic 找到 app/serice/topic.js，进而找到了 getTopicsByQuery 方法，getTopicsByQuery 的代码如下。

```
/*
 * 根据关键词，获取帖子列表
 * @param {String} query 搜索关键词
 * @param {Object} opt 搜索选项
 */
async getTopicsByQuery(query, opt) {
  query.deleted = false;
  const topics = await this.ctx.model.Topic.find(query, {}, opt).exec();

  if (topics.length === 0) {
    return [];
  }

  await Promise.all(
    topics.map(async topic => {
      const [ author, reply ] = await Promise.all([
        this.service.user.getUserById(topic.author_id),
        // 获取主题的最后回复
        this.service.reply.getReplyById(topic.last_reply),
      ]);
      topic.author = author;
      topic.reply = reply;
    })
```

```
  );

  return topics.filter(item => {
    // 删除不合规的主题
    return !!item.author;
  });
}
```

getTopicsByQuery 方法的核心是通过 model.Topic.find 进行查询，代码如下。

```
const topics = await this.ctx.model.Topic.find(query, {}, opt).exec();
```

纵观整个调用链路，结构略显烦琐，性能也比较一般。但这种方法还是可以带来一些好处的，大家在使用时要权衡利弊。具体来说，从 Controller 到 Service，这种调用链路的优势如下。

- 分层能够让代码结构更加清晰，职责单一。
- 约定能够提高开发速度，了解约定后几乎不用思考就能写代码。
- 适合团队开发或大型项目开发。

8.3.6 视图渲染

在 app/controller/site.js 的 index 函数里，渲染模板是非常简单的，代码如下。

```
await this.ctx.render('index', locals);
```

package.json 里有 ejs 插件，使用命令如下。

```
"egg-view-ejs": "^2.0.0",
```

在 config/config.default.js 里，模板引擎的具体配置如下。

```
config.view = {
  defaultViewEngine: 'ejs',
  mapping: {
    '.html': 'ejs',
  },
};

config.ejs = {
  layout: 'layout.html',
};
```

ejs 语法非常简单，layout.html 是所有页面复用的布局，代码如下。

```
<!DOCTYPE html>
<html xmlns="http://www.w3.org/1999/xhtml">
<head>
  <!-- meta -->
  ...
  <!-- style -->
  <%- Loader('/public/stylesheets/index.min.css')
  .css('/public/libs/bootstrap/css/bootstrap.css')
  ...
  .done(assets, config.site_static_host, config.mini_assets)
  %>

  <!-- scripts -->
  <%- Loader('/public/index.min.js')
  .js('/public/libs/jquery-2.1.0.js')
  ...
  .js('/public/javascripts/responsive.js')
  .done(assets, config.site_static_host, config.mini_assets)
  %>
  ...
</head>
<body>
<!-- navbar -->
<div class='navbar'>
  ...
</div>
<div id='main'>
  <%- body %>
</div>
<div id='backtotop'>回到顶部</div>
<div id='footer'>
  ...
</div>
<div id="sidebar-mask"></div>
...

</body>
</html>
```

以上布局的要点是：头部是 JavaScript 和 CSS，通过 Loader 来进行加载；body 里是基本布局，包括 navbar、main、footer 这 3 个部分，采用了典型的上中下结构。

Loader 是朴灵编写的前端静态资源加载器。为了探寻 Loader 模块的原理，我们先来看一下首页模板指向的 app/view/index.html 代码，具体如下。

```
<% include ./sidebar.html %>
```

```
<div id="content">
  <div class="panel">
    <div class="header">
      <% [['all', '全部'], ['good', '精华']].concat(tabs).forEach(function (pair) {
        var value = pair[0];
        var text = pair[1]; %>
        <a href="<%= value ? '/?tab=' + value : '/' %>"
          class="topic-tab <%= value === tab ? 'current-tab' : '' %>"><%= text %></a>
      <% }) %>
    </div>
    <% if (typeof topics !== 'undefined' && topics.length > 0) { %>
    <div class="inner no-padding">
      <%- include('./topic/list.html', {
        topics: topics,
        pages: pages,
        current_page: current_page,
        base: '/'
      }) %>
    </div>
    <% } else { %>
    <div class="inner">
      <p>无话题</p>
    </div>
    <% } %>
  </div>
</div>
```

以上代码实现的效果是，给 layout.html 里 main 部分做了一个简单的左右布局，其中的右侧部分是 sidebar.html，左侧部分是帖子列表和 Tab 分类，如图 8-7 所示。

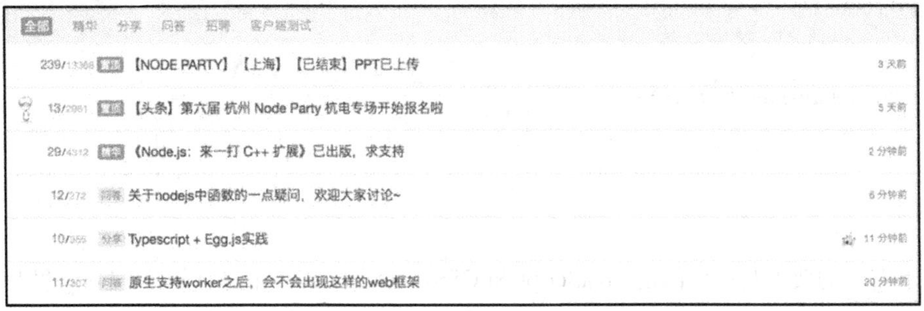

图 8-7

其中帖子列表是通过 include 实现的，代码如下。

```
<%- include('./topic/list.html', {
  topics: topics,
  pages: pages,
```

```
  current_page: current_page,
  base: '/'
}) %>
```

app/view/topic/list.html 通过各种分页条目展示逻辑，这部分模板里嵌入的逻辑较多，代码看起来不是很清晰，所以没有列出来，感兴趣的读者可以自行学习。

8.3.7 数据模型

数据库中的操作核心是数据模型，在 Egg.js 里数据模型位于 app/model 目录下。我们先来看一下当前项目里有哪些数据模型。

```
$ tree app/model -L 1
app/model
├── message.js
├── reply.js
├── topic.js
├── topic_collect.js
└── user.js

0 directories, 5 files
```

在 app/model 下一共有 5 个数据模型，如表 8-2 所示。

表 8-2

名　称	实　体	描　述
message	消息	当用户被@时，会创建对应的消息，通知相关用户
reply	帖子回复	用户创建 Markdown 文档
topic	帖子	用户创建 Markdown 文档，有置顶、精华、锁定状态
topic_collect	收藏	帖子正文中有收藏按钮
user	用户信息	只支持 GitHub 鉴权

以帖子回复为例，我们来看一下 reply 模型的代码，如下。

```
module.exports = app => {
  const mongoose = app.mongoose;
  const Schema = mongoose.Schema;
  const ObjectId = Schema.ObjectId;

  const ReplySchema = new Schema({
    content: { type: String },
    topic_id: { type: ObjectId },
```

```
    author_id: { type: ObjectId },
    reply_id: { type: ObjectId },
    create_at: { type: Date, default: Date.now },
    update_at: { type: Date, default: Date.now },
    content_is_html: { type: Boolean },
    ups: [ Schema.Types.ObjectId ],
    deleted: { type: Boolean, default: false },
  }, {
    usePushEach: true,
  });

  ReplySchema.index({ topic_id: 1 });
  ReplySchema.index({ author_id: 1, create_at: -1 });

  return mongoose.model('Reply', ReplySchema);
};
```

很明显，这里的 topic、author 等信息都是在同一个模型中的，彼此没有关联，用到时直接查询即可。例如，获取帖子下方作者和回复信息的代码如下。

```
await Promise.all(
  topics.map(async topic => {
      const [ author, reply ] = await Promise.all([
        this.service.user.getUserById(topic.author_id),
        // 获取主题的最后回复
        this.service.reply.getReplyById(topic.last_reply),
      ]);
      topic.author = author;
      topic.reply = reply;
  })
);
```

8.3.8 API 开发

API 开发和模板渲染是类似的，都要查询数据库并将内容返回。不同的是，API 中不需要加入一些为了渲染而额外增加的描述数据。

下面我们以获得帖子列表为例，找到从 app/router.js 到 app/router/api.js 的具体 API 路由定义。代码如下。

```
const apiV1Router = app.router.namespace('/api/v1');
const { controller, middleware } = app;

const { user, message, topic, reply, collect } = controller.api;

apiV1Router.get('/topics', pagination, topic.index);
```

在 app/controller/api/topic.js 里找到 index 函数，其代码如下。

```
async index(ctx) {
  const tab = ctx.query.tab || 'all';
  const mdrender = ctx.query.mdrender !== 'false';

  ...一样的参数逻辑

  let topics = await ctx.service.topic.getTopicsByQuery(query,
    Object.assign({ sort: '-top -last_reply_at' }, ctx.pagination));

  ...对 topics 结果进行处理

  ctx.body = {
    success: true,
    data: topics,
  };
}
```

执行以上代码，最终返回的结果是{"success":true,"data":[]}。这样写没有什么问题，能够表示请求状态，数据也是分离的，是比较清楚的 API 写法。关于客户端 API 开发，笔者在 CNode 社区上发表过一篇文章《客户端 API 开发总结》，这里简要介绍一下 API 的标准写法。

一般会在 API 的具体内容之上进行一层包裹，通过指定元数据提高 API 的可读性，示例如下。

```
{
  "status": {
    "code": 10000,
    "message": 'Success'
  },
  "response": {
    ...results...
  }
}
```

在进行客户端处理时，首先要检查 status 中的 code，如果 code 值非 0 就表示正在处理，如果 code 值为 0 则代表处理成功。然后解析对应的 response 结果，对各端来说，这是非常友好的 API。示例如下。

```
{
  "status": {
    "code": 10000,
    "message": 'Success'
  },
```

```
  "data": {
    ...results...
  }
}
```

进行 API 开发时，注意事项如下。

- JSON 一定要规范，不然无法读取 iOS 的 JSON 库。
- 如果支持 JSONP，自己再加上一个回调处理就可以了。
- 状态码要以业务或者功能模块来分类，以便调试时快速定位。
- 尽量遵守 RESTful API。

笔者编写过两个关于 RESTful API 开发的模块：res.api 和 koa.res.api。通过使用 koa.res.api，在路由里我们可以通过 ctx.api 快速返回语义更清楚的 API。示例如下。

```
router.get('/api' , function (ctx) {
  ctx.api({
    a: 1
  })
})
```

执行以上代码，返回结果如下。可以看出，data 中的数据是要返回的具体数据，code 值为 0 表示处理成功。

```
{
  "data": {
    "a": 1
  },
  "status": {
    "code": 0,
    "msg": "request success!"
  }
}
```

最后总结一下，对比开放 API 和传统 API（如 GitHub 的 RESTful API 和微博式的传统 API），两者其实有很明显的风格差异。RESTful API 描述性更强，但学习成本也比较高，如果想进行快速开发，又没有特别强的学习能力，可以参考微博式传统的 API。

在 GitHub v4 中，使用 GraphQL 构建 API 也是一个趋势，从 API Mock 到服务上线，如果 GraphQL 整合了所有的开发链路，那将是开发者的福音。

8.3.9 测试

关于测试，有如下 3 个要点。

- 测试是为了最小化问题。
- 测试先行，做测试之前要先想好，不要盲目地写代码。
- 减少重复，提交代码前本地测试必须通过，然后通过 CI 来做更多的测试集成，当用例足够多的时候，测试的价值会极其明显。

在 egg-cnode 里只做了单元测试，集成测试、E2E 等都没有做，所以相对比较简单。如果修改了代码，则需要添加测试，测试通过，代码方可提交。如果大家不熟悉代码，又不知道如何理清逻辑，不妨从测试代码入手，逐级提升。

来看一个例子，user 的测试用例如下。

```
'use strict';

const { app, assert } = require('egg-mock/bootstrap');

describe('test/app/service/user.test.js', () => {
  let loginname,
    token,
    email;
  before(async function() {
    // 创建 ctx
    const ctx = app.mockContext();
    loginname = 'loginname_${Date.now()}';
    email = '${loginname}@test.com';
    const result = await ctx.service.user.newAndSave('name',
      loginname, 'pass', email, 'avatar_url', 'active');
    token = result.accessToken;
    assert(result.loginname === loginname);
  });

  it('should ok', function() {
    // 创建 ctx
    const ctx = app.mockContext();

    const result = ctx.service.user.makeGravatar('shyvo1987@gmail.com');
    assert(result === 'http://www.gravatar.com/avatar/31b9dfd78b6aa9cefb68129ea21af3bf?
size=48');
  });
```

```
  ...
})
```

这是典型的 Mocha 测试方式，和之前讲的 AVA 测试是一样的。唯一要注意的是，Egg.js 内置了与对象相关的 API，比如 app.mockContext()等，同时给我们提供了很多测试工具方法，这是非常方便的。

8.3.10 鉴权

在前面的章节中，我们曾讲过用户注册和登录，本节将介绍 OAuth 鉴权和 API 鉴权。

OAuth 鉴权

CNode 社区可能是为数不多的只支持 GitHub 账户登录的社区。这样做的好处在于可以提高营销号的注册成本，控制人员背景。如果你不是程序员，可能连注册都搞不定。显然对于技术社区来说，这是一件非常好的事。

package.json 中和 GitHub 相关的依赖有 3 个，如下。

```
"egg-passport": "^2.0.1",
"egg-passport-github": "^1.0.0",
"egg-passport-local": "^1.2.1",
```

它们是 Passport 框架之上封装的 Egg.js 插件，所以为了探寻它们的本质，我们先来介绍一下 Passport 框架。

Passport 框架以中间件的形式为 Node.js 程序提供身份认证，将一般形式的认证过程、回调及错误处理进行了封装，并将具体的认证抽象为 Strategy（策略）。认证过程与框架本身并无关系，只要是符合 Strategy 的都能以插件的形式加入项目并被 Passport 使用。这种基于策略的抽象大大简化了编程模型。

下面让我们来看一个 GitHub 鉴权的例子，克隆代码，在本地执行 server.js，具体如下。

```
$ git clone git@github.com:i5ting/koa-passport-github-example.git
$ cd koa-passport-github-example
$ npm i
$ node server.js
```

此时启动服务器，访问 http://127.0.0.1:3000，界面如图 8-8 所示。

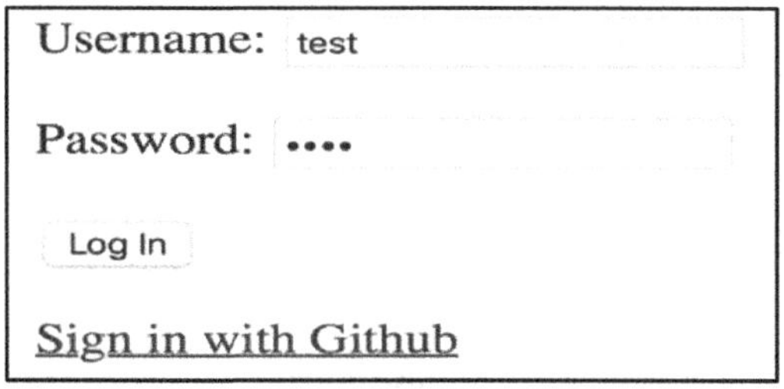

图 8-8

点击“Sign in with GitHub”链接。如果已登录 GitHub 账户，就会跳转到鉴权完成页面，如果没有登录 GitHub，需要先登录才能跳转到鉴权完成页面。未登录界面如图 8-9 所示，鉴权完成界面如图 8-10 所示。

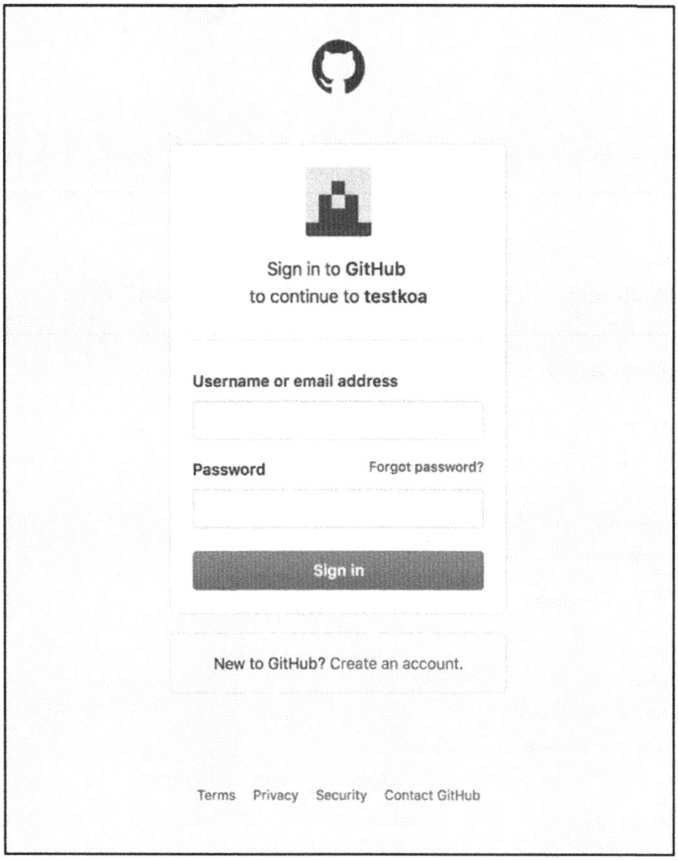

图 8-9

图 8-10

注册 GitHub 应用，在个人中心找到 Applications，进入开发者设置，界面如图 8-11 所示。

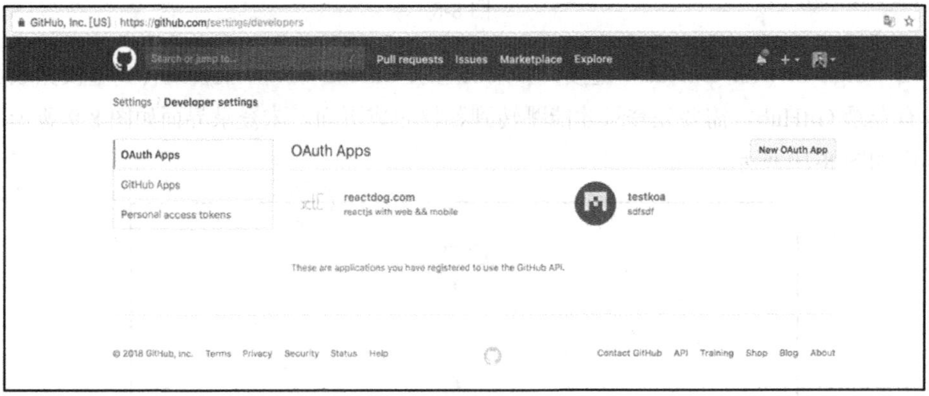

图 8-11

点击“New OAuth App”按钮，填写申请，此时界面如图 8-12 所示。

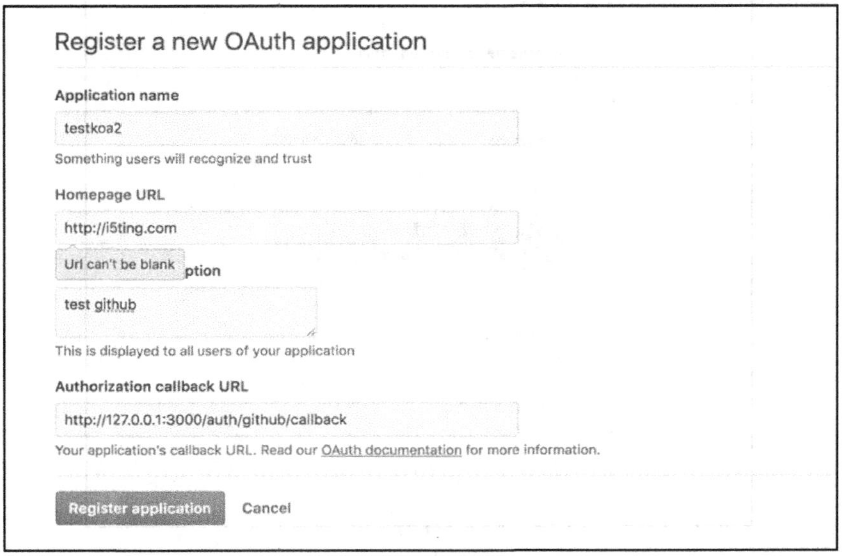

图 8-12

开发者信息创建成功后，界面如图 8-13 所示。

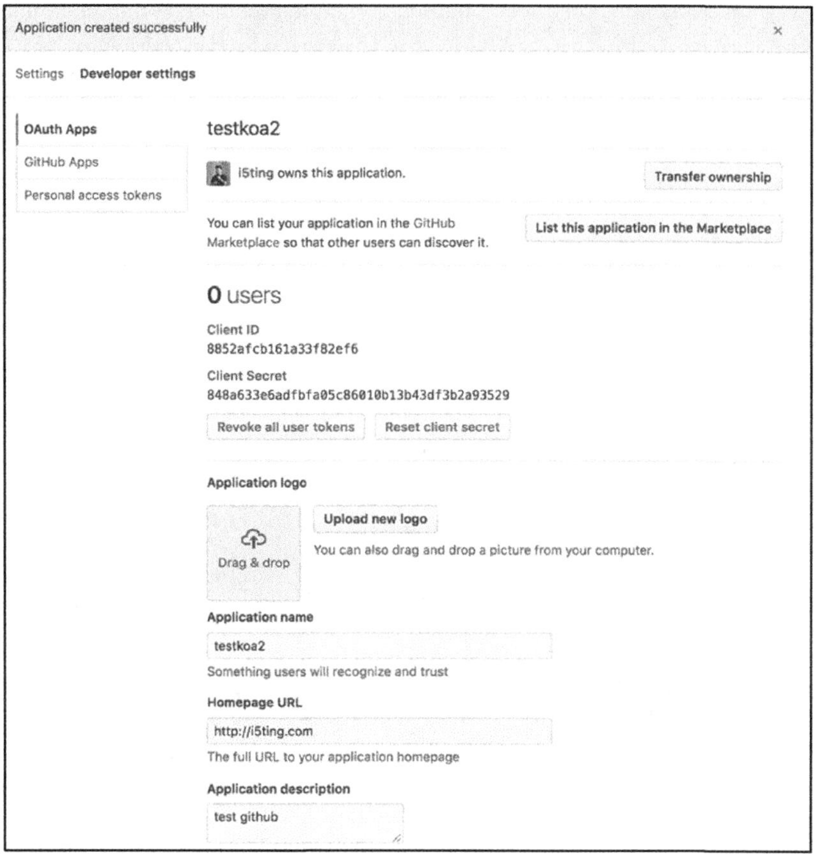

图 8-13

对开发者而言，Client ID 和 Client Secret 是我们最关心的。在 Node.js 应用中，我们要获取以上两个信息，代码如下。注意代码中有一个 auth.js，这是 Passport 的核心配置。

```
const Koa = require('koa')
const app = new Koa()
...
// authentication
require('./auth')
// 引入 Passport，并加载相关中间件
const passport = require('koa-passport')
app.use(passport.initialize())
app.use(passport.session())

// 鉴权地址，发起对 GitHub 的 OAuth 鉴权
```

```
app.use(route.get('/auth/github',
  passport.authenticate('github')
))

// 鉴权成功回调地址，填写应用时输入
app.use(route.get('/auth/github/callback',
  passport.authenticate('github', {
    successRedirect: '/app',
    failureRedirect: '/'
  })
))

...
// 启动服务器
const port = process.env.PORT || 3000
app.listen(port, () => console.log('Server listening on', port))
```

下面是 Koa 里处理 OAuth 鉴权的核心代码。

```
const passport = require('koa-passport')

const fetchUser = (() => {
  const user = { id: 1, username: 'test', password: 'test' }
  return async function() {
    return user
  }
})()

passport.serializeUser(function(user, done) {
  done(null, user.id)
})

passport.deserializeUser(async function(id, done) {
  try {
    const user = await fetchUser()
    done(null, user)
  } catch(err) {
    done(err)
  }
})

// 使用本地策略，便于调试
const LocalStrategy = require('passport-local').Strategy
passport.use(new LocalStrategy(function(username, password, done) {
  fetchUser()
    .then(user => {
      if (username === user.username && password === user.password) {
        done(null, user)
```

```
      } else {
        done(null, false)
      }
    })
    .catch(err => done(err))
}))

// 使用 GitHub 策略，集成 GitHub 鉴权
var GitHubStrategy = require('passport-github').Strategy;

const GITHUB_CLIENT_ID = '3c5e373ced8e435eb692'
const GITHUB_CLIENT_SECRET = '4b45600288e4a3dbbfc77ab842d2ac9f9380b162'
passport.use(new GitHubStrategy({
    clientID: GITHUB_CLIENT_ID,
    clientSecret: GITHUB_CLIENT_SECRET,
    callbackURL: "http://127.0.0.1:3000/auth/github/callback"
  },
  function(accessToken, refreshToken, profile, cb) {
    // 此处正常逻辑应该是用 githubId 去查询用户是否存在
    // User.findOrCreate({ githubId: profile.id }, function (err, user) {
      return cb(null, profile);
    // });
  }
));
```

以上代码集成了两个策略：使用本地策略，便于调试；使用 GitHub 策略，集成 GitHub 鉴权。回调事件里处理的用户信息也有两个：passport.serializeUser 和 passport.deserializeUser。

整体来看，处理 OAuth 鉴权还是比较简单的。理解了 GitHub Passport 的鉴权过程，再来看 egg-cnode 里的鉴权过程就会觉得很简单。

在 config/plugin.js 里，我们要开启 3 个与鉴权相关的 Egg.js 插件，代码如下。

```
exports.passport = {
  enable: true,
  package: 'egg-passport',
};

exports.passportGithub = {
  enable: true,
  package: 'egg-passport-github',
};

exports.passportLocal = {
  enable: true,
  package: 'egg-passport-local',
};
```

在 app/router/web.js 里，我们主要定义鉴权路由，代码如下。

```
// sign controller
if (config.allow_sign_up) {
  // 跳转到注册页面
  router.get('/signup', sign.showSignup);
  // 提交注册信息
  router.post('/signup', createUserLimit, sign.signup);
} else {
  // 进行 GitHub 验证
  router.redirect('/signup', '/passport/github');
}

const localStrategy = app.passport.authenticate('local', {
  successRedirect: '/',
  failureRedirect: '/signin',
});

router.get('/signin', sign.showLogin); // 进入登录页面
router.post('/passport/local', localStrategy);
router.all('/signout', sign.signout); // 登出
router.get('/active_account', sign.activeAccount); // 账号激活

// github oauth
app.passport.mount('github');
```

以上代码的核心是/passport/github，可以看到，这里通过 app.passport 增加了 localStrategy 和 app.passport.mount('github')。和上面的例子是一样的，在 Egg.js 里通过应用上的插件绑定可以实现 API 上的约定。

那么鉴权回调事件如何处理呢？app.js 里注册了相关的 GitHub 鉴权方法。localHandler 和 GitHubHandler 就是针对鉴权提供的函数，可以实视鉴权成功的回调。当鉴权成功后，会触发 app.passport.deserializeUser 方法，将鉴权 Token 反序列化为用户信息，具体代码如下。

```
app.passport.deserializeUser(async (ctx, user) => {
  if (user) {
    const auth_token = ctx.cookies.get(ctx.app.config.auth_cookie_name, {
      signed: true,
    });

    if (!auth_token) {
      return user;
    }

    const auth = auth_token.split('$$$$');
    const user_id = auth[0];
```

```
    user = await ctx.service.user.getUserById(user_id);

    if (!user) {
      return user;
    }

    if (ctx.app.config.admins.hasOwnProperty(user.loginname)) {
      user.is_admin = true;
    }
  }

  return user;
});
```

在以上代码中，首先以$$$$为分割条件对 auth_token 进行分割，取前面部分作为 user_id，然后通过 ctx.service.user.getUserById(user_id)获取用户。整个逻辑还是非常清晰的。

API 鉴权

CNode 社区提供了开放 API，便于开发者实现自己的 CNode 客户端。大家可以去 GitHub 上搜一下，CNode 社区中的客户端示例是相当丰富的。这里推荐 3 个 CNode 客户端。

- 基于 Vue 编写的。
- 基于 Ionic 编写的。
- 基于 React 编写的。

开放 API 是基础，本节主要介绍 API 鉴权。在 app/router/api.js 里，有的 API 是需要鉴权的，比如创建 topic 这种和用户相关的操作，代码如下。

```
apiV1Router.post('/topics', tokenRequired, topic.create);
```

这里使用了 tokenRequired 中间件，位于 app/middleware/tokenRequired.js 中，内容如下。

```
module.exports = () => {
  return async function(ctx, next) {
    let token = '';
    if (
      ctx.headers.authorization && ctx.headers.authorization.split(' ')[0] === 'Bearer'
    ) {
      token = ctx.headers.authorization.split(' ')[1];
    } else if (ctx.query.accesstoken) {
      token = ctx.query.accesstoken;
    } else if (ctx.request.body.accesstoken) {
```

```
      token = ctx.request.body.accesstoken;
    }

    const user = await ctx.service.user.getUserByToken(token);
    ...
  }
}
```

这个逻辑还是有点复杂的，如果无法在请求里获取到 accesstoken，就无法继续访问。这里的 accesstoken 将持久化到用户表里，在创建用户的时候通过 existUser.accessToken = uuid.v4(); 被赋值。与前面讲过的 JWT 方式相比，这个方式比较“简单粗暴”。

JWT 加密生成的令牌（Token）可以携带用户信息，JWT 加密算法也可以自己指定，另外 JWT 可以更方便地解除令牌绑定。还是推荐使用 JWT 这样的模块来进行鉴权。

8.3.11 后台管理

本节主要是为了说明如何使用模板引擎及如何编写页面，知道前置条件是什么，学会如何思考。

如果想加一个管理后台该怎么办呢？其实后台使用的接口和前端使用的接口都是用于 API 鉴权的，没有本质差别。后台管理系统其实就是 CMS（内容管理系统），我们所见到的网站中的内容，需要由编辑或运营者提供。

对于每一个开发者来说，一定要有一个自己习惯的 admin 框架，这里推荐两个常用框架：Ant Design、iView。

可惜的是，由于复杂度太高及人力不足，CNode 社区没有做管理后台，如果大家感兴趣，可以来试试，比如对帖子进行审核、批量操作，以及增加一些运营手段等。

8.3.12 参数校验

我们用 Node.js 实现一些功能时，往往需要对用户输入的数据进行验证。然而，验证是一件麻烦的事情，你可能需要验证数据类型、长度、特定规则等。在前端进行表单验证时，我们常用的方法是使用正则表达式。使用正则表达式也许可以一步到位，但是它只会返回 true 或 false，如果想要知道数据具体不符合哪些条件，则要做进一步的判断。下面和大家分享一种可读性和易用性都更强的参数校验方法。

参数校验是 Controller 里非常重要的一步，通常要进行以下 3 层校验。

- 表单校验
- 对服务器获取的参数进行校验
- 数据库模型校验

这里推荐使用 Joi 模块，Joi 是 HapiJS 自带的数据校验模块，模块中高度封装了常用的校验功能，开箱即用，非常方便。示例代码如下。

```
const Joi = require('joi');

const schema = Joi.object().keys({
    username: Joi.string().alphanum().min(3).max(30).required(),
    password: Joi.string().regex(/^[a-zA-Z0-9]{3,30}$/),
    access_token: [Joi.string(), Joi.number()],
    birthyear: Joi.number().integer().min(1900).max(2013),
    email: Joi.string().email()
}).with('username', 'birthyear').without('password', 'access_token');

// 返回结果
const result = Joi.validate({ username: 'abc', birthyear: 1994 }, schema);
// result.error === null -> valid

// 验证
Joi.validate({ username: 'abc', birthyear: 1994 }, schema, function (err, value) { });
 // err === null -> valid
```

8.4　本章小结

通过本章的学习，你应该已经对 Node.js 应用有了更深的理解，尤其应该对一个完整项目的代码结构（从需求到开发，从 Web 到 API）有了更清晰的认知。本章以 egg-cnode 项目代码为主线，脉络清晰，相信能让你更容易地领会项目实践的精髓。

至此，你已经能够独立开发 Node.js 应用了！接下来要做的是熟练使用，尤其要在架构方面多多学习，希望你能早日达到炉火纯青的程度！